特色化软件人才培养系列教材

Qt程序设计基础

基于银河麒麟桌面操作系统

苏 静 申 波 主编

人 民 邮 电 出 版 社
北 京

图书在版编目（CIP）数据

Qt程序设计基础 ：基于银河麒麟桌面操作系统 / 苏静，申波主编. -- 北京 ：人民邮电出版社，2023.11
特色化软件人才培养系列教材
ISBN 978-7-115-61740-8

Ⅰ. ①Q… Ⅱ. ①苏… ②申… Ⅲ. ①软件工具－程序设计－教材 Ⅳ. ①TP311.561

中国国家版本馆CIP数据核字(2023)第082346号

内 容 提 要

银河麒麟桌面操作系统 V10 是一款简单易用、稳定安全、高效创新的产品，配备有完善的开发工具，支持主流编程语言，提供了良好的开发环境和大量的开发库。同时它支持国产数据库和中间件，以及封装系统级 SDK，可以很好地支撑项目开发工作。

本书基于银河麒麟桌面操作系统 V10，以 Qt 5.12.8 为开发平台，将理论知识与开发经验相结合，深入浅出地介绍桌面应用开发的常用技术。本书分为 10 章，内容包括初识 Qt、开发环境、编程基础、窗口设计、对话框、事件处理、信号槽、常用控件、布局管理、文件管理等。

本书可作为计算机、软件工程、物联网等信息类专业本科、专科层次的教学用书，也适合 Qt 编程的初学者、Qt 跨平台应用开发人员参考。

◆ 主　　编　苏　静　申　波
责任编辑　李永涛
责任印制　王　郁　胡　南

◆ 人民邮电出版社出版发行　　北京市丰台区成寿寺路 11 号
邮编　100164　　电子邮件　315@ptpress.com.cn
网址　https://www.ptpress.com.cn
北京九州迅驰传媒文化有限公司印刷

◆ 开本：700×1000　1/16
印张：17.5　　2023 年 11 月第 1 版
字数：351 千字　　2024 年 11 月北京第 3 次印刷

定价：89.90 元

读者服务热线：(010)81055410　印装质量热线：(010)81055316
反盗版热线：(010)81055315
广告经营许可证：京东市监广登字 20170147 号

序言

科技创新成为百年变局中的关键变量，只有抢占科技制高点，才能赢得战略主动。操作系统作为信息产业的魂，是总体协调、管理和控制计算机硬件与软件资源的基础模块，其自主创新水平决定着整个信息化生态的自主可控程度。

回顾操作系统整体发展之路，我们认为操作系统离不开软件开发者的支持，需要开展大规模的应用软件开发及验证工作，打造千万数量级别的软件生态，才能打破国外操作系统的垄断地位。因此快速培养一批基于国产操作系统的应用软件开发人员显得尤为重要。

操作系统不同，基于其上的应用开发也有很大的不同。在我国，国产操作系统普遍基于Linux内核进行研发。相较于Windows系统而言，Linux系统使用的编译工具、调度工具都有很大区别；从应用开发角度来看，企业开发人员在Windows系统平台上使用Visual Studio开发的集成环境无法兼容Linux系统平台。《Qt程序设计基础 基于银河麒麟桌面操作系统》详细讲解了Qt开发环境的配置、使用，以及在该环境下进行软件开发的基本方法，可以帮助应用开发的工程师及高校学生充分了解相应操作系统的桌面应用开发方法。

在人工智能、物联网、大数据、云计算等新一代信息技术高速发展的今天，想要最高效、最大限度、最合理地利用技术和资源，离不开整个生态的开放合作、协同创新和共赢共荣。希望产学研各界开展更加紧密的合作，推动操作系统、应用软件等行业企业技术自主创新、产品更新迭代，紧紧抓住网信产业发展浪潮之下的历史契机，实现弯道超车，为建设网络强国、数字中国贡献一份力量。

廖湘科

中国工程院院士

2023年6月

编委会

主 编

苏 静　申 波

编 委

吴江红　白树明

王 媛　刘 旸　梁 倩

关于本书

Qt 是一个完整的开发框架，该工具旨在简化桌面、嵌入式和移动平台的应用，以及创建用户界面。Qt的每次升级换代都代表了桌面应用开发领域的发展前沿，很多现代设计理念和方法都在新版本中得以体现，因此，Qt在桌面应用开发领域成了用户的首选框架。Qt提供丰富的功能和便捷的接口，可以极大提高开发人员的工作效率。

内容和特点

本书突出实用性，注重培养学生的实践能力，具有以下特色。

（1）在编排方式上充分考虑开发类课程的特点，每个技术点基本上都是按照功能概述、语法讲解、使用示例的模式组织的，这样既能帮助读者学习理论知识，又能通过示例提高读者的动手能力，真正做到理论和实践相结合。

（2）在内容组织上尽量本着循序渐进的原则，先从开发环境的搭建着手，然后是编程基础，接着精心选取Qt中针对桌面应用开发的一些常用功能作为主要内容，并采用理论知识与案例融合的模式，使读者在掌握理论知识的前提下，增强动手能力，通过案例的实践，加深读者对理论知识的理解，二者相辅相成。

（3）书中涉及的知识点，大部分都配有相应的示例及示例解析，旨在提高读者编码能力的同时，加深其对底层实现原理的理解。

（4）在文字叙述上尽量做到言简意赅、重点突出。

全书分为10章，主要内容如下。

- 第1章：介绍Qt的版本、特点及使用领域等。
- 第2章：介绍Qt开发环境的搭建。
- 第3章：介绍Qt基本的数据类型、字符串、容器类、迭代器等。
- 第4章：介绍Qt主窗口的构成，菜单栏、工具栏、状态栏的具体使用。
- 第5章：介绍Qt中常用对话框的基本使用及自定义对话框的实现。
- 第6章：介绍Qt中事件的传递与分发、处理与过滤等。
- 第7章：介绍Qt信号槽的基本使用及高级应用等。
- 第8章：介绍Qt中的常用控件及自定义控件的用法等。
- 第9章：介绍Qt中的常用布局管理器及分离器的用法等。
- 第10章：介绍Qt中的文件管理操作。

读者对象

本书可作为计算机、软件工程、物联网等信息类专业本科、专科层次的教学用书，也适合Qt编程的初学者、Qt跨平台应用开发人员参考。

配套资源

本书配套资源内容分为以下两部分。

1. 案例源码

本书案例源码收录在“源码”文件夹下。

2. 课件文件

本书配有课件文件，收录在“PDF”文件夹下，以供教师上课使用。

感谢您选择了本书，也欢迎您把对本书的意见和建议告诉我们，电子邮箱：college@kylinos.cn。

苏 静

2023年5月

目录

第8章 Qt 中的常用控件 136

第9章 Qt 中的布局管理 220

01

第1章 初识Qt

在银河麒麟桌面操作系统的应用生态中，多数软件都是使用Qt进行开发的。在讲解Qt的具体使用方法之前，本章将从Qt概述，Qt的发展历程、版本及特点，以及Qt的使用领域等方面进行介绍，以便读者对Qt有大致的了解。

1.1 Qt概述

Qt是一个跨平台的C++开发库。

（1）Qt的作用。

Qt主要用来开发图形用户界面（Graphical User Interface，GUI）程序，当然也可以用来开发命令用户界面（Command User Interface，CUI）程序。

（2）学习Qt的基础。

Qt是采用纯C++开发的，完全兼容C++的语法，所以学好C++非常有必要。对于不了解C++的读者，建议先学习一些相关课程；如果是已经具备一定C++基础的读者，可以直接学习Qt。

（3）Qt的跨平台。

Qt支持的操作系统有很多，如通用操作系统Windows、Linux、UNIX，智能手机系统Android、iOS，嵌入式系统QNX、VxWorks等。对于任何一个平台，Qt都提供了统一的接口，这点对于开发者非常友好。

1.2 Qt的发展历程、版本及特点

Qt并不是一个新生框架，它经历了多个版本的迭代，如今已经非常成熟。

1.2.1 Qt的发展历程

（1）Qt的诞生。

Qt最早是1991年由挪威的Eirik Chambe-Eng和Haavard Nord开发的，他们随

后于1994年3月4日正式成立奇趣科技（Trolltech）公司。

（2）Qt的发展。

Qt原本是商业授权的跨平台开发库，在2000年Trolltech公司为开源社区发布了遵循GNU GPL（General Public License，通用公共许可证）的开源版本。

2008年，诺基亚（Nokia）公司收购了Trolltech公司，并增加了GNU LGPL（Lesser General Public License，宽通用公共许可证）的授权模式。

Qt商业授权业务于2011年3月出售给了芬兰IT服务公司Digia。

2014年4月，跨平台的集成开发环境（Integrated Development Environment，IDE）Qt Creator 3.1.0发布，同年5月20日配发了Qt 5.3正式版，至此，Qt实现了对iOS、Android、Windows Phone等各平台的全面支持。

Qt的发展历程见表1-1。

表1-1 Qt的发展历程

时间	事件
1991年	Eirik Chambe-Eng和Haavard Nord开发支持X11和Windows的Qt
1994年	Trolltech公司成立
1998年4月	KDE Free Qt基金会成立
1998年7月	Qt 1.40发布
1999年3月	QPL1.0发布
1999年6月	Qt 2.0发布
2000年3月	嵌入式Qt发布
2000年9月	Qt免费版开始使用GPL
2000年9月	Qt 2.2发布
2000年10月	Qt/Embedded开始使用GPL宣言
2008年	Nokia公司从Trolltech公司收购了Qt，并增加了LGPL的授权模式
2011年	Digia公司从Nokia公司收购了Qt的商业授权业务，从此Nokia公司负责Qt on Mobile，而Qt Commercial由Digia公司负责
2012年	Nakia公司宣布将Qt软件业务出售给芬兰IT服务公司Digia
2013年7月	Digia公司的Qt开发团队在其官方博客上宣布Qt 5.1正式版发布
2013年12月	Digia公司的Qt开发团队宣布Qt 5.2正式版发布
2014年4月	Digia公司的Qt开发团队宣布Qt Creator 3.1.0正式版发布
2014年5月	Digia公司的Qt开发团队宣布Qt 5.3正式版发布
2020年12月	Qt 6.0发布
2022年4月	Qt 6.3发布

1.2.2 Qt的版本及特点

（1）Qt的版本。

Qt按照不同的版本发行，分为商业版和开源版。

- 商业版：专门为商业软件提供开发。Digia公司提供传统商业软件发行版，并且提供在商业有效期内的免费升级和技术支持服务。

- 开源版：目前Qt的开源授权有两种，一种是GPL授权，另一种是LGPL授权（Nokia收购后新增）。

对于这两种开源授权，简单来说，使用GPL版本的软件一定还是GPL的开源软件，无论是使用了Qt的程序代码还是修改了Qt库代码，都必须按照GPL来发布，这是由GPL的“传染性”决定的。

GPL是什么都要开源，这对商业软件应用是不利的，所以Nokia增加了LGPL授权[第一个字母L代表Lesser（宽松版）或Library（开发库版）]。使用LGPL授权就可以利用Qt官方动态链接库，而不必开放商业代码。只要不修改和定制Qt库，仅使用Qt官方发布的动态链接库就可以不开源，这是商业友好的授权模式。

除了以上提及的GPL和LGPL，还有更多开源协议，具体如图1-1所示。

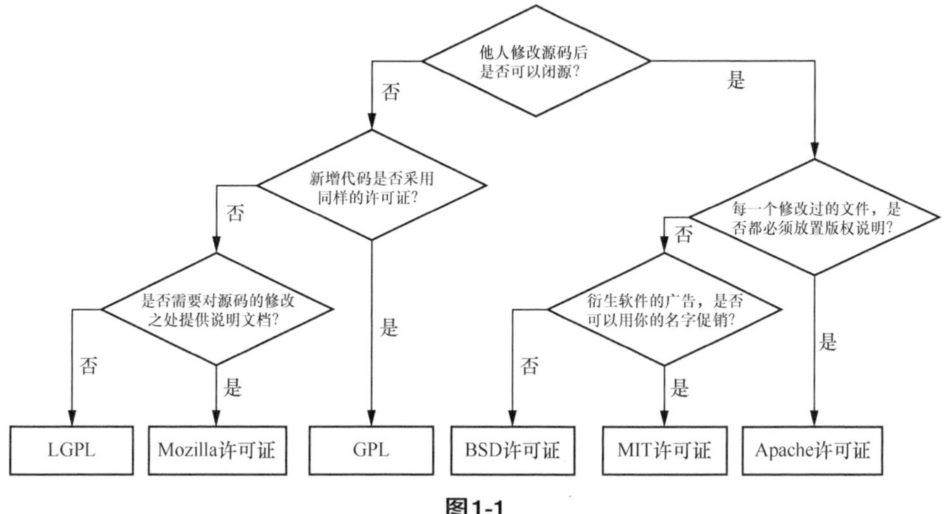

图1-1

（2）Qt的特点。

Qt最大的特点就是跨平台，它几乎支持所有的平台，进而极大地降低了开发成本。其次，Qt接口简单、容易上手，这点对初学者非常友好，而且Qt框架的封装非常规范，因此，学习Qt对学习其他框架也有一定的参考意义。在内存管理方面，Qt也提供了一些简化内存回收的机制，如引用计数、显式共享、隐式共享、写时复制、智能指针等。Qt还有一些比较显著的特点，如使用Qt开发效率极高，能够快速完成应用程序的构建。Qt还有很好的社区氛围，市场份额也在稳步上升。使用Qt还可以进行嵌入式开发，这点在Qt的使用领域中也有所提及。

1.3 Qt的使用领域

作为一个跨平台的框架，Qt在GUI领域、嵌入式领域，甚至移动端领域都扮演着重要的角色。

（1）GUI领域。

Qt虽然经常被当作一个GUI库，用来开发GUI应用程序，但这并不是Qt的全部。Qt除了可以绘制漂亮的界面（包括控件、布局、交互），还包含很多其他功能，如多线程处理、访问数据库、图像处理、音频与视频处理、网络通信、文件操作等。大部分应用程序都可以使用Qt实现。除了与计算机底层结合特别紧密的，如驱动程序开发，因为它直接使用硬件提供的编程接口，而不能使用操作系统自带的函数库，其余的应用程序基本都可用Qt实现。

1997年，Qt被用来开发Linux桌面环境KDE（K Desktop Environment），大获成功，使Qt成为Linux环境下开发C++ GUI应用程序的实施标准。

市面上比较流行的软件，如WPS、YY语音、Skype、豆瓣电台、淘宝助理、千牛、暴雪的战网客户端、极品飞车、VirtualBox、Opera、咪咕音乐、Google地图、Adobe Photoshop Album等，都是使用Qt开发的。

（2）嵌入式领域。

在嵌入式的方向Qt也是“主力军”，广泛应用于消费类电子、工业控制、军工电子、电信/网络/通信、航空航天、汽车电子、医疗设备、仪器仪表等相关行业的程序开发。

比较有代表性的如Mercedes-Benz、PEUGEOT汽车数字座舱等。

（3）移动端领域。

Qt本身也支持Android、iOS等移动端领域的应用程序开发，但是由于Android本身已经有官方提供的Java和Kotlin（科特林），iOS有官方提供的Objective-C和Swift，因此，Qt在移动端领域还有很大的提升空间。

02 第2章 Qt开发环境

如果想做基于Qt框架的相关开发，首先要做的事就是下载和安装相应的安装包。当然，Qt作为一个跨平台的开发框架，提供了各种平台的安装包，本书所有案例都是基于Linux平台做相关演示的。Linux有很多发行版，但基于Linux平台的Qt的安装过程大同小异。本书基于的具体发行版为KylinOS V10桌面版。

2.1 Qt的下载与安装

Qt的安装方式不是唯一的，本节主要讲解两种，一种是基于apt完成安装，另一种是通过官方网站提供的软件包来完成下载、安装。

2.1.1 基于apt的安装

基于apt的安装方式是比较简单且高效的，安装之前建议先搜索镜像源中是否包含Qt框架的相关资源。

1. 打开终端，输入命令“apt search qt5-default”进行搜索，如果结果中包含搜索目标，如图2-1所示，则执行第2步的安装操作。

如果没有搜索到目标，可能有的用户会希望通过更换镜像源来解决该问题。作者建议最好直接采用基于官方软件包的方式进行下载与安装（见2.1.2小节）。因为KylinOS V10桌面版操作系统在安全方面做了特殊限定设置，暴力更改镜像源会导致潜在隐患，甚至导致程序直接崩溃。

2. 在终端输入安装命令，然后等待安装进程执行完毕即可。

```
sudo apt install qt5-default
```

3. 安装完成之后，可以采用第1步中的搜索命令再次搜索，验证是否安装成功，如图2-2所示。

接下来介绍基于官方软件包的下载与安装。

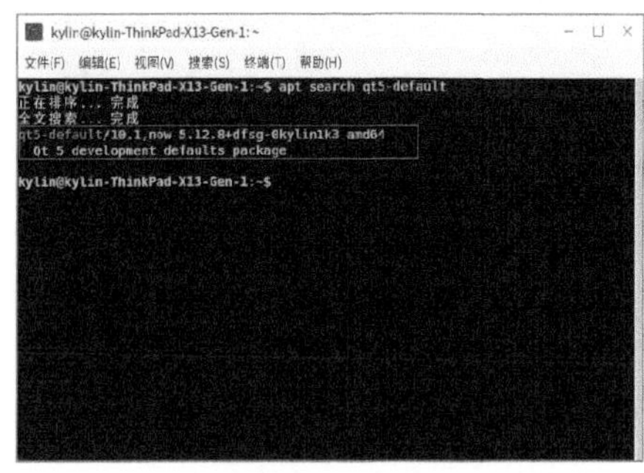

图2-1

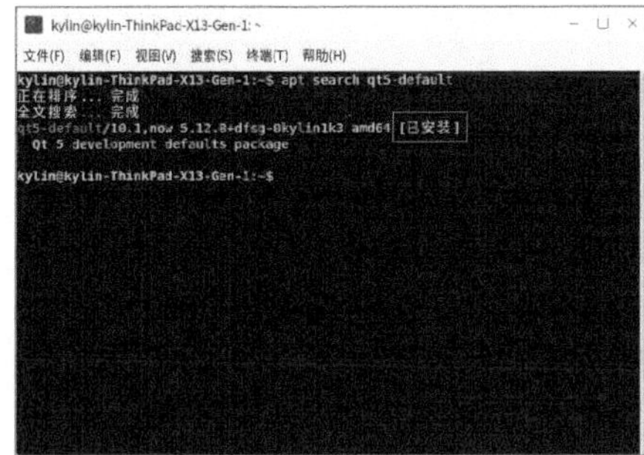

图2-2

2.1.2 基于官方软件包的下载与安装

基于官方软件包下载与安装的方式，分别从下载、安装两个方面来进行介绍，首先介绍Qt的下载。

一、Qt的下载

Qt有众多版本，在官方网站可以进行软件包的下载（官方网址可自行搜索）。打开下载页，官方提供了多个Qt版本，如图2-3所示。

Name	Last modified	Size
Parent Directory		-
6.3/	14-Jun-2022 10:28	-
6.2/	05-Apr-2022 13:38	-
6.1/	01-Sep-2021 10:42	-
6.0/	04-May-2021 07:38	-
5.15/	17-Jun-2022 07:06	-
5.12/	25-Nov-2021 08:02	-

图2-3

本书采用的版本为5.12.8，单击“5.12/”进入对应的目录，如图2-4所示。

单击“5.12.8/”进入对应的目录，选择对应的软件包下载即可，如图2-5所示。

软件包有1.3GB（图2-5中箭头位置处），还是比较大的，这是因为它集成了Qt开发环境的所有库及Qt工具（也就是IDE——Qt Creator）。这里有一点需要注意，从Qt 5.15开始，官方不再支持离线安装，只能通过在线安装的方式进行安装。

Qt软件包下载完成之后，接下来介绍Qt的安装。

二、Qt的安装

拿到软件包之后安装还是比较方便的。可以直接双击软件包，弹出安装引导页面，根据页面提示进行相关操作。也可以使用命令完成安装操作。

Name	Last modified	Size
Parent Directory		-
5.12.12/	25-Nov-2021 08:17	-
5.12.11/	25-May-2021 07:33	-
5.12.10/	09-Nov-2020 08:14	-
5.12.9/	16-Jun-2020 18:09	-
5.12.8/	08-Apr-2020 07:38	-
5.12.7/	31-Jan-2020 07:09	-
5.12.6/	13-Nov-2019 07:28	-
5.12.5/	11-Sep-2019 10:45	-
5.12.4/	14-Jun-2019 08:09	-
5.12.3/	18-Apr-2019 12:35	-
5.12.2/	14-Mar-2019 11:33	-
5.12.1/	01-Feb-2019 07:29	-
5.12.0/	05-Dec-2018 09:55	-

图2-4

Name	Last modified	Size
Parent Directory		-
submodules/	08-Apr-2020 07:36	-
single/	08-Apr-2020 07:48	-
qt-opensource-windows-x86-5.12.8.exe	08-Apr-2020 07:33	3.7G
qt-opensource-mac-x64-5.12.8.dmg	08-Apr-2020 07:31	2.7G
qt-opensource-linux-x64-5.12.8.run	08-Apr-2020 07:29	1.3G
md5sums.txt	08-Apr-2020 07:40	207

图2-5

首先，使用命令让软件包具备可执行权限。

```
sudo chmod +x /路径/软件包
```

其次，使用命令进行安装。

```
sudo ./路径/软件包
```

无论是双击软件包，还是使用命令执行安装程序，都会进入安装引导页面，如图2-6所示。

单击“下一步”按钮（图2-6中箭头位置处），可以进入登录页面，如图2-7所示。

在该页面中需要进行账号和密码验证，如果已经注册过账号，填入相应位置（图2-7中箭头①位置处）即可；如果没有，可以在图2-7中箭头②位置处填写注册信息，然后单击“下一步”按钮（图2-7中箭头③位置处）进入开源义务条款页面，如图2-8所示。

勾选复选框（图2-8中箭头①位置处），然后继续单击“下一步”按钮（图2-8中箭头②位置处），可以选择安装位置，如图2-9所示。

默认安装位置为“/opt/Qt5.12.8”（图2-9中箭头①位置处），也可以单击“浏览”按钮（图2-9中箭头②位置处）修改安装目录，单击“下一步”按钮（图2-9中箭头③位置处），进入安装组件的选择页面，如图2-10所示。

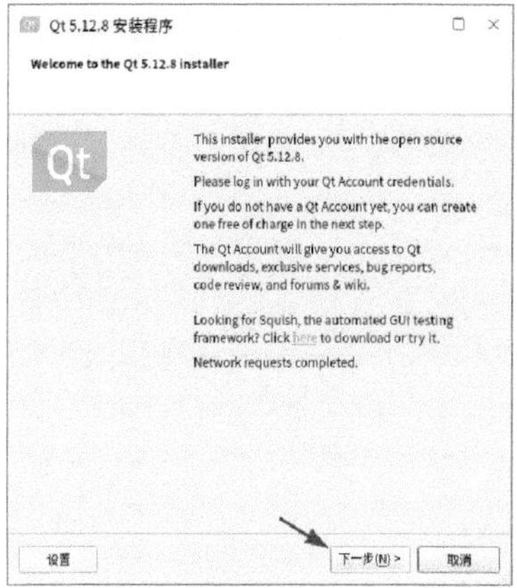

图2-6

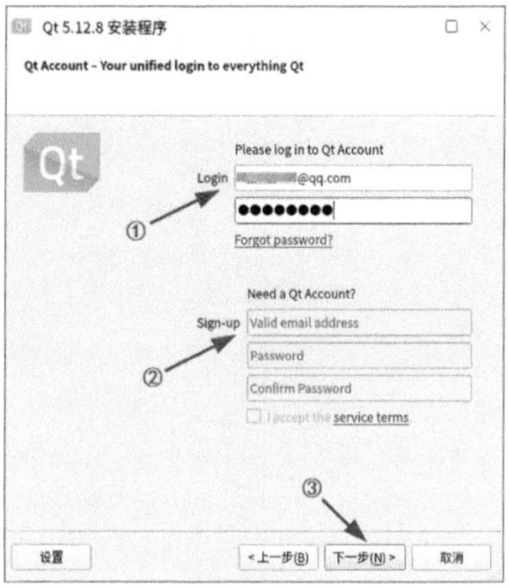

图2-7

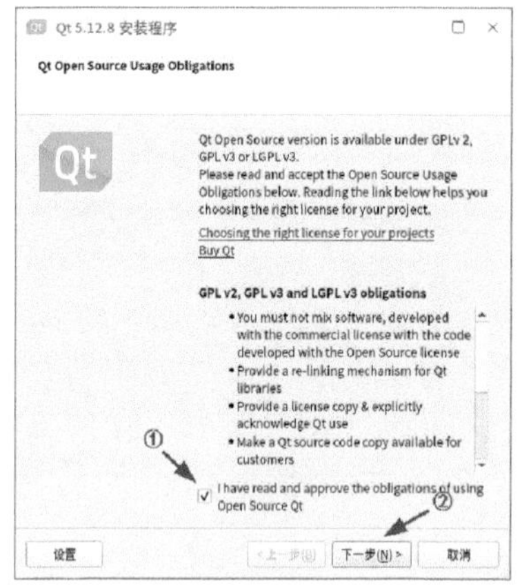

图2-8

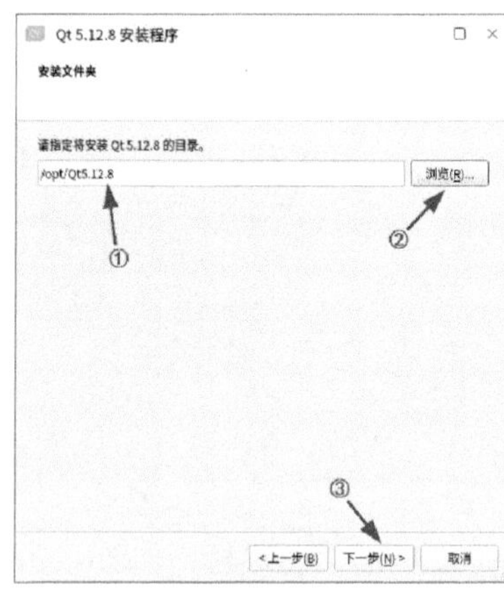

图2-9

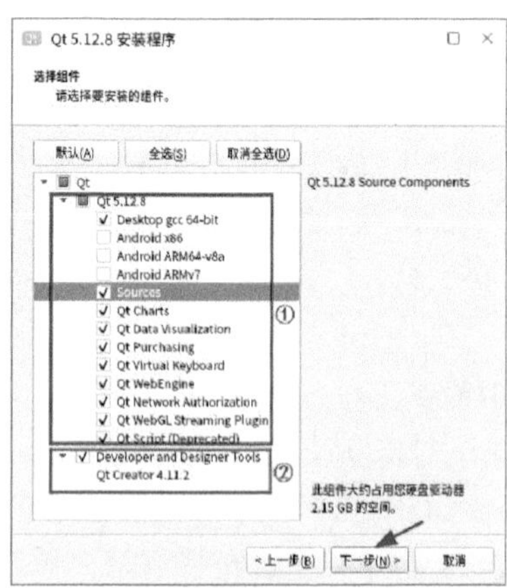

图2-10

Qt的安装组件分为两部分：一部分是“Qt 5.12.8”分类，该分类包含的是Qt开发库，也就是动态链接库或者静态链接库（图2-10中矩形①内）；另一部分是“Tools”分类，该分类包含的是IDE（可执行程序），也就是Qt Creator（图2-10中矩形②内）。对于Qt Creator可以选择在这里进行安装，也可以单独下载、安装，都不影响后续的使用，建议在这里选择Tools一并安装。

对于Qt的安装组件，做简要说明，如表2-1所示。

表2-1　Qt的安装组件说明

组件	开发库	说明
Qt 5.12.8	Desktop gcc 64-bit	这是使用桌面版GCC 64-bit编译环境生成的Qt库，是Qt的核心，必须安装。注意，虽然名字看起来像GCC编译器套件，但实际上是Qt库的编译环境。大部分Linux发行版都会预装GCC编译器套件，所以Qt安装包没有必要附带它们
	Android ***	这是针对安卓应用开发的Qt库，如果用户有安卓开发方面的需求，可以自己选择安装，一般情况下用不到
	Sources	Qt的源码包，除非你想阅读Qt的源码，否则不用安装
	Qt ***	Qt的附加模块，大部分建议安装。附加模块括号里的Deprecated是指抛弃的旧模块，是兼容旧代码使用的，一般用不到。这些附加模块，可以选择部分或全部安装，占用空间不大
Tools	Qt Creator 4.11.2	IDE，以后所有的项目和代码都在Qt Creator里面新建和编辑

单击“下一步”按钮进入许可协议页面，如图2-11所示。

首先根据需求完成协议的选择（图2-11中矩形①内），然后勾选同意协议（图2-11中箭头②位置处），单击“下一步”按钮（图2-11中箭头③位置处），进入准备安装页面，如图2-12所示。

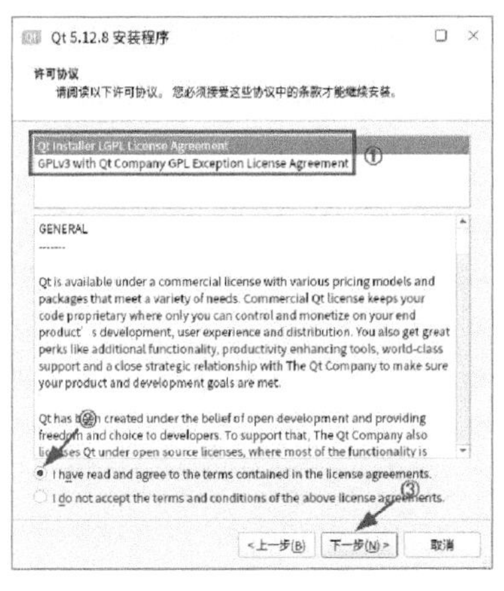

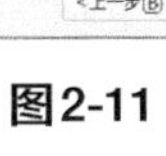
图2-11

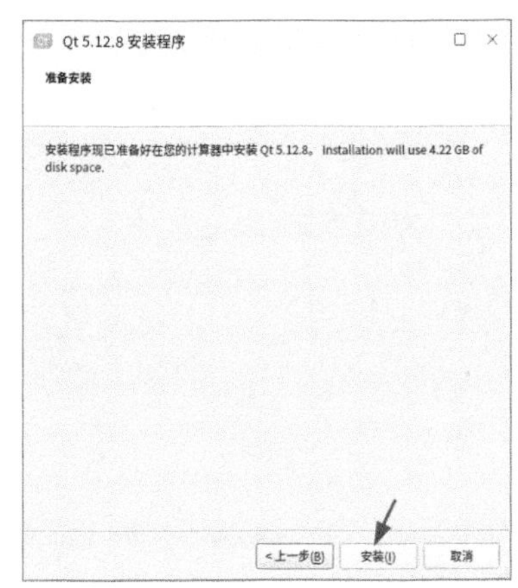

图2-12

准备安装页面会提示用户准备好安装所需要的磁盘空间，方便用户进行合理选择，单击“安装”按钮，进入安装页面，如图2-13所示。

整个安装过程大概需要几分钟（图2-13中箭头①位置处可以展示实时进度），请耐心等候。单击“显示详细信息”按钮（图2-13中箭头②位置处），安装页面中会有一个文本框展示详细的安装信息，如图2-14所示。

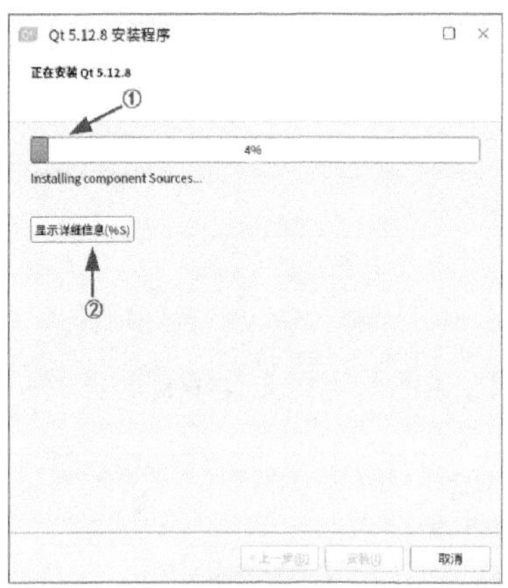

图2-13

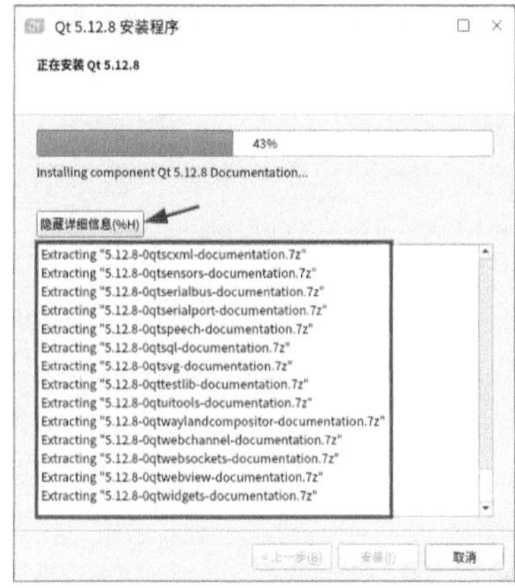

图2-14

等待进度条更新至100%时，弹出“安装已完成！”提示，如图2-15所示。

单击“下一步”按钮，进入退出安装引导页面，如图2-16所示。

单击“完成”按钮，至此，整个安装过程完成。

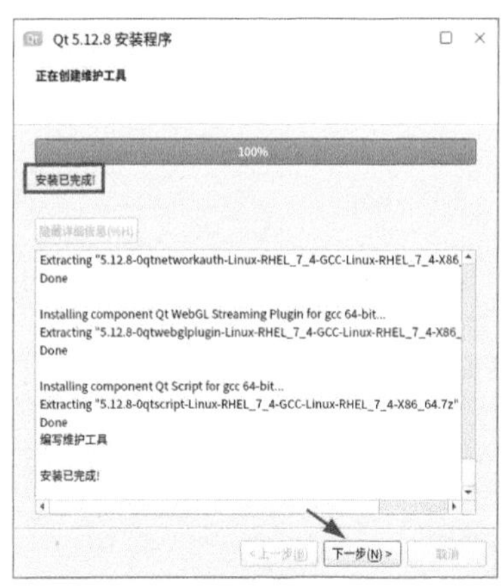

图2-15

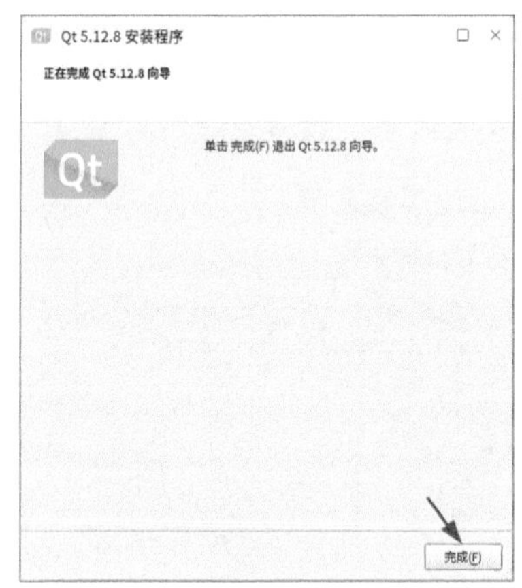

图2-16

注意，对于不同版本的Qt，安装过程可能会有细小的差异。

单击启动器（图2-17中箭头①位置处），找到安装好的Qt Creator（图2-17中箭头②位置处），如图2-17所示。

单击Qt Creator图标，就可以开始Qt的编程了。

如果想通过在终端输入命令的方式打开该软件，则需要完成Qt Creator环境变量的配置，步骤如下。

1. 在终端输入命令，打开 /etc/profile 文件。

```
sudo vi /etc/profile
```

2. 在配置文件中插入相关环境变量，插入后如图2-18所示。

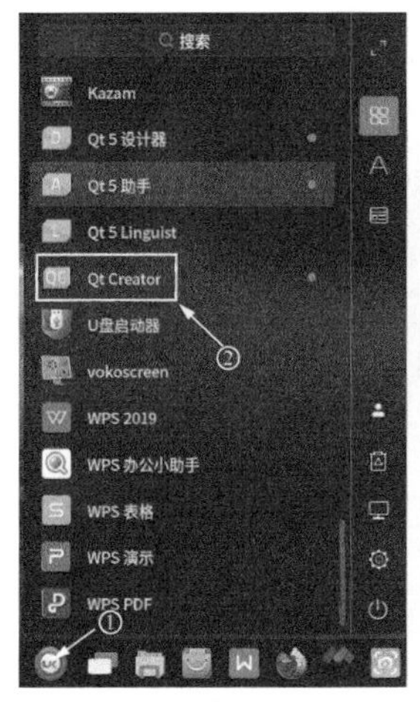

图2-17

```
kylin@kylin-ThinkPad-X13-Gen-1: /opt/Qt5.12.8/Tools/QtCreator/bin
文件(F) 编辑(E) 视图(V) 搜索(S) 终端(T) 帮助(H)
      . /etc/bash.bashrc
    fi
  else
    if [ "`id -u`" -eq 0 ]; then
      PS1='# '
    else
      PS1='$ '
    fi
  fi
fi

if [ -d /etc/profile.d ]; then
  for i in /etc/profile.d/*.sh; do
    if [ -r $i ]; then
      . $i
    fi
  done
  unset i
fi
export PATH=/home/kylin/Qt5.12.8/Tools/QtCreator/bin:$PATH  Qt Creator安装路径
export PATH=/home/kylin/Qt5.12.8/5.12.8/gcc_64/bin:$PATH
export ZLOG_PROFILE_DEBUG=/var/log/xtx/zlog_debug.log
export ZLOG_PROFILE_ERROR=/var/log/xtx/zlog_error.log
                                                22,22        底端
```

图2-18

3. 在终端输入如下命令，让配置文件生效。

```
source /etc/profile
```

4. 在终端输入“Qt Creator”，按Enter键确认，即可打开Qt Creator。

如果在安装Qt的时候，没有选择Tools中的Qt Creator，也可以对其进行单独安装。接下来介绍Qt Creator的下载与安装。

2.2 Qt Creator的下载与安装

Qt Creator的主流安装方式有如下三种。第一，通过apt的方式完成安装；第二，通过软件商店完成下载与安装；第三，通过官网链接下载软件包，然后进行安装。这三种方式各有千秋，先来介绍第一种——基于apt的安装。

2.2.1 基于apt的安装

基于apt的安装方式非常直观，这点同2.1.1小节中基于apt的方式安装Qt类似，唯一的区别就是安装目标不同，具体操作步骤如下。

1. 打开终端，先使用“apt search qtcreator”命令搜索，看对应的镜像源中是否包含Qt Creator软件包，如图2-19所示。

通过搜索结果（图2-19中矩形内）可以发现，镜像源中是包含Qt Creator相关资源的，可以继续进行下一步安装操作。注意，如果没有搜索到相关结果，建议采用其他方式进行下载与安装。

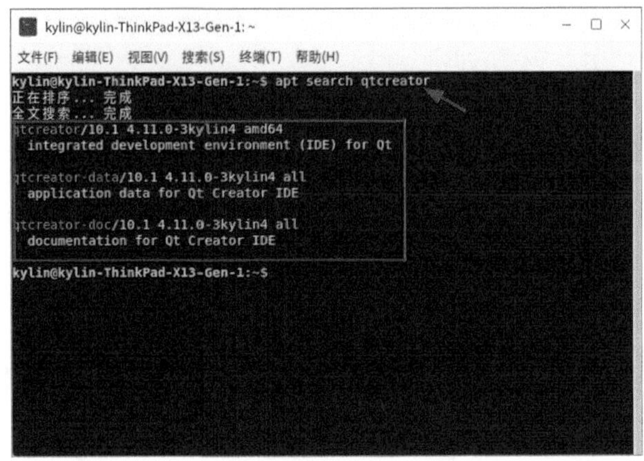

图2-19

2. 输入安装命令进行安装，如图2-20所示。

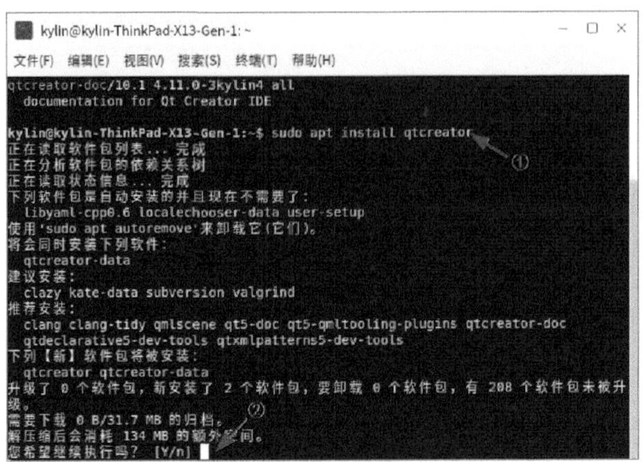

图2-20

在图2-20中，箭头①位置处为输入的安装命令。在安装过程中可能需要与用户交互，如箭头②位置处所示，输入“Y”或者“y”，安装继续。

3. 安装完成之后，再次输入查询命令，可以很清晰地展示出已经安装的Qt Creator组件，如图2-21所示。

4. 通过应用程序图标或者在终端输入“qtcreator”命令（配置环境变量，2.1.2小节中已做过介绍，在这不赘述），即可启动Qt Creator，开启编程之旅。

通过软件商店进行软件的安装是KylinOS V10的一大特色，接下来介绍如何在软件商店中完成Qt Creator的下载与安装。

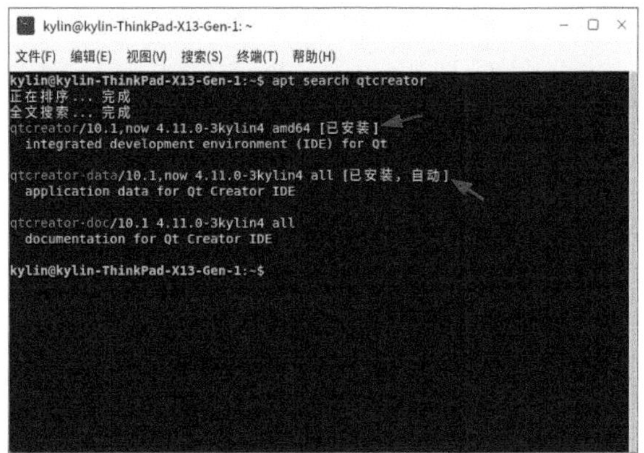

图2-21

2.2.2 通过软件商店下载与安装

首先，通过启动器打开软件商店，如图2-22所示。

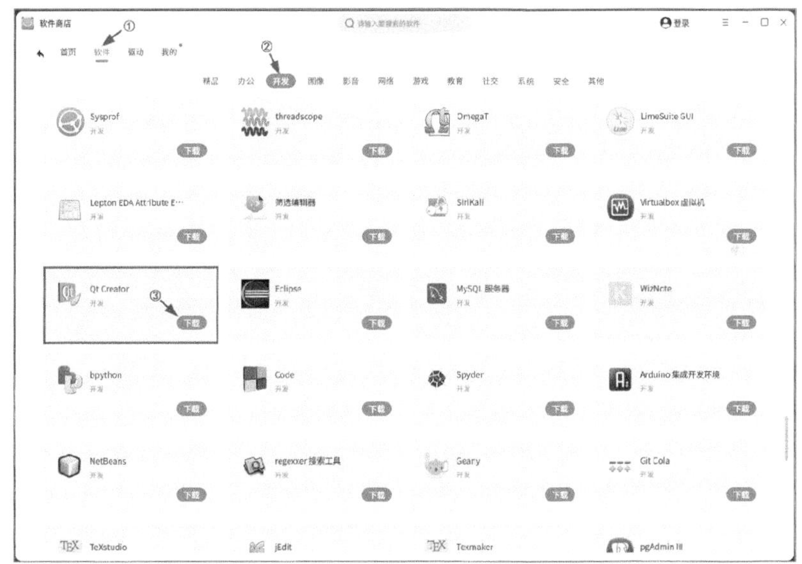

图2-22

然后，依次单击“软件”（图2-22中箭头①位置处）、“开发”（图2-22中箭头②位置处），在该分类的所有软件中，Qt Creator赫然在列（图2-22中矩形内）。单击下载按钮（图2-22中箭头③位置处），系统会自动下载并完成安装。

通过软件商店安装的软件，管理起来也比较方便，单击“我的”，切换到“历史安装”，所有通过软件商店安装的软件一目了然，如图2-23所示。

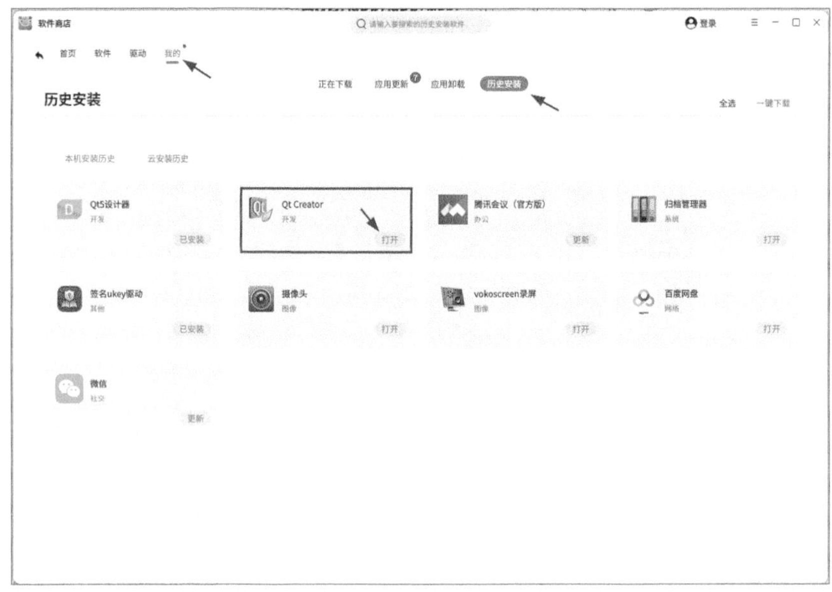

图2-23

最后介绍基于官方软件包的下载与安装。

2.2.3 基于官方软件包的下载与安装

之前介绍的两种安装方式有一个弊端，就是版本固定，可选择性小。如果用户对IDE版本有特定要求，那么完全可以从官网下载对应版本的软件包进行安装。

打开官方下载链接之后，用户可以选择要下载的资源，如图2-24所示。

Name	Last modified	Size
Parent Directory		-
vsaddin/	05-Jan-2022 13:23	-
qtdesignstudio/	25-May-2022 21:24	-
qtcreator/	22-Mar-2022 10:32	-
qtchooser/	08-Oct-2018 07:53	-
qt3dstudio/	28-Oct-2020 14:22	-
qt/	04-Apr-2022 12:09	-
qt-installer-framework/	21-Jun-2022 12:12	-

图2-24

单击“qtcreator/”，进入版本选择页面，如图2-25所示。

选择一级小版本，具体版本取决于用户需求，以5.0为例，单击进入后会展示该版本下的所有小版本，如图2-26所示。

Name	Last modified	Size
Parent Directory		-
7.0/	24-May-2022 10:26	-
6.0/	19-Jan-2022 09:53	-
5.0/	04-Nov-2021 12:15	-
4.15/	14-Jul-2021 11:02	-

图2-25

Name	Last modified	Size
Parent Directory		-
5.0.3/	03-Nov-2021 15:22	-
5.0.2/	30-Sep-2021 14:16	-
5.0.1/	14-Sep-2021 15:20	-
5.0.0/	25-Aug-2021 10:47	-

图2-26

选择二级小版本，以5.0.2为例，单击目录进入软件下载页面，如图2-27所示。

Name	Last modified	Size
Parent Directory		-
installer_source/	30-Sep-2021 14:16	-
qt-creator-opensource-windows-x86_64-5.0.2.exe	30-Sep-2021 14:14	291M
qt-creator-opensource-src-5.0.2.zip	30-Sep-2021 14:14	69M
qt-creator-opensource-src-5.0.2.tar.xz	30-Sep-2021 14:13	43M
qt-creator-opensource-src-5.0.2.tar.gz	30-Sep-2021 14:14	54M
qt-creator-opensource-mac-x86_64-5.0.2_installer.dmg	30-Sep-2021 14:13	159M
qt-creator-opensource-mac-x86_64-5.0.2.dmg	30-Sep-2021 14:13	214M
qt-creator-opensource-linux-x86_64-5.0.2.run	30-Sep-2021 14:14	208M
md5sums.txt	30-Sep-2021 14:16	540

图2-27

下载页面提供了不同平台的软件包，这里选择“qt-creator-opensource-linux-x86_64-5.0.2.run”，下载完成之后，双击执行安装即可，也可以在当前目录打开终端，然后使用命令进行安装。

```
./ qt-creator-opensource-linux-x86_64-5.0.2.run
```

操作方式同2.1.2小节介绍Qt的安装方式一致。

2.3 Qt Creator的使用

Qt Creator作为一个跨平台的IDE，支持的系统包括Linux（32位及64位）、macOS以及Windows。Qt Creator的设计目标就是使开发人员能够利用Qt框架更加快速、轻易地完成开发任务。

进行Qt开发，Qt Creator不是唯一的IDE，但一定是首选的IDE。Qt Creator的功能非常强大，如项目生成向导、高级的C++代码编辑器、文件（类）的浏览工具，而且还集成了Qt Designer、Qt Assistant、Qt Linguist、图形化的GDB调试前端、qmake构建工具等。

作为这么负责的一个工具，为了帮助用户快速上手，作者将从页面功能预览、第一个Qt项目以及项目模块详解3个方面分别进行阐述。

先看页面功能预览功能。

2.3.1 页面功能预览

打开Qt Creator的主界面，如图2-28所示。

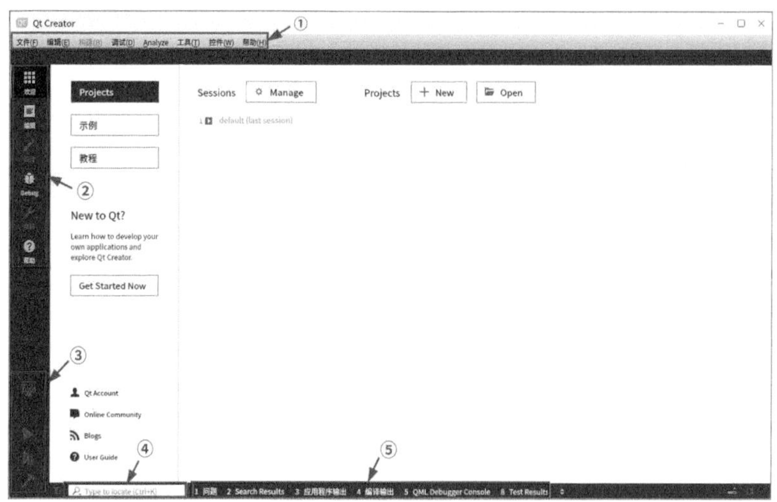

图2-28

主界面被分为5个区域，分别如下。

一、主菜单栏

这里有8个菜单，包含常用的功能菜单。

二、模式选择工具栏

Qt Creator包含欢迎、编辑、设计、调试（Debug）、项目和帮助6个模式，各个模式可实现不同的功能，也可以使用快捷键来更换模式，它们对应的快捷键依次是Ctrl + 数字1 ～ 6。

单击“欢迎”按钮后显示示例的界面。这时工作区的左侧有“Projects”“示例”“教程”“Get Started Now”按钮，单击后会在工作区显示相应的内容。

- 单击“Projects”按钮后，工作区显示新建项目按钮和最近打开项目的列表。
- 单击“示例”按钮后，工作区显示Qt自带的大量示例，选择某个示例就可以在Qt Creator中打开该项目的源程序。

- 单击“教程”按钮后，工作区显示各种视频教程，查看视频教程需要联网并使用浏览器打开。
- 单击“Get Started Now”按钮，工作区显示“Qt Creator Manual”帮助主题内容。

三、构建套件工具栏

Qt Creator包含目标选择器（Target Selector）、运行（Run）按钮、调试（Debug）按钮和构建（Building）按钮4个图标。目标选择器用来选择要构建哪个项目、使用哪个Qt库，这对于多个Qt库的项目很有用。这里还可以选择编译项目是debug版本或是release版本。通过运行按钮可以实现项目的构建和运行；通过调试按钮可以进入调试模式，开始调试程序；通过构建按钮完成项目的构建。

四、定位器

在Qt Creator中可以使用定位器来快速定位项目、文件、类、方法、帮助文档及文件系统。可以使用过滤器来更加准确地定位要查找的结果，可以在“工具”菜单栏中设置定位器的相关选项。

五、输出窗格

这里包含问题、搜索结果、应用程序输出、编译输出、QML/JS Console、概要信息、版本控制共8个选项，它们分别对应一个输出窗口，相应的快捷键依次是Alt + 数字1 ～ 8。

在正式开始编程之前，除了对以上内容做一些认知之外，还要对Qt Creator做一些配置，具体操作如下。

单击Qt Creator菜单栏中的“工具”，弹出下拉菜单，如图2-29所示。

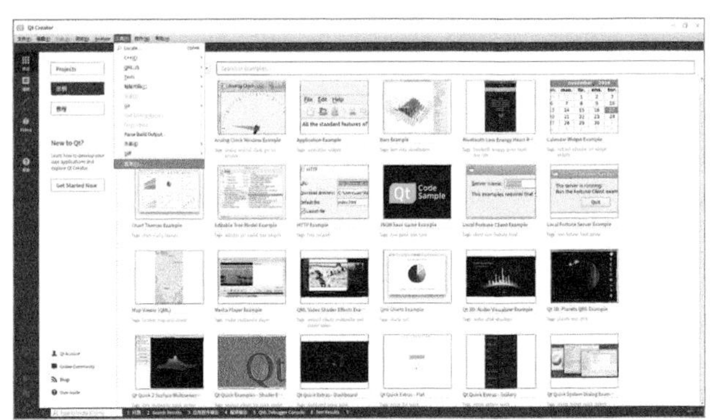

图2-29

在下拉菜单中单击“选项”，弹出具体的选项对话框，如图2-30所示。

图2-30

对话框的左侧是可设置的内容条目，单击任意一个条目，右侧出现与之对应的具体设置界面。其中比较常用的设置有以下3个条目。

（1）Kits。

- 构建套件（Kit）页面显示Qt Creator可用的编译工具。
- Qt Versions页面显示安装的Qt版本。
- 编译器（Compliers）页面显示系统里可用的C和C++编译器，Qt Creator会自动检测出这些编译器，如果没有检测出，也可以手动添加完成配置。
- Debuggers页面显示Qt Creator自动检测到的调试器。
- Qbs的相关配置。
- CMake的相关配置。

（2）环境。

在Interface界面可以设置颜色、主题和语言，语言可以跟随系统设置，也可以根据自己的喜好进行配置。

（3）文本编辑器。

在文本编辑器界面可以设置文本编辑器的字体，各种类型文字的颜色，如关键字、数字、字符串、注释等，也可以选择不同的配色主题。

编辑器默认字号为9，用户可以根据自己的需求手动调整。

2.3.2 第一个Qt项目

对Qt Creator有了基本的了解之后，接下来介绍如何创建Qt项目。

1. 在Qt Creator主界面选择“欢迎”→“Projects”→“New”如图2-31所示。或者选择菜单栏“文件”→“新建文件或项目”，如图2-32所示。
2. 之后会弹出模板选择框，如图2-33所示。

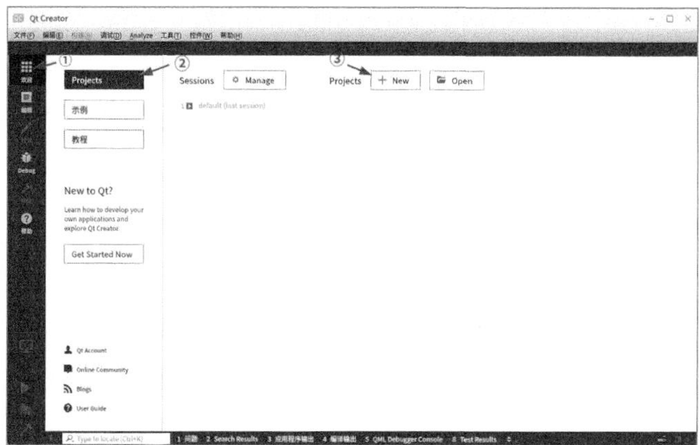

图2-31

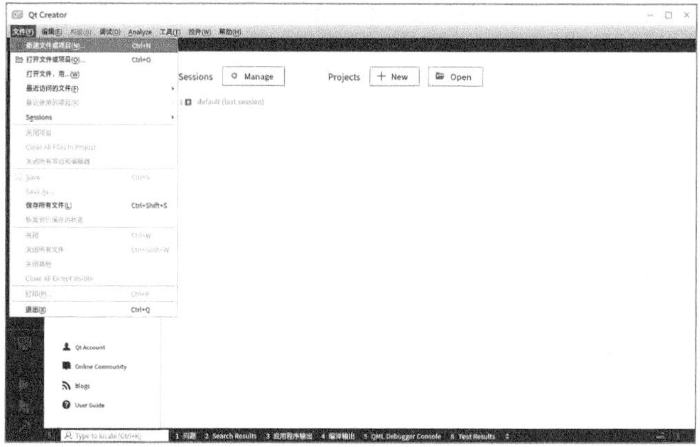

图2-32

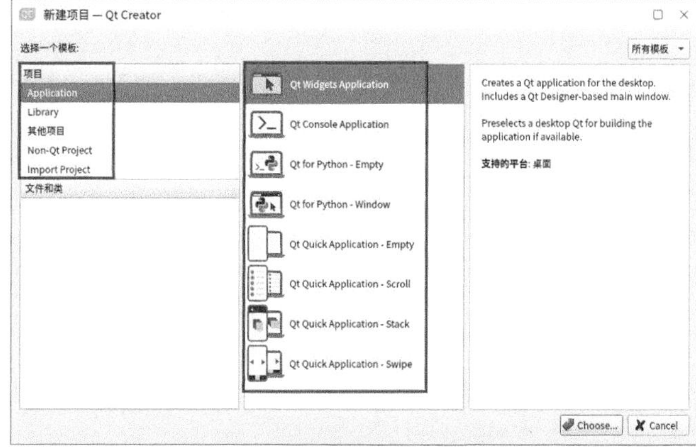

图2-33

Qt Creator可以创建多种项目，在最左侧的列表框中单击“Application”，中间的列表框中会列出可以创建的应用程序的模板，模板的介绍如下。

- Qt Widgets Application：支持桌面平台的有GUI的应用程序。GUI的设计完全基于C++ 语言，采用了Qt提供的一套C++ 类库。
- Qt Console Application：控制台应用程序，无GUI，一般用于学习C/C++ 语言，只需要简单的输入输出操作便可创建此类项目。
- Qt for Python-Empty：只包含主代码的Python程序。
- Qt for Python-Window：包含空窗口的Python程序。
- Qt Quick Application-Empty：创建可部署的Qt Quick 2，包含一个空窗口的应用程序。Qt Quick是Qt支持的一套GUI开发架构，其界面设计采用QML，程序架构采用C++ 语言。利用Qt Quick可以设计非常炫的用户界面，一般用于移动设备或嵌入式设备上无边框的应用程序的设计。
- Qt Quick Application-Scroll：创建可部署的Qt Quick 2，包含一个滚动视图（ScrollView）的应用程序。

还有几个模板属于Qt Quick Application的范畴，在这不赘述。

3. 单击“Choose”按钮，弹出Project Location对话框，如图2-34所示。

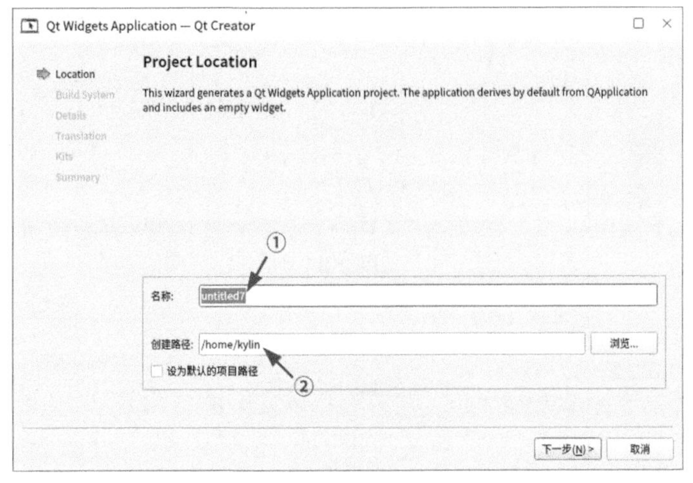

图2-34

其中，箭头①位置处可以自定义项目名，箭头②位置处为项目的当前存放路径，如果不想将项目存放在当前位置，可以单击“浏览”按钮，选择新的路径。

4. 单击“下一步”按钮，弹出Define Build System对话框，如图2-35所示。

在箭头位置处可以选择当前项目的构建工具。

5. 单击“下一步”按钮，弹出Class Information对话框，如图2-36所示。

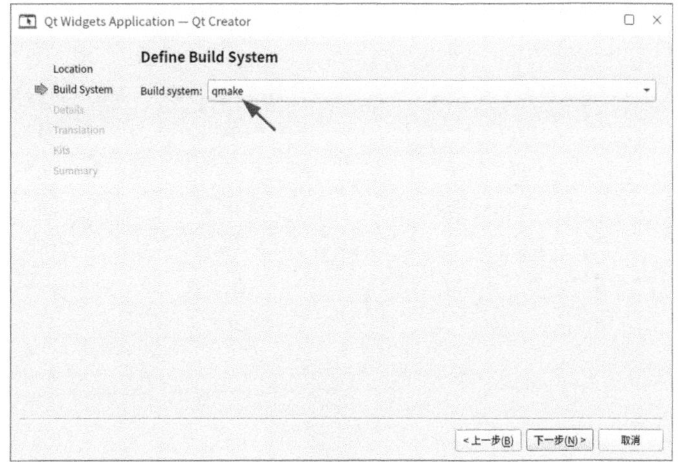

图2-35

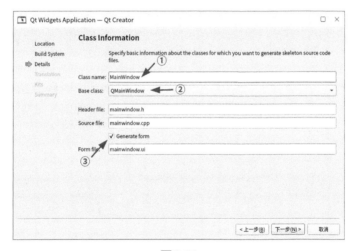

图2-36

创建过程中箭头指向的位置处需要注意。

箭头①位置处为自定义的类名，“Header file”和“Source file”会随着“Class name”自动生成。

箭头②位置处可以选择当前类的基类，有以下3个基类可以选择。

- QMainWindow是主窗口类，主窗口类具有主菜单、工具栏和状态栏，类似于一般应用程序的主窗口。
- QWidget是所有具有可视界面的基类，选择QWidget创建的界面可以支持各种界面组件。
- QDialog是对话类，可以建立一个基于对话框的界面。

箭头③位置处可以选择是否勾选，勾选的话，会自动创建一个用户界面文件，否则需要自己编程创建界面。建议勾选，可以提高开发效率。

6. 单击“下一步”按钮，弹出Translation File对话框，如图2-37所示。

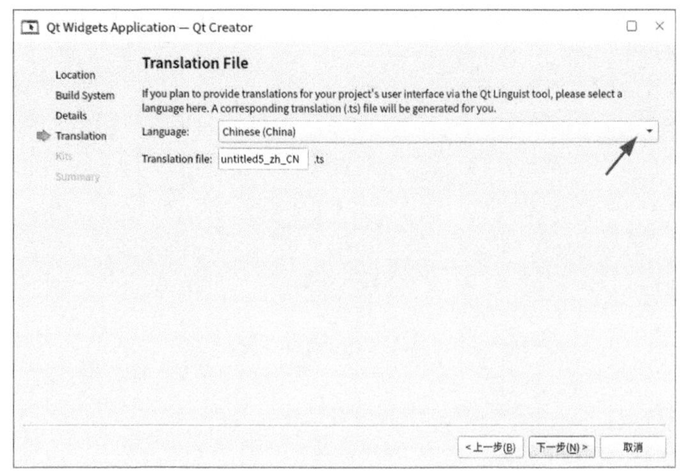

图2-37

箭头位置处可以选择不同的语言，可以帮用户生成相应的翻译文件（.ts）。

7. 单击“下一步”按钮，弹出Kit Selection对话框，如图2-38所示。

图2-38

如果计算机上安装了多个Kit，可以根据业务需求，选择一个合理的Kit。如果不确定用哪个Kit合适，可以直接勾选“Select all kits”复选框。

8. 单击“下一步”按钮，弹出Project Management对话框，如图2-39所示。

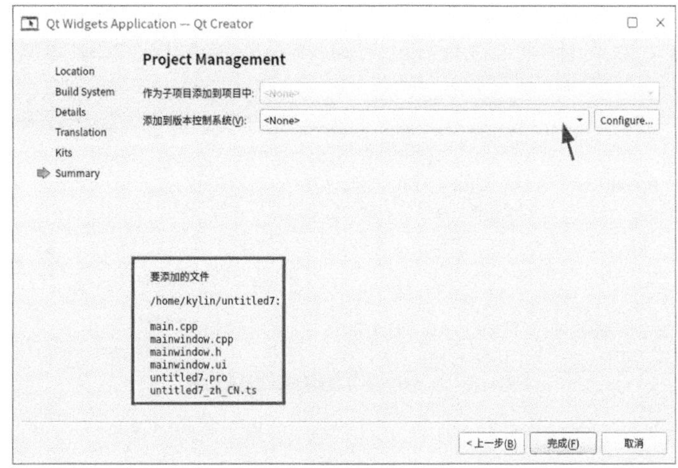

图2-39

箭头位置处可以完成git的相关配置，矩形框内则是将要被添加到项目中的文件信息。这些信息，都会在配置文件（.pro文件）中体现。配置文件是由qmake自动生成的，2.3.3小节会有配置文件的详细讲解。

9. 单击“完成”按钮，整个项目创建流程结束，效果如图2-40所示。

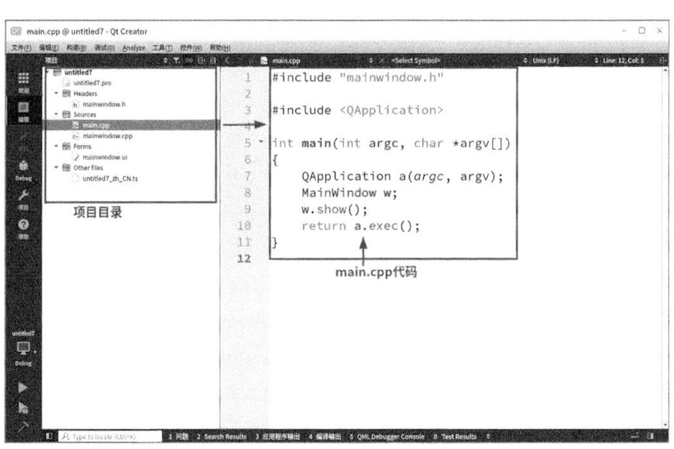

图2-40

双击项目目录中的头文件（.h文件）或者源文件（.cpp文件）可以打开文件，然后可以进行代码的编辑。双击.ui文件可以打开设计窗口（见图2-41），通过简单拖曳，就可以快速进行设计。

从左侧的控件库中找到Label控件，拖曳到设计窗格中，双击控件可以实现Label内容的编辑。完成设计之后，使用快捷键Shift+Alt+R可以实现设计效果的预览，如图2-42所示。

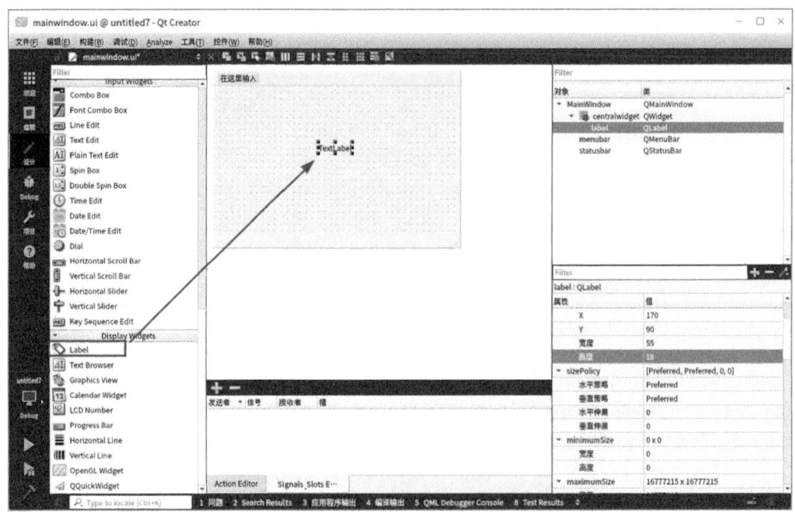

图2-41

按快捷键Ctrl+R或者单击“构建”→“运行”，效果如图2-43所示。

图2-42

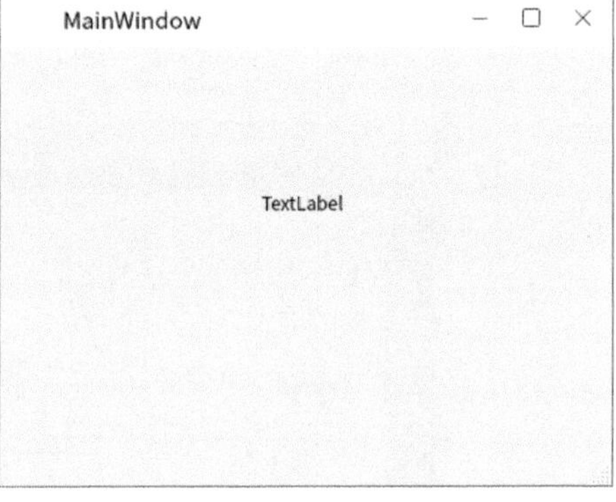

图2-43

注意：如果单击“运行”按钮，可能报出以下错误。

```
cannot find -lGL
collect2:error:ld returned 1  exit status
```

这是由于Qt缺乏相关的依赖包，可以尝试在终端输入如下命令。

```
sudo apt-get install libgl1-mesa-dev
```

按Enter键确认，等待安装完毕之后，重新编译，问题解决。

2.3.3 项目模块详解

2.3.2小节创建了第一个Qt项目，本小节重点讲解项目中包含的文件，项目目录如图2-44所示。

图2-44所示为第一个项目所包含的文件目录，对于Qt项目中常见的不同类型的文件，介绍如下。

untitled7

文件名称	修改日期	文件类型	文件大小
main.cpp	2022/07/04 ···	C++ 源代码	172 字节
mainwindow.cpp	2022/07/04 ···	C++ 源代码	221 字节
mainwindow.h	2022/07/04 ···	C 程序头文件	323 字节
mainwindow.ui	2022/07/04 ···	Qt Designer i···	986 字节
untitled7_zh_CN.ts	2022/07/04 ···	消息库	104 字节
untitled7.pro	2022/07/04 ···	application/···	1.0 K
untitled7.pro.user	2022/07/04 ···	XML 文档	21.5 K

图2-44

- .pro项目描述文件：包含一些描述项目的信息，它的本质是Qt中的makefile文件。
- .pro.user用户配置描述文件：Qt自动产生的，每个用户的配置环境都不一样，所产生的配置描述文件也不一样，因此，在进行跨平台开发的时候，建议删除这个文件，避免出现一些未知的错误。
- .h头文件：项目所需的头文件。
- .cpp源文件：项目所需的源文件。
- .ui界面描述文件：描述用户界面（User Interface，UI）的相关信息。
- 资源文件：程序中用到的图片、音频等资源文件。

Qt项目中有两个重要的文件：一个是main.cpp，项目的入口文件；另一个是.pro，项目描述文件，用来对项目进行配置管理。接下来详细介绍这两个文件的内容。

main.cpp文件的内容如下。

```
#include "mainwindow.h"
#include <QApplication>

int main(int argc, char *argv[])
{
    QApplication a(argc, argv);
    MainWindow w;
    w.show();

    return a.exec();
}
```

Qt系统提供的标准类名声明头文件没有.h后缀，如QApplication。

QApplication为应用程序类，用于管理GUI应用程序的控制流和主要设置。QApplication是Qt整个后台管理的“命脉”，包含主事件循环。来自窗口系统和其他资源的所有事件都在这里处理和调度。QApplication也处理应用程序的初始化和结束，并且提供对话管理。

对于任何一个使用Qt的GUI应用程序，都只有一个QApplication对象，不论这个应用程序在同一时间内有几个窗口。

下面这段代码首先声明了一个窗口对象w，然后调用show()函数，进而实现窗口对象w的显示。

```
MainWindow w;
w.show();
```

程序进入消息循环，等待对用户输入进行响应。这里main()把控制权转交给Qt，Qt完成事件处理工作，当应用程序退出的时候exec()的值就会返回。在exec()

中，Qt接收并处理用户和系统的事件，并且把它们传递给适当的窗口部件。

```
a.exec()
```

.pro文件：.pro文件就是工程（Project）文件，它是qmake自动生成的用于生产makefile的配置文件。第一个Qt项目中.pro文件的具体内容如下。

```
QT       += core gui          // 包含的模块
greaterThan(QT_MAJOR_VERSION, 4): QT += widgets
TEMPLATE = app                // 模板类型为应用程序模板
CONFIG += c++11               // 使用C++11的特性
SOURCES += main.cpp\          // 源文件
        mainwindow.cpp
HEADERS  += mainwindow.h      // 头文件
FORMS += \
        mainwindow.ui
TRANSLATIONS += \
     untitled7_zh_CN.ts
```

关于.pro文件中每一条内容的解析，见表2-2。

表2-2 .pro文件内容解析

序号	内容	解析
1	QT += core gui	当前项目需要包含的模块（core、gui都是默认包含的模块），比如使用数据库，需要包含sql模块，则QT += core gui sql
2	greaterThan(QT_MAJOR_VERSION, 4): QT += widgets	如果QT_MAJOR_VERSION大于4（使用Qt 5或者更高版本）需要增加widgets模块。如果项目仅需支持Qt 5，也可以直接添加QT += widgets。不过为了保持代码兼容，建议采用这种方式
3	TEMPLATE = app	TEMPLATE（模板变量）告诉qmake为当前应用程序生成哪种makefile。app表示建立一个应用程序的makefile。如果模板没有明确指定时，将默认使用app。除了app之外，还有lib、vclib、subdirs等多种模板
4	CONFIG += c++11	表示当前使用的C++标准的特性版本，Qt 4.8是Qt首个在其应用程序接口（Application Programming Interface，API）中开始使用C++11特性的版本。除此之外还要注意GCC的版本，GCC是在4.7版本之后才支持C++11的
5	SOURCES += main.cpp\mainwindow.cpp	项目中包含的源文件
6	HEADERS += mainwindow.h	项目中包含的头文件
7	FORMS += mainwindow.ui	项目中包含的设计文件
8	TRANSLATIONS += untitled7_zh_CN.ts	记录用户当前语言的文件

以上为.pro文件中常见内容的解析，如果需要了解更多，可参阅官方帮助文档。

03

第3章 Qt编程基础

本章为开启Qt编程之路的基础，内容包含Qt的常见数据类型、Qt的基本函数、QString的使用、Qt顺序容器类与关联容器类、QVariant类、Qt迭代器等。

3.1 Qt的常见数据类型

Qt是完全兼容C、C++编程语言的。除此之外，Qt还提供了具备自身特色的数据类型，如Qt的基本数据类型、Qt的基本数据类、Qt的容器类，以及Qt的字符容器类。

先介绍Qt的基本数据类型。

一、Qt的基本数据类型

对于Qt的基本数据类型，虽然名称同C/C++中的有所差异，但是其本质还是一致的，如表3-1所示。

表3-1 Qt的基本数据类型

类型	占用内存大小	说明
bool	8位	布尔型，只有true/false两个值
qint8	8位	有符号的字符型
qint16	16位	有符号的短整型
qint32	32位	有符号的整型
qint64	64位	长整型
quint8	8位	无符号的字符型
quint16	16位	无符号的短整型
quint32	32位	无符号的整型
quint64	64位	无符号的长整型
float	32位	单精度浮点数
double	64位	双精度浮点数
const char *	32位	指向字符串常量的指针，最后不能为0

以qint32为例，其内存大小为32位，也就是4个字节。在说明一列中，给出的解释为“singed int”。接下来看它的底层封装源码。

```
    typedef int qint32;                    /* 32 bit signed */
```

源码很清晰地指出，“qint32”本质就是int，Qt使用typedef关键字在int的基础上进行了二次封装，让其更具Qt特色。在实际使用过程中，二者只有形式上的差别，没有意义上的差别，可以根据个人编码习惯或者用户所属组织的编码规范灵活选择即可。

接下来介绍Qt的基本数据类。

二、Qt的基本数据类

Qt作为一个框架，包含非常多的类，其封装的特点一般都是以大写“Q”开头，再加上实体类的名字，如表3-2所示。

表3-2　Qt的基本数据类

类	说明
QBitArray	位数组
QBrush	定义了QPainter绘制图形的填充模式
QByteArray	字节数组
QColor	颜色类
QDate	日期类
QDateTime	日期时间类
QFont	字体类
QIcon	图标类
QImage	显示图像的类
QPicture	处理图片格式的类
QPixmap	处理PNG等图片格式的类
QTime	提供时分秒的类
QPen	画笔类，提供绘制线条的分格、厚度、颜色
QPoint	坐标点类，处理x轴、y轴、z轴
QSize	尺寸类，如宽度、高度
QRect	矩形类，如left、right、top、bottom
QUrl	统一资源定位符（Uniform Resource Locator，URL）地址类
QString	字符串处理类
QVariant	可保存多种数据类型的共同体类
QCursor	定义鼠标指针图形的类
QKeySequeue	快捷键类
QRegion	用于在QPainter上定义剪切板区域的类
QTransform	用于图像描绘大小、剪切、旋转坐标等的类
QRegExp	处理正则表达式的类
QMargins	定义矩形外边距的类
QEasingCurve	控制GUI动画运行模式的类

以上罗列的是开发中比较常见的一些类，读者可以先对其名称及作用做一个大致了解，随着课程的深入，后续会涉及更多的类，讲解也会更细致。

下面介绍常见类中比较有代表性的类——容器类。

三、Qt的容器类

容器类都有一个共同的作用——存储对象。Qt中更多容器类的名称及作用见表3-3。

表3-3 Qt的容器类

类	说明
QHash<Key,T>	提供散列表的字典（Dictionary）的模板类
QMap<Key,T>	提供二叉查找树（Binary Search Tree）字典的模板类
QPair<T1,T2>	处理成对存在的项目数据的模板类
QList	为操作列表形态值提供的模板类
QLinkedList	提供链表的模板类
QVector	为操作动态QVector数组提供的类
QStack	为使用包含push()、pop()、top()的栈提供的类
QQueue	为使用enqueue()、dequeue()和head()操作FIFO结构的数据提供的类
QSet	为利用基于散列快速查找提供的类
QMultiMap<Key,T>	继承自QMap的类，可以映射多种值
QMultiHash<Key,T>	继承自QHash的类，可以利用散列映射多种值

虽然这些容器类都是用来作为存储对象的容器，但是每个容器都是有自己的特点，比如是否有序、唯一，插入、查询效率的高低等，这些特点与容器的底层数据结构息息相关。先大致了解，本章3.4节将对这些内容展开深入讲解。

接下来介绍Qt的字符容器类。

四、Qt的字符容器类

顾名思义，字符容器类也属于容器范畴，它主要用于存储字符，Qt中包含可以存储不同字符的字符容器类，如表3-4所示。

表3-4 Qt的字符容器类

类	说明
QString	字符串类，支持Unicode编码
QStringList	字符串列表的集合类
QStringMatcher	为查找与Unicode String相对应的字符串提供的类
QStringRef	size()、position()、toString()等字符串包装（Wrapper）类
QChar	支持16位Unicode字符（Character）的类
QByteArray	支持字符数组的类，类似于网络文件传送、实现数据流时使用
QByteArrayMatcher	利用QByteArray实现的字节数组索引查找对应字符串
QLatin1Char|QLatin1String	支持US-ASCII/Latin-1编码字符串的类

续表

类	说明
QLocal	将字符显示方式转换为相应的多语言表达方式
QTextStream	为写或读取文本提供的类，在文件中读写数据时使用
QTextBoundaryFinder	为查找与字符串相同的所有字符串提供的类，提供搜索的字符串的NEXT/PREV功能

3.2 Qt的基本函数

在.pro文件中，Qt默认会包含core以及gui两个模块。其中核心模块——core包含编程必需的宏以及函数等。比如3.1节提及的qint32的源码。

```
typedef int qint32;                    /* 32 bit signed */
```

它就定义在qglobal.h中，而该文件就属于core模块。正是由于.pro文件中包含core模块，因此可以自由地使用qint32等类型。

在qglobal.h中，还包含很多函数，如输出调试信息函数、求绝对值函数、求最大值和最小值函数等。接下来介绍这些函数的基本使用，先看输入调试信息函数。

一、输出调试信息函数——qDebug

该函数是程序调试过程中非常好用的一个函数，可以灵活地将调试信息从控制台输出。

➢ 函数原型

```
void qDebug(const char *message, ...)
```

➢ 用法示例

```
qDebug("Hello KylinOS");
qDebug("length of HelloKylinOS is %d",str1.size());
```

注意，如果手动引入了头文件，则可以使用更多的语法格式进行输出，用法如下。

```
#include <QDebug>
int num = 10;
float PI = 3.14;
qDebug() << "value1 = " << num << "PI=" << PI;
```

如果对qDebug()的源码感兴趣，则可以适当拓展。

```
#define qDebug QMessageLogger(QT_MESSAGELOG_FILE, QT_MESSAGELOG_LINE, QT_MESSAGELOG_FUNC).debug
```

这是qglobal.h中qDebug的定义，从形式上来看它是一个宏定义无异，不过该宏指向的为QMessageLogger类中的debug函数，因此，从宏观上来看，qDebug也是一个函数。QMessageLogger构造函数中给出的3个参数（QT_MESSAGELOG_FILE、QT_MESSAGELOG_LINE和QT_MESSAGELOG_FUNC）依旧是宏定义，对其定义形式也可以做一个了解，源码如下。

```
#define QT_MESSAGELOG_FILE __FILE__
#define QT_MESSAGELOG_LINE __LINE__
#define QT_MESSAGELOG_FUNC Q_FUNC_INFO
```

这些宏都定义在qlogging.h中，该文件也属于core模块，因此，可以直接使用。接下来介绍绝对值函数。

二、绝对值函数——qAbs

该函数可以获取目标数据的绝对值。

➢ 函数原型

```
T qAbs(const T &t)
```

➢ 用法示例

```
int absoluteValue;
int myValue = -4;
//求绝对值
absoluteValue = qAbs(myValue);
```

用法比较简单，不过多阐述，接下来着重介绍qAbs的底层封装方式，了解它与qDebug有哪些不同，源码如下。

```
template <typename T>
Q_DECL_CONSTEXPR inline T qAbs(const T &t) { return t >= 0 ? t : -t; }
```

首先定义了一个模板，紧接着以内联函数的形式完成了qAbs的定义，这种定义方式与之前qDebug的定义方式有很大差异。它也是Qt比较主流的封装方式之一，后续的几个函数皆是采用这种方式，不再展开详细讲解。

三、求最大值函数——qMax

该函数可以返回两个数之间较大的数值。

➢ 函数原型

```
const T &qMax(const T &a, const T &b)
```

➢ 用法示例

```
int a = 6;
int b = 4;
int maxValue = qMax(a, b);
qDebug(maxValue)
```

通过运行得出变量a与变量b之间较小值为6。

四、求最小值函数——qMin

该函数可以返回两个数之间较小的数值，用法同qMax类似。

➢ 函数原型

```
const T &qMin(const T &a, const T &b)
```

➢ 用法示例

```
int a = 6;
int b = 4;
int minValue = qMin(a, b);
qDebug(minValue)
```

通过运行得出变量a与变量b之间较小值为4。

五、四舍五入函数qRound

该函数可以返回目标数值四舍五入后的整数值。

➢ 函数原型

```
int qRound(double d)
```

➢ 用法示例

```
double valueA = 2.3;
double valueB = 2.7;
int roundedValueA = qRound(valueA);
qDebug(roundedValueA)
int roundedValueB = qRound(valueB);
qDebug(roundedValueB)
```

六、比较浮点数的函数——qFuzzyCompare

该函数比较两个浮点数是否相等，如果相等则返回true，否则返回false。

➢ 函数原型

```
bool qFuzzyCompare(double p1, double p2)
```

➢ 用法示例

```
qFuzzyCompare(0.0,1.0e-200); // false
qFuzzyCompare(1 + 0.0, 1 + 1.0e-200); // true
```

注意，比较p1或p2为0.0的值将不起作用，比较其中一个值为空值（NaN）或无穷大的值也不起作用。如果其中一个值始终为0.0，请改用qFuzzyIsNull。如果其中一个值可能为0.0，建议采用的一种解决方案是将两个值加1.0。

3.3 QString的使用

C语言以及C++中都有字符串，比如C语言中的字符数组、C++中的字符串类。相比这些，Qt中的字符串QString更强大。它采用Unicode编码格式进行存储，每一个字符都是16位的QChar，保证了它对中文的兼容性，每个汉字看作一个字符，操作便利。还有一个非常显著的优点就是，隐式共享，这点跟它高效的内存分配策略是密不可分的。除此之外，它还提供了非常多的其他操作接口，处理起来非常灵活。对于这些接口，接下来从字符串的操作、查询、转换3个方向进行描述。

3.3.1 字符串的操作

字符串的操作一般包括追加、插入、替换、删除等。

（1）+=。

➢ 作用

同append()，实现字符串的追加。

➢ 用法

```
QString str1 = "Hello";
str1 += "KylinOS";
qDebug() << str1; // "HelloKylinOS"
```

（2）append()。

➢ 作用

同+=，实现字符串的追加。

➢ 用法

```
QString x = "free";
QString y = "dom";
x.append(y);
// x == "freedom"
qDebug() << x;
qDebug() << y;
```

（3）arg()。

➢ 作用

该函数可以使用指定参数进行格式替代来完成字符串组合。

➢ 用法

```
    QString i;
    QString total;
    QString fileName;
// 变量i的值替换到位置%1，变量total的值替换到位置%2，变量fileName的值替换到位置%3
    QString status = QString("Processing file %1 of %2: %3").arg(i).arg(total).
arg(fileName);
    qDebug() << status;
```

（4）insert()。

➢ 作用

该函数可以在指定位置处插入指定数据。

➢ 用法

```
QString str = "KylinOS";
str.insert(1, QString("Hello,"));
// str == "Hello,KylinOS"
qDebug() << str;
```

（5）replace()。

➢ 作用

该函数可以将字符串中的内容进行替换。

➢ 用法

```
QString x = "Say yes!";
QString y = "no";
// 将字符串中索引4开始往后的3个字符替换成字符串y的内容
x.replace(4, 3, y);
// x == "Say no!"
qDebug() << x;
```

（6）remove()。

➢ 作用

该函数可以删除字符串中的某些内容。

➢ 用法

```
QString s = "Montreal";
 //从索引1处，删除4个单位
```

```
s.remove(1, 4);
// s == "Meal"
qDebug() << s;
// 删除字符串中的字符'a'
QString t = "Ali Baba";
t.remove(QChar('a'), Qt::CaseInsensitive);
// t == "li Bb"
qDebug() << t;
```

（7）trimmed()。

➢ 作用

该函数可以去除字符串两端的空格。

➢ 用法

```
QString str = "  lots\t of\nwhitespace\r\n ";
str = str.trimmed();
// str == "lots\t of\nwhitespace"
qDebug() << str;
```

3.3.2 字符串的查询

（1）startsWith()。

➢ 作用

该函数可以判断字符串是否以指定内容开头，如果是则返回true，否则返回false。

➢ 用法

```
QString str = "https://www.ptpress.com.cn";
bool v = str.startsWith("https://");      // 返回true
qDebug() <<  v;
v = str.startsWith("http://");           // 返回false
qDebug() <<  v;
```

（2）endsWith()。

➢ 作用

该函数可以判断字符串是否以指定内容结尾，如果是则返回true，否则返回false。

➢ 用法

```
QString str = "12345@ptpress.com.cn";
bool v = str.endsWith("@ptpress.com.cn");      // 返回true
qDebug() << v;
v = str.startsWith("@ptpress.com.cn");         // 返回false
qDebug() << v;
```

（3）contains()。

➢ 作用

该函数可以判断一个字符串是否包含另外一个子串，如果包含则返回true，否则返回false。

➢ 用法

```
QString str = "Peter Pan";
str.contains("peter", Qt::CaseInsensitive);   // 返回true
```

其中第二个参数为枚举类，其具体定义见表3-5。

表3-5 枚举类Qt::CaseSensitivity

枚举常量	枚举值	描述
Qt::CaseInsensitive	0	不区分大小写
Qt::CaseSensitive	1	区分大小写

（4）count()。

➢ 作用

该函数可以获取str在字符串中出现的次数。

➢ 用法

```
QString str = "banAna and panama";
int v = str.count("an",Qt::CaseSensitive);     // 返回3
qDebug() << v;
v = str.count("an",Qt::CaseInsensitive);       // 返回4
qDebug() << v;
```

（5）indexOf()。

➢ 作用

该函数可以返回子串str在字符串中首次出现的位置，如果字符串中没有该子串，则返回-1。

➢ 用法

```
QString x = "Hello KylinOS";
QString y = "lo";
int v = x.indexOf(y);                  // 返回3
qDebug() << v;
v = x.indexOf(y, 1);                   // 返回3
qDebug() << v;
v = x.indexOf(y, 10);                  // 返回-1
qDebug() << v;
```

3.3.3 字符串的转换

在字符串的实际使用中，有时候需要对其进行转换，常见的用法有将字符串转换为数值以及其他字符编码集。

一、转换为数值类型

（1）toInt()。

➢ 作用

该函数将字符串转换为int类型，可以通过设置参数接收转换的结果，也可以通过参数用来设置进制。

➢ 用法

```
QString str = "123";
int v = str.toInt();
qDebug() << v;

str = "FF";
bool ok;
v = str.toInt(&ok,16);
qDebug() << v << "," << ok;
```

（2）toLong()。

➢ 作用

该函数将字符串转换为long类型，可以通过设置参数接收转换的结果，也可以通过参数用来设置进制。

➢ 用法

```
QString str = "FF";
bool ok;

long hex = str.toLong(&ok, 16);      // hex == 255, ok == true
long dec = str.toLong(&ok, 10);      // dec == 0, ok == false
qDebug() << hex;
qDebug() << dec;
```

（3）toFloat()。

➢ 作用

该函数将字符串转换为float类型，可以通过设置参数接收转换的结果。

➢ 用法

```
QString str1 = "1234.56";
float f = str1.toFloat();          // 返回1234.56
qDebug() << f;
bool ok;
QString str2 = "R2D2";
f = str2.toFloat(&ok);             // 返回0.0, sets ok to false
qDebug() << f << ok;

QString str3 = "1234.56 Volt";
str3.toFloat(&ok);                 // 返回0.0, sets ok to false
qDebug() << f << ok;
```

（4）toDouble()。

➢ 作用

该函数将字符串转换为double类型，可以通过设置参数接收转换的结果。

➢ 用法

```
QString str = "1234.56";
double val = str.toDouble();                       // val == 1234.56
qDebug() << val;
bool ok;
double d = QString( "1234,56" ).toDouble(&ok); // ok == false
qDebug() << d << ok;
d = QString( "1234.56" ).toDouble(&ok);          // ok == true, d == 1234.56
qDebug() << d << ok;
```

（5）toLower()。

➢ 作用

该函数将字符串转换为全小写。

➢ 用法

```
QString str = "The Qt PROJECT";
str = str.toLower();          // str == "the qt project"
qDebug() << str;
```

（6）toUpper()。

➢ 作用

该函数将字符串转换为全大写。

➢ 用法

```
QString str = "TeXt";
str = str.toUpper();          // str == "TEXT"
qDebug() << str;
```

二、转换为其他字符编码集

（1）toLatin1()。

➢ 作用

该函数将字符串转换为字节数组。如果遇到不能识别的字符，以“?”代替。

➢ 用法

```
QString str = "abcABC";
QByteArray array = str.toLatin1();
foreach (int var, array) {
    qDebug() << var; // 97 98 99 65 66 67
}
```

（2）toUtf8()。

➢ 作用

该函数基于UTF-8编码格式对字符串进行转换。

➢ 用法

```
QString str = "abcABC";
QByteArray array = str.toUtf8();
foreach (int var, array) {
    qDebug() << var;   // 97 98 99 65 66 67
}
```

3.4 Qt顺序容器类与关联容器类

众所周知，C++中存在很多容器类。同样，Qt中也有很多容器类，而且Qt中的容器类在存取速度、内存开销等方面进行了优化，使用起来更轻量级、更便捷，还有很重要的一点——它们是线程安全的。

具体介绍容器之前，先要了解Qt容器的一个特性。Qt容器类都是基于模板的类，比如常用的QList<T>，这里的T表示的就是具体的类型，而且必须是可赋值的数据类型。这意味着该数据类型必须提供一个默认的构造函数、赋值构造函数和赋值运算符。所以，像int、double、QString、QTime等类型可以存储到容器中，而QObject及其他一些子类如QWidget、QDialog等无法直接存储到容器中，但是可以使用指针类型进行替代，如QList<QButton*>list。

基于不同的底层数据结构，可以将容器类分为两类：顺序容器类和关联容器类。

3.4.1 顺序容器类

Qt中的顺序容器类有QList、QLinkedList、QVector、QStack和QQueue，每个类中都有大量的API。在讲解的时候，只重点介绍比较有代表性的，对于其他更多API的用法，读者可以查阅官方帮助文档来进行拓展。

（1）QList。

QList是十分常用的容器类，它是以数组列表的形式实现的，可以理解为它就是C中的数组。QList以索引的方式对数据项进行访问，其查找数据速度以及在尾部操作数据的速度，都是非常快的。

QList中用于添加、插入、查询、替换、移动、删除数据项的函数有append()、prepend()、insert()、contains()、replace()、move()、swap()、removeAt()、removeFirst()、removeLast() 和clear()等。

接下来验证一下这些API的实际使用方法。

```
QList<QString> list;
// 添加元素
list.append("One");
list << "Two" << "Four";
list.insert(2,"Three");
// 根据索引值访问元素
QString v = list[0] // 等价于list.at(0)
// 查询元素
bool has = list.contains("One");
// 替换
list.replace(0,"Zero");
// 交换
list.swap(0,1);
// 移动
list.move(0,1);
// 删除
list.removeAt(0)
list.removeLast()
list.clear()
```

案例介绍了这些API的基本使用方法，如果需要更深入地了解每一个API，可以借助官方帮助文档以及这些函数的源码。

（2）QLinkedList。

QLinkedList是链式列表，其数据项基于非连续内存存储，也就是数据结构中的链式存储，鉴于该特点，其插入和删除数据的效率非常高。

相关API的用法同QList几乎一致，不赘述。有一点需要注意，QLinkedList不提供基于索引值的对外接口。

（3）QVector。

QVector<T> 是一个提供动态数组的模板类。

QVector是Qt的通用容器类之一。它将其数据项存储在相邻的内存位置，并提供基于索引的快速访问。QVector提供了与QList类似的API和功能，同样不赘述。但有一点需要注意，QVector<T>通常比QList<T> 具有更好的性能，因为

QVector<T> 总是将其数据项存储在内存中。

（4）QStack。

QStack是提供类似于堆栈的后进先出（Last In First Out, LIFO）操作的容器类，主要提供了push()和pop()两个接口函数。

基本用法如下。

```
#include <QStack>
QStack<int> stack;
stack.push(1);
stack.push(2);
stack.push(3);
while (!stack.isEmpty())
    // 基于后进先出的规则，会输出3 2 1
    cout << stack.pop() << endl;
```

（5）QQueue。

QQueue是提供类似于队列先进先出（First In First Out, FIFO）操作的容器类。主要提供了enqueue()和dequeue()两个接口函数。

基本使用如下。

```
QQueue<int> queue;
queue.enqueue (1);
queue.enqueue(2);
queue.enqueue (3);
while (!queue.isEmpty())
    // 基于先进先出的规则，会输出1 2 3
    qDebug() << queue.dequeue() << endl;
```

3.4.2 关联容器类

Qt中还提供了不同的关联类容器，比如QSet、QMap、QMultiMap、QHash、QMultiHash。

（1）QSet。

QSet是基于散列表的集合模板类。作为一个简单的容器，它跟QList很像，不过有一点需要特别注意，由于它底层的数据结构是基于散列表的，存储进来的数据是无序的。对于散列，有一个很重要的尝试就是，可以在散列表中非常快地查找到目标值。还有一点需要注意，QSet内部是用QHash实现的。

接下来验证QSet的基本使用方法。

```
QSet<QString>set;
// 添加
set << "A" << "B" << "C";
// 插入
set.insert("D");
// 每次输出，元素顺序都不同，因为hash值每次都不同
qDebug() << set;
qDebug() << set.count();
// 判断
if (!set.isEmpty() && set.contains("D")){
    set.remove("D");
}
```

```
qDebug() << set;
// 获取所有值
QList<QString>list = set.values();
qDebug() << list;
// 转换成QList
list = set.toList();
qDebug() << list;
```

（2）QMap。

QMap<Key, T> 以映射的方式完成数据存储，Key对应T，成对出现。对于Key的类型，一般情况下使用QString来表示，因为它有一个硬性要求，就是Key必须是可进行哈希运算的。QMap存储数据会按照键的顺序，这是因为在底层采用了哈希表+链表的组合结构，这会导致存取速度下降。如果只看中速度而不在乎存储顺序，可以使用QHash。

接下来验证QMap的基本使用方法。

```
QMap<QString,int> map;
// 添加数据
map["one"] = 1;
map["two"] = 2;
// 插入数据
map.insert("three",3);
qDebug() << map;
// 通过key获取对应的数据
int num = map["one"];
qDebug() <<  num;
// 通过key获取对应数据的其他方式
num = map.value("two");
qDebug() << num;
// 根据key删除数据
map.remove("one");
// 根据key获取对应的值，如果没有这个key，则得到后边给出的默认值
num = map.value("one",0);
qDebug() << num;
// 获取所有的keys
QList<QString>keys = map.keys();
qDebug() << keys;
// 获取所有的values
QList<int> values = map.values();
qDebug() << values;
```

（3）QMultiMap。

QMultiMap是QMap的子类，是用于处理多值映射的便利类。多值映射就是一个键可以对应多个值。QMap正常情况下不允许多值映射，除非使用QMap::insertMulti()添加键值对。

基于继承关系的存在，QMap的大多数函数在QMultiMap都是可用的，但是有几个特殊的函数需要关注，QMultiMap::insert() 等效于QMap::insertMulti()，QMultiMap::replace() 等效于QMap::insert()。

简单验证一下。

```
QMultiMap<QString, int> map1, map2, map3;
map1.insert("A", 10);
// 再次插入键值对，等于是字典中有两个键值对
```

```
map1.insert("A", 20);     // map1.size() == 2
qDebug() << map1;
map2.insert("A", 30);     // map2.size() == 1
qDebug() << map2;
// 支持+完成拼接
map3 = map1 + map2; // map3.size() == 3
qDebug() << map3;
// 只能得到最新插入的值，而且不支持以d[key]的方式访问数据
qDebug() << map3.value("A");
```

（4）QHash。

QHash是基于散列表来实现字典功能的模板类，QHash<Key,T>存储的键值对具有非常快的查找速度。

QHash与QMap的功能和用法相似，区别在于以下几点。

- QHash比QMap的查找速度快。
- 在QMap上遍历时，数据项是按照键排序的，而QHash的数据项是按照任意顺序排列的。
- QMap的键必须提供"<"运算符，QHash的键必须提供"=="运算符和一个名称为qHash()的全局散列函数。

（5）QMultiHash。

QMultiHash是QHash的子类，是用于处理多值映射的便利类，其用法与QMultiMap类似，在这不赘述。

3.5 QVariant类

QVariant类就像常见的Qt数据类型的并集。

3.5.1 QVariant简介

QVariant可以保存很多Qt的数据类型(任意时刻都只有一个数据类型值，类型可以由type()函数获得)，包括QBrush、QColor、QCursor、QDateTime、QFont、QKeySequence、QPalette、QPen、QPixmap、QPoint、QRect、QRegion、QSize和QString，并且还有C++基本类型，如int、float等。它类似联合体，却又比联合体强大太多。Qt的属性系统、数据库等底层都是基于QVariant类实现的。

不仅如此，QVariant还支持自定义的数据类型。

由于QVariant存储的数据类型需要有一个默认的构造函数和一个复制构造函数。因此要实现这个功能，必须使用Q_DECLARE_METATYPE宏完成MetaType的注册后才能使用。一般情况下，这个宏会放在类的声明所在头文件的下方，具体定义形式如下。

```
// 使用Q_DECLARE_METATYPE宏需要引入的头文件
#include <QMetaType>
class CustomClass
{
```

```
public:
    CustomClass();
    QString name;
    int id;
};
// 一定要包含这个宏，否则会导致错误
Q_DECLARE_METATYPE(Student);
```

了解完QVariant的基本特点之后，接下来看它的具体用法。

3.5.2 QVariant的基本使用

从存储一般数据类型，存储系统类类型以及自定义数据类型分别介绍其具体用法。先介绍存储一般类型。

一、存储一般类型的使用示例

```
void MainWindow::func_3_5_2_common_type()
{
    // 存储int
    QVariant var(10);           // a
    // 转换为int
    qDebug() << var.toInt();    // b
    // 存储float
    var = 3.14;                 // c
    qDebug() << var.toFloat();  // d
    // 使用setValue()的方式存储bool类型的变量注释
    var.setValue(true);         // e
    qDebug() << var.toBool();   // f
}
```

注释a位置处，基于QVariant的构造函数，创建了一个存储int变量的对象var。

注释b位置处，通过调用QVariant的toInt()函数，完成了由QVariant到int类型的转变。注释c处，直接将小数3.14赋值给var存在一个隐式转换（将Float转换为QVariant）。注释d处通过toFloat()函数，获取到存储到var中的float值。注释e则是通过setValue的方式，实现QVariant存储bool类型的变量。注释f处，采用toBool()的方式获取存储到var对象中的布尔值。注意，toInt()、toFloat()，toBool()等函数都属于显式转换的范畴。

接下来介绍QVariant存储系统类类型。

二、存储系统类类型的使用示例

```
void MainWindow::func_3_5_2_system_class()
{
    // 存储字符串
    QVariant var = "Hello";        // a
    // 转换为字符串
    qDebug() << var.toString();    // b
    // QVariant作为key，使用起来非常灵活
    QMap<QString,QVariant>map;  // c
    // 可以将QVariant支持的类型作为Key
    map["int"] = 100;
    map["double"] = 3.14;
    map["string"] = "Hovar are you";
```

```
        map["size"] = QSize(100,50);
        qDebug() << map["int"].toInt();
        qDebug() << map["double"].toDouble();
        qDebug() << map["string"].toString();
        qDebug() << map["size"].toSize();
        QStringList list;
        list << "one" << "two" << "three";
        // 存储列表
        QVariant var1(list);
        // 判断类型，如果存储的是List，则采用循环进行数据遍历
        if(var1.type() == QVariant::StringList){
            QStringList list1 = var1.toStringList();
            for(int i = 0;i < list1.size();i++){
                qDebug() <<  list1.at(i);
            }
        }
    }
```

案例中的注释a位置处，采用的是与前文类似的隐式转换。注释b位置处，采用的则是显式转换。显然，在QVariant存储系统类变量的时候，这种机制依旧可行。

```
    QMap<QString,QVariant>map;
```

注释c位置处，QMap为一个模板类，定义map变量采用了泛型限定，其中对于存储数值位置处采用了QVariant类，结合QVariant隐式转换以及显式转换的机制，QVariant可以是“任意”数据类型，这就大大提高了map的灵活性。这种技巧也是在开发过程中经常被使用到的。

最后介绍QVariant存储自定义类型。

三、存储自定义类型的使用示例

存储自定义类型、比如class，struct等，需要将目标类型先定义出来，以自定义学生类为例。

student.h

```
#ifndef STUDENT_H
#define STUDENT_H
#include <QString>
#include <QObject>
// 使用Q_DECLARE_METATYPE宏需要引入的头文件
#include <QMetaType>
class Student
{
public:
    Student();
    QString name;
    int id;
};
// 一定要包含这个宏，否则，会导致错误
Q_DECLARE_METATYPE(Student);
#endif // STUDENT_H
```

student.cpp

```
#include "student.h"
Student::Student()
```

```
    {

    }
```

main.cpp

```
void MainWindow::func_3_5_2_custom_type()
{
    Student stu;
    stu.name = "xiaoming";
    stu.id = 1001;
    // 存储到Qvariant对象中
    QVariant var = QVariant::fromValue(stu);
    // 判转换成自定义对象之前，先判断是否可转换
    if(var.canConvert<Student>()){
        // 进行转换
        Student stu1 = var.value<Student>();
        qDebug() << "stu1.name = "<<stu1.name;
        qDebug() << "stu1.id = "<< stu1.id;
    }
}
```

在QVariant存储自定义对象时，一定要在自定义类外部的下方，添加Q_DECLAR_EMETATYPE(type)。使用该宏，要引入<QMetaType>文件，它可以向系统注册自定义类或者结构。如果没有进行注册，Q_DECLAR_EMETATYPE()会报错。与存储基本数据类型不同的是，存储自定义对象使用的是静态函数QVariant::fromValue(obj)。将QVariant转换为自定义对象时，建议先用canConvert()进行判断，然后调用函数value()来完成。

3.5.3 QVariant源码分析

QVariant是一种可以存储不同类型的数据结构，依赖三大功能：支持多种对象存储，对存储类型进行检测，给定类型的转换。下面结合系统源码对这3个功能进行简要分析。

一、支持多种对象存储

QVariant类提供了丰富的构造函数重载。

```
    QVariant() Q_DECL_NOTHROW : d() {}
    QVariant(Type type);
    QVariant(int typeId, const void *copy);
    QVariant(int typeId, const void *copy, uint flags);
    QVariant(const QVariant &other);
#ifndef QT_NO_DATASTREAM
    QVariant(QDataStream &s);
#endif
    QVariant(int i);
    QVariant(uint ui);
    QVariant(qlonglong ll);
    QVariant(qulonglong ull);
    QVariant(bool b);
    QVariant(double d);
    QVariant(float f);
#ifndef QT_NO_CAST_FROM_ASCII
```

```
    QT_ASCII_CAST_WARN QVariant(const char *str);
#endif
    QVariant(const QByteArray &bytearray);
    QVariant(const QBitArray &bitarray);
    QVariant(const QString &string);
    QVariant(QLatin1String string);
    QVariant(const QStringList &stringlist);
    QVariant(QChar qchar);
    QVariant(const QDate &date);
    QVariant(const QTime &time);
    QVariant(const QDateTime &datetime);
    QVariant(const QList<QVariant> &list);
    QVariant(const QMap<QString,QVariant> &map);
    QVariant(const QHash<QString,QVariant> &hash);
#ifndef QT_NO_GEOM_VARIANT
    QVariant(const QSize &size);
    QVariant(const QSizeF &size);
    QVariant(const QPoint &pt);
    QVariant(const QPointF &pt);
    QVariant(const QLine &line);
    QVariant(const QLineF &line);
    QVariant(const QRect &rect);
    QVariant(const QRectF &rect);
#endif
    QVariant(const QLocale &locale);
#ifndef QT_NO_REGEXP
    QVariant(const QRegExp &regExp);
#endif // QT_NO_REGEXP
#if QT_CONFIG(regularexpression)
    QVariant(const QRegularExpression &re);
#endif // QT_CONFIG(regularexpression)
#ifndef QT_BOOTSTRAPPED
    QVariant(const QUrl &url);
    QVariant(const QEasingCurve &easing);
    QVariant(const QUuid &uuid);
    QVariant(const QJsonValue &jsonValue);
    QVariant(const QJsonObject &jsonObject);
    QVariant(const QJsonArray &jsonArray);
    QVariant(const QJsonDocument &jsonDocument);
#endif // QT_BOOTSTRAPPED
#if QT_CONFIG(itemmodel)
    QVariant(const QModelIndex &modelIndex);
    QVariant(const QPersistentModelIndex &modelIndex);
#endif
```

二、对存储类型进行检测

QVariant类中包含一个枚举类Type，它是存储类型检测的关键，定义源码如下。

```
enum Type {
        Invalid = QMetaType::UnknownType,
        Bool = QMetaType::Bool,
        Int = QMetaType::Int,
        UInt = QMetaType::UInt,
        LongLong = QMetaType::LongLong,
        ULongLong = QMetaType::ULongLong,
        Double = QMetaType::Double,
        Char = QMetaType::QChar,
        Map = QMetaType::QVariantMap,
        List = QMetaType::QVariantList,
```

```
        String = QMetaType::QString,
        StringList = QMetaType::QStringList,
        ByteArray = QMetaType::QByteArray,
        BitArray = QMetaType::QBitArray,
        Date = QMetaType::QDate,
        Time = QMetaType::QTime,
        DateTime = QMetaType::QDateTime,
        Url = QMetaType::QUrl,
        Locale = QMetaType::QLocale,
        Rect = QMetaType::QRect,
        RectF = QMetaType::QRectF,
        Size = QMetaType::QSize,
        SizeF = QMetaType::QSizeF,
        Line = QMetaType::QLine,
        LineF = QMetaType::QLineF,
        Point = QMetaType::QPoint,
        PointF = QMetaType::QPointF,
        RegExp = QMetaType::QRegExp,
        RegularExpression = QMetaType::QRegularExpression,
        Hash = QMetaType::QVariantHash,
        EasingCurve = QMetaType::QEasingCurve,
        Uuid = QMetaType::QUuid,
#if QT_CONFIG(itemmodel)
        ModelIndex = QMetaType::QModelIndex,
        PersistentModelIndex = QMetaType::QPersistentModelIndex,
#endif
        LastCoreType = QMetaType::LastCoreType,

        Font = QMetaType::QFont,
        Pixmap = QMetaType::QPixmap,
        Brush = QMetaType::QBrush,
        Color = QMetaType::QColor,
        Palette = QMetaType::QPalette,
        Image = QMetaType::QImage,
        Polygon = QMetaType::QPolygon,
        Region = QMetaType::QRegion,
        Bitmap = QMetaType::QBitmap,
        Cursor = QMetaType::QCursor,
        KeySequence = QMetaType::QKeySequence,
        Pen = QMetaType::QPen,
        TextLength = QMetaType::QTextLength,
        TextFormat = QMetaType::QTextFormat,
        Matrix = QMetaType::QMatrix,
        Transform = QMetaType::QTransform,
        Matrix4x4 = QMetaType::QMatrix4x4,
        Vector2D = QMetaType::QVector2D,
        Vector3D = QMetaType::QVector3D,
        Vector4D = QMetaType::QVector4D,
        Quaternion = QMetaType::QQuaternion,
        PolygonF = QMetaType::QPolygonF,
        Icon = QMetaType::QIcon,
        LastGuiType = QMetaType::LastGuiType,

        SizePolicy = QMetaType::QSizePolicy,

        UserType = QMetaType::User,
        LastType = 0xffffffff // need this so that gcc >= 3.4 allocates 32 bits for Type
    };
```

该枚举类的存在，让QVariant中的类型与QMetaType建立的关联。接下来看与枚举类息息相关的几个成员函数。

```
    Type type() const;
    int userType() const;
    const char *typeName() const;

    bool canConvert(int targetTypeId) const;
    bool convert(int targetTypeId);
```

通过函数名称，可以很清晰地了解它们的作用。以canConvert()为例，看一下它的源码实现。

```
    bool QVariant::canConvert(Type t) const
    {
      onst uint currentType = ((d.type == QMetaType::Float) ? QVariant::Double :
d.type);
      if (uint(t) == uint(QMetaType::Float)) t = QVariant::Double;
      if (currentType == uint(t))
          return true;
      if (currentType > QVariant::LastCoreType || t > QVariant::LastCoreType) {
        switch (uint(t)) {
         case QVariant::Int:
           return currentType == QVariant::KeySequence
                          || currentType == QMetaType::ULong
                          || currentType == QMetaType::Long
                          || currentType == QMetaType::UShort
                          || currentType == QMetaType::UChar
                          || currentType == QMetaType::Char
                          || currentType == QMetaType::Short;
         case QVariant::Image:
           return currentType == QVariant::Pixmap || currentType == QVariant::Bitmap;
         case QVariant::Pixmap:
           return currentType == QVariant::Image || currentType == QVariant::Bitmap
                                    || currentType == QVariant::Brush;
         case QVariant::Bitmap:
           return currentType == QVariant::Pixmap || currentType == QVariant::Image;
         case QVariant::ByteArray:
           return currentType == QVariant::Color;
         case QVariant::String:
           return currentType == QVariant::KeySequence || currentType == QVariant
::Font
                          || currentType == QVariant::Color;
         case QVariant::KeySequence:
           return currentType == QVariant::String || currentType == QVariant::Int;
         case QVariant::Font:
           return currentType == QVariant::String;
         case QVariant::Color:
           return currentType == QVariant::String || currentType == QVariant::
ByteArray
                          || currentType == QVariant::Brush;
         case QVariant::Brush:
           return currentType == QVariant::Color || currentType == QVariant::Pixmap;
         case QMetaType::Long:
         case QMetaType::Char:
         case QMetaType::UChar:
         case QMetaType::ULong:
         case QMetaType::Short:
         case QMetaType::UShort:
           return qCanConvertMatrix[QVariant::Int] & (1 << currentType) ||
currentType == QVariant::Int;
         default:
```

```
            return false;
          }
      }
      if(t == String && currentType == StringList)
        return v_cast<QStringList>(&d)->count() == 1;
      else
        return qCanConvertMatrix[t] & (1 << currentType);
  }
```

该函数的作用是检测存储对象是否可以转换为输入类型，具体实现很清晰。QVariant对象的最后一个重要功能就是做给定类型的转换。

三、给定类型的转换

QVariant类提供了一系列转换函数。

```
    int toInt(bool *ok = nullptr) const;
    uint toUInt(bool *ok = nullptr) const;
    qlonglong toLongLong(bool *ok = nullptr) const;
    qulonglong toULongLong(bool *ok = nullptr) const;
    bool toBool() const;
    double toDouble(bool *ok = nullptr) const;
    float toFloat(bool *ok = nullptr) const;
    qreal toReal(bool *ok = nullptr) const;
    QByteArray toByteArray() const;
    QBitArray toBitArray() const;
    QString toString() const;
    QStringList toStringList() const;
    QChar toChar() const;
    QDate toDate() const;
    QTime toTime() const;
    QDateTime toDateTime() const;
    QList<QVariant> toList() const;
    QMap<QString, QVariant> toMap() const;
    QHash<QString, QVariant> toHash() const;

#ifndef QT_NO_GEOM_VARIANT
    QPoint toPoint() const;
    QPointF toPointF() const;
    QRect toRect() const;
    QSize toSize() const;
    QSizeF toSizeF() const;
    QLine toLine() const;
    QLineF toLineF() const;
    QRectF toRectF() const;
#endif
    QLocale toLocale() const;
#ifndef QT_NO_REGEXP
    QRegExp toRegExp() const;
#endif // QT_NO_REGEXP
#if QT_CONFIG(regularexpression)
    QRegularExpression toRegularExpression() const;
#endif // QT_CONFIG(regularexpression)
#ifndef QT_BOOTSTRAPPED
    QUrl toUrl() const;
    QEasingCurve toEasingCurve() const;
    QUuid toUuid() const;
    QJsonValue toJsonValue() const;
    QJsonObject toJsonObject() const;
    QJsonArray toJsonArray() const;
```

```
    QJsonDocument toJsonDocument() const;
#endif // QT_BOOTSTRAPPED
#if QT_CONFIG(itemmodel)
    QModelIndex toModelIndex() const;
    QPersistentModelIndex toPersistentModelIndex() const;
#endif
```

以函数toTime()为例，分析源码实现思路。

```
QTime QVariant::toTime() const
{
  return qVariantToHelper<QTime>(d, Time, handler);
}
```

转换过程中，使用了模板函数qVariantToHelper()，继续查看该函数源码。

```
template <typename T>
inline T qVariantToHelper(const QVariant::Private &d,QVariant::Type t,
const QVariant::Handler *handler, T * = 0)
{
  if (d.type == t)
    return *v_cast<T>(&d);
  T ret;
  handler->convert(&d, t, &ret, 0);
  return ret;
}
```

该函数根据对象信息和目标类型做转换工作，如果二者类型一致，则直接做转换，否则交给函数handler->convert()处理。

3.6 Qt迭代器

迭代器为访问容器类中的数据项提供了统一的方法。在Qt中，有两类迭代器：Java类型的迭代器和STL类型的迭代器。二者各有利弊，Java类型的迭代器更易于使用，同时提供了一些高级功能；如果单纯追求迭代效率，STL类型的迭代器更合适。

3.6.1 Java类型的迭代器

每个容器类都有两个Java类型的迭代器：一个用于只读操作，另一个用于读写操作，如表3-6所示。

表3-6 Java类型的迭代器

容器类	只读迭代器	读写迭代器
QList、QQueue	QListIterator	QMutableListIterator
QLinkedList	QLinkedListIterator	QMutableLinkedListIterator
QVector、QStack	QVectorIterator	QMutableVectorIterator
QSet	QSetIterator	QMutableSetIterator
QMap<Key, T>、QMultiMap<Key, T>	QMapIterator<Key, T>	QMutableMapIterator<Key, T>
QHash<Key, T>、QMultiHash<Key, T>	QHashIterator<Key, T>	QMutablcHashIterator<Key, T>

由于QList和QLinkedList、QSet等容器类的用法相同，因此QMap和QHash等关联容器类的迭代器的用法也相同。接下来分别以QList和QMap为例进行对应迭

代器的介绍。

一、顺序类容器的Java类型的迭代器

顺序类容器的Java类型的迭代器的指针不是指向数据项，而是指向数据项之间。其常用的函数如表3-7所示。

表3-7 Java类型的迭代器常用的函数

函数名	作用
void toFront()	迭代器指针移动到列表的最前面（第一个数据项之前）
void toBack()	迭代器指针移动到列表的最后面（最后一个数据项之后）
bool hasNext()	如果迭代器指针不是位于列表最后位置，返回true
const T& next()	返回下一个数据项，并且迭代器指针后移一个位置
const T& peekNext()	返回下一个数据项，但是不移动迭代器指针位置
bool hasPrevious()	如果迭代器指针不是位于列表的最前面，返回true
const T& previous()	返回前一个数据项，并且迭代器指针前移一个位置
const T& peekPrevious()	返回前一个数据项，但是不移动迭代器指针位置

接下来以QList为例，验证函数的基本用法。

```
QList<QString> list;
list << "one" << "two" << "three" << "four";
QListIterator<QString> it(list);
while (it.hasNext()) {
      qDebug() << it.next();
}
```

QList容器的对象list作为参数传递给QListIterator迭代器it的构造函数，it对list做只读遍历。起始时刻，迭代器指针在容器第一个数据项的前面，如图3-1所示，调用hasNext()判断在迭代器指针后面是否还有数据项。如果有，就调用next()跳过一个数据项，并且next()函数返回跳过去的那个数据项。

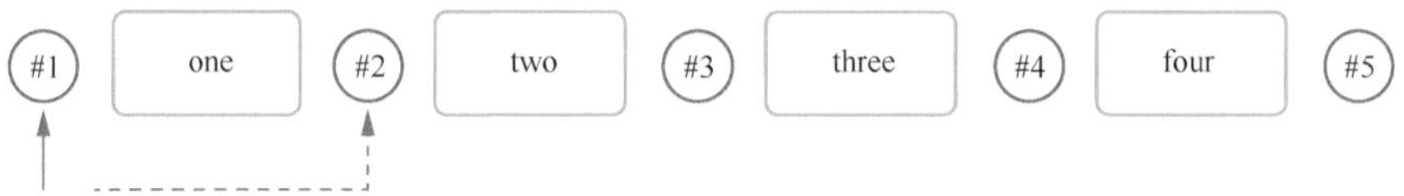

图3-1

通过toBack()函数则可以完成反向迭代。

```
QListIterator<QString> it1 (list);
it1.toBack();
while (it1.hasPrevious())
    qDebug() << it1.previous();
```

QListIterator是只读访问容器内数据项的迭代器，若要在遍历过程中对容器的数据进行修改，则需要使用QMutableListIterator。接下来同样以QList为例，验证读写迭代器的使用。

```
QList<int> list;
list << 1 << 2 << 3 << 4 << 5 << 6;
```

```
QMutableListIterator<int> it(list);
while (it.hasNext()) {
     int v = it.next();
     if(v % 2 == 0){
         it.setValue(v*2);
     }
}
QListIterator<int> it2(list);
while (it2.hasNext()) {
     qDebug() << it2.next();
}
```

在上述案例中，首先使用读写迭代器将偶数项数值翻倍；然后，使用只读迭代器展示list中的所有数据，结果显示list中的数据发生了改变。

二、关联容器类的迭代器

对于关联容器类QMap，使用的只读迭代器以及读写迭代器分别为QMapIterator和QMutableMapIterator，它们包含顺序类迭代器中常用的所有函数；除此之外还增加了key() 和value() 函数，用于获取刚刚跳过的数据项的键和值。接下通过一个案例来演示关联容器类中相关迭代器的使用。

```
QMap<QString, QString> map;
map.insert("Paris", "France");
map.insert("New York", "USA");
map.insert("Mexico City", "USA");
map.insert("Moscow", "Russia");
// 定义指map的读写迭代器
QMutableMapIterator<QString, QString> i(map);
while (i.hasNext ()) {
    if (i.next().key().endsWith("City"))
         i.remove();
}
```

如果是在多值容器里遍历，可以用findNext() 或findPrevious() 查找下一个或上一个值。如接下来的案例将删除上一段示例代码中map里值为“USA”的所有数据项。

```
QMutableMapIterator<QString, QString> i(map);
while (i.findNext("USA")){
i.remove();
}
```

不同关联类容器的迭代器用法都是类似的，可以自行拓展，作者不赘述。

3.6.2 STL类型的迭代器

STL类型的迭代器与Qt和STL的原生算法兼容，并且进行了速度优化。不论是顺序类容器还是关联类容器，其STL类型的迭代器同样可以分为只读迭代器与读写迭代器，具体如表3-8所示。

表3-8 STL类型的迭代器

容器类	只读迭代器	读写迭代器
QList、QQueue	QList::const_iterator	QList::iterator
QLinkedList	QLinked List<T>: :const_iterator	QLinkedList::iterator

续表

容器类	只读迭代器	读写迭代器
QVector、QStack	QVector::const_iterator	QVector::iterator
QSet	QSet::const_iterator	QSet::iterator
QMap<Key, P>、QMultiMap<Kcy, T>	QMap<Key, T>::const_iterator	QMap<Key, T>:: iterator
QHash<Key, T>、QMultiHash<Key, T>	QHash<Key, T>: :const_iterator	QHash<Key, T>::iterator

注意，在定义只读迭代器和读写迭代器时的区别是，它们使用了不同的关键字，const_iterator定义只读迭代器，iterator定义读写迭代器。此外，还可以使用const_reverse_iterator和reverse_iterator定义反向迭代器。

STL类型的迭代器是数组的指针，所以“++”运算符可以使迭代器指向下一个数据项，并且运算符返回数据项内容。

begin() 函数使迭代器指向容器的第一个数据项，end() 函数使迭代器指向一个虚拟的表示结尾的数据项。end() 表示的数据项是无效的，一般用作循环结束条件。接下来分别介绍STL类型的顺序类容器的迭代器以及关联类容器的迭代器的用法。

一、顺序类容器的迭代器

同样以QList顺序类容器为例，用法如下。

```
QList<QString> list;
list << "A" << "B" << "C" << "D";
QList<QString>::const_iterator i;
for (i = list.constBegin(); i !=list.constEnd(); i++) {
    qDebug() << *i;
}
```

constBegin() 和constEnd() 为只读迭代器的两个函数，表示起始和结束位置。如果需要使用反向读写迭代器，并且将上述示例代码中list的数据项都改为全小写，实现方式如下。

```
QList<QString>::reverse_iterator i1;
for (i1 = list.rbegin(); i1 != list.rend(); ++i){
     *i1 = i1->toLower();
}
```

首先使用reverse_iterator完成迭代器的定义，然后使用rbegin()指向开始，rend()表示结束。最后循环调用字符串转换函数toLower()完成字符串内容的转换。

二、关联类容器的迭代器

对于关联容器类QMap和QHash，迭代器的操作符默认返回的为数据项的值。如果需要返回键，可以使用key() 函数。

例如，下面的代码实现了QMap<QString,int> map中所有键以及值的输出。

```
QMap<QString,int> map;
map["A"] = 65;
map["B"] = 66;
map["C"] = 67;
map["D"] = 68;
QMap<QString,int>::const_iterator i;
```

```
    for (i = map.constBegin(); i != map.constEnd(); ++i) {
        qDebug() << i.key() << "==" << i.value();
    }
```

注意，Qt中有很多返回值类型为QList或QStringList的函数。要想遍历这些返回的容器，必须先将返回的内容复制一份到对应的变量中。 由于Qt使用了隐式共享的内存优化机制，即使存在这样的复制操作，也不会造成多余的内存开销。比如，splitter->sizes()返回值的遍历。

```
    const QList<int> sizes = splitter->sizes();
    QList<int>::const_iterator i;
    for (i = sizes.begin (); i != sizes.end(); ++i){
        ...
    }
```

在上述案例中，系统就会采用隐式共享。 隐式共享是对象的管理方法。一个对象被隐式共享，只是传递该对象的一个指针给使用者，而不实际复制对象数据。只有在使用者修改数据时，才实际复制对象数据给使用者。如在上面的代码中，splitter->sizes() 返回的是一个QList列表对象sizes，但是实际上代码并不将splitter->sizes() 表示的列表内容完全复制给变量sizes，只是传递给它一个指针。只有当sizes发生数据修改时，才会将共享对象的数据复制给sizes，这样避免了不必要的复制，减少了资源占用。对于STL类型的迭代器，隐式共享还涉及另外一个问题——当有一个迭代器在操作一个容器变量时，不要复制这个容器变量。

3.6.3 Qt foreach关键字

Qt中提供的关键字foreach（实际是一个宏定义）可以便捷地访问容器里所有数据项。使用方式也非常简单。

- 语法

```
    foreach (variable, container)
```

第一个参数variable为临时变量。

第二个参数container为要遍历的容器对象。

- 语义

将container容器中的数据逐个赋值给变量variable。

- 使用示例

使用foreach遍历QList，语法更简洁。

```
    QList<int>list;
    List << 1 << 2 << 3 << 4 << 5;
    foreach(int var, list){
        qDebug() << var;
    }
```

容器中有多少个数据项，循环就会执行几次。第一次，容器list中的数据项“1”会赋值给变量var；第二次，数据项“2”会赋值给var，依次类推。

foreach的遍历中可以嵌套其他语句，可以使用break结束循环。

```
QList<int>list;
list << 1 << 2 << 3 << 4 << 5;
foreach(int var,list){
    if(var > 3){
        break;
    }
    qDebug() << var;
}
```

也可以使用foreach遍历关联类容器。

```
QMap<QString,int> map;
map["A"] = 65;
map["B"] = 66;
map["C"] = 67;
map["D"] = 68;
foreach (QString key, map.keys()) {
  qDebug() << key << ":" << map.value(key);
}
```

如果是多值映射的关联类容器，可以使用双重foreach语句来进行遍历。

```
QMultiMap<QString, int> map;
...
foreach (const QString &str, map.uniqueKeys()) {
    foreach (int i, map.values(str))
        qDebug() << str << ':' << i;
}
```

注意，foreach关键字遍历一个容器变量是创建了容器的一个副本，与原数据没有关联，因此不能用于修改数据项。

04

第4章 Qt窗口设计

在GUI程序中，窗口设计是关键所在。本章将引领读者认识主窗口，了解主窗口中的组成元素，如菜单栏、工具栏、状态栏。最后通过一个项目案例验证各元素在一线生产中的实际应用。

4.1 初识主窗口

应用程序中的主窗口是用户进行长时间交互的顶层窗口，提供了应用程序的大部分功能。

一、概述

Qt中比较常用的窗体基类是QWidget、QDialog和QMainWindow，在创建GUI应用程序时选择窗体基类就是从这3个类中选择。它们之间的继承关系如图4-1所示。

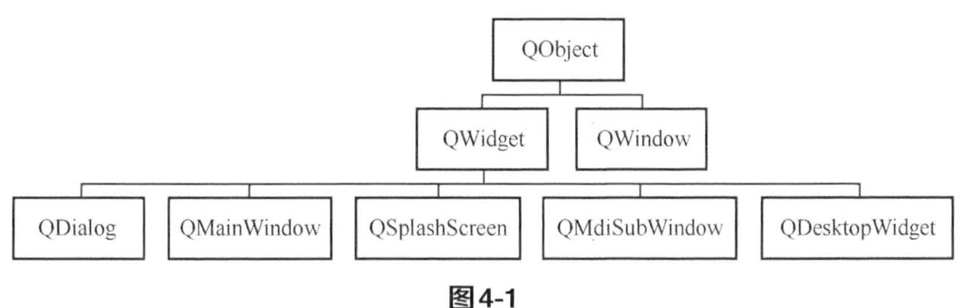

图4-1

一般情况下所说的主窗口，指的就是QMainWindow。在Qt中，QMainWindow支持独立显示，而且它的内部封装了丰富的组成元素。接下来看一下主窗口的组成元素。

二、组成元素

对于一个主窗口，其组成元素是相对固定的，基本都是由菜单栏、工具栏、

Dock部件、中心部件、状态栏等组成的，如图4-2所示。

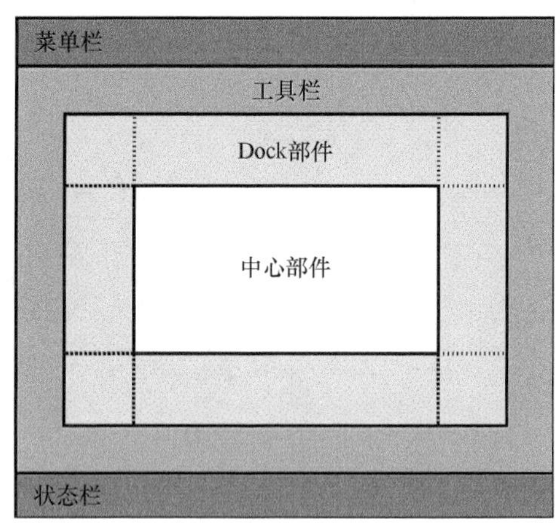

图4-2

各部分的具体解析如下。

- 菜单栏（QMemuBar）。

菜单栏包含一些菜单的列表，这些菜单由QAction动作类实现。菜单栏位于主窗口的顶部，一个主窗口只能有一个菜单栏。

- 工具栏（QToolBar）。

工具栏一般用于显示一些常用的选项，也可以插入其他窗口部件，并且工具栏是可以移动的。一个主窗口可以拥有多个工具栏。

- Dock部件（QDockWidget）。

Dock部件常被称为停靠窗口，因为可以停靠在中心部件的四周。它用来放置一些部件来实现一些功能，就像工具箱。一个主窗口可以拥有多个Dock部件。

- 中心部件（Central Widget）。

在主窗口的中心区域可以放入一个窗口部件作为中心部件，中心部件是应用程序的主要功能实现区域。一个主窗口只能拥有一个中心部件。

- 状态栏（QStatusBar）。

状态栏用于显示程序的一些状态信息，在主窗口的底部。一个主窗口只能拥有一个状态栏。

在基于QMainWindow为父类创建的GUI应用程序中，默认会包含菜单栏、工具栏、状态栏等元素。接下来对这3个元素一一详细介绍，先看菜单栏。

4.2 菜单栏

提及菜单栏，更详细地会分为QMenuBar、QMenu以及QAction。它们之间的关系为：一个QMenuBar可以有多个QMenu，一个QMenu可以有多个QAction，每个QAction可以对应一个或多个类成员函数，进而完成相应的操作。

4.2.1 菜单栏类QMenuBar

一、概述

QMenuBar类提供了水平的菜单栏，在QMainWindow中可以直接获取它默认存在的菜单栏。

二、使用示例

使用以下两种方式都可以得到QMenuBar对象。

（1）对于菜单栏的创建，可以通过QMainWindow类的menuBar()函数获取QMenuBar对象（创建应用程序时，父类选择为QMainWindow才可以）。

```
QMenuBar * menuBar() const
```

（2）也可以使用new关键字创建一个新的对象。

```
new QMenubar()
```

对于一个主窗口应用程序，一般都会采用第一种方式获取QMenuBar对象；第二种方式虽然也可行，但从内存开销的角度来讲，并不提倡。当然，如果在创建应用程序时，父类选择的不是QMainWindow，那么，这时候主窗口中是没有QMenuBar对象的，必须采用第二种方式才可以。

菜单栏作为菜单的载体，它们之间存在着一对多的关系。也就是说，一个菜单栏上可以包含多个菜单。

4.2.2 菜单类QMenu

一、概述

菜单栏上可以包含多个菜单，往菜单栏上添加菜单通常会用到如下函数。

```
QMenu* addMenu(const QString & title)
QMenu* addMenu(const QIcon & icon, const QString & title)
```

addMenu()实现了函数重载。

第一个函数的参数为QString类型，调用之后，该字符串成为菜单栏上对应菜单的标题。

第二个函数的参数有两个，分别为icon和title，其中icon为QIcon类型，表示对应菜单的图标；title为QString类型，表示对应菜单的标题。

二、使用示例

```
mainMenu = ui->menuBar
// "文件" 菜单
QMenu *fileMenu = new QMenu("文件");
// 加入菜单栏
mainMenu->addMenu(fileMenu);
// "编辑" 菜单
QMenu *editMenu = new QMenu("编辑")
// 加入菜单栏
mainMenu->addMenu(fileMenu);
```

首先获取应用程序主窗口中的菜单栏，然后创建fileMenu，并设置标题为“文件”。调用addMenu()函数，为菜单栏添加第一个菜单“文件”。紧接着采用同样的逻辑为菜单栏添加第二个菜单“编辑”。注意，第一个添加的菜单会在菜单栏的第一个位置，后续添加的菜单会按添加顺序依次往后排。

如果想实现单击某个菜单，进而响应某个动作，则需要使用到接下来要介绍的动作类QAction。

4.2.3 动作类QAction

一、概述

一个QAction动作包含图标、菜单显示文本、快捷键、状态栏显示文本、“What's This?”显示文本及工具提示文本。这些都可以在构建QAction类对象时在构造函数中指定。另外还可以设置QAction的checkable属性，如果指定这个动作的checkable为true，那么当选中这个菜单时就会在它的前面显示“√”之类的表示选中状态的符号；如果该菜单有图标，那么就会用线框将图标围住，用来表示该动作被选中了。

二、使用示例

```
// 创建“新建”动作
QAction * newAction = new QAction("新建");
// 将动作添加到菜单
fileMenu->addAction(newAction);
// 创建“打开”动作
QAction *openAction = new QAction("打开");
fileMenu->addAction(openAction);
```

addAction()函数是实现为一个菜单添加动作的关键，它是QMenu中的函数，函数原型如下。

```
QAction *QMenu::addAction(const QString &text)
```

该函数也存在函数重载。

```
QAction *QMenu::addAction(const QIcon &icon, const QString &text)
QAction *QMenu::addAction(const QString &text, Functor functor, const QKeySequence &shortcut = ...)
...
```

通过上述函数，可以看出，在菜单添加动作时，支持图标的设置、快捷键的设置等。

注意：一个菜单中可以包含多个动作。如果多个动作之间需要添加分隔线，可以采用如下方式实现。

```
// 创建“新建”动作
QAction * newAction = new QAction("新建");
// 将动作添加到菜单
fileMenu->addAction(newAction);
// 添加分隔线
fileMenu->addSeparator();
// 创建“打开”动作
QAction *openAction = new QAction("打开");
fileMenu->addAction(openAction);
```

一定要注意该行代码的位置，在目标动作之前添加。实现效果如图4-3所示。

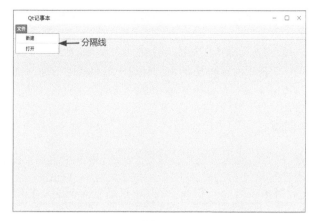

图4-3

4.2.4 快捷菜单

在Qt中，为了更便捷地进行操作，菜单中的动作是允许设置快捷键的。可以通过调用QAction中的setShortcut()函数完成，函数原型如下。

```
void setShortcut(const QKeySequence &shortcut)
```

函数的参数为QKeySequence对象，该对象中封装了Qt中所有快捷方式的序列。使用示例如下。

```
newAction->setShortcut(QKeySequence(Qt::CTRL+Qt::Key_N));
```

基于QKeySequence()构造函数创建了一个匿名对象。构造函数中的参数可以在Qt::Key和Qt::Modifier中找到。

设置完快捷键的动作，展示效果会发生一点儿变化，具体如图4-4所示。

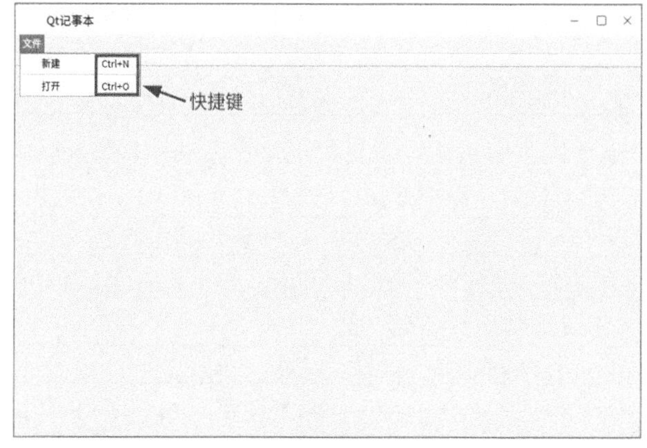

图4-4

图4-4中箭头指向的位置，就是设置完快捷键的实际效果。

4.3 工具栏

工具栏是由一系列的类似于按钮的动作排列而成的面板，它通常用来存放经常使用的命令（动作）。工具栏在窗口中的位置是位于菜单栏的下面、状态栏的上面，在主窗口的上、下、左、右4个方向都可以停靠。一个窗口中是可以包含多个工具栏的。

4.3.1 工具栏的创建

使用工具栏，首先需要引入其头文件，方式如下。

```
#include <QToolBar>
```

如果引入之后报错，可以查看.pro文件中是否包含widgets模板。

```
QT += widgets
```

如果这些都没有问题，接下来就可以通过QToolBar的构造函数完成工具栏的创建了，创建方式如下。

```
QToolBar * toolBar_top = new QToolBar;
```

创建完成之后，可以通过QMainWindow中的函数addToolBar()函数，将工具栏添加到窗口中。该函数原型如下所示。

```
void QMainWindow::addToolBar(Qt::ToolBarArea area, QToolBar *toolbar)
```

其中第一个参数为area，它是一个枚举类型，其具体定义如表4-1所示。如果窗口中需要添加多个工具栏，则需要多次调用该函数。

表4-1 枚举类Qt::ToolBarArea

枚举常量	枚举值	描述
Qt::LeftToolBarArea	0x1	停靠左侧
Qt::RightToolBarArea	0x2	停靠右侧
Qt::TopToolBarArea	0x4	停靠上侧
Qt::BottomToolBarArea	0x8	停靠下侧
Qt::AllToolBarAreas	ToolBarArea_Mask	所有区域
Qt::NoToolBarArea	0	无

QToolBar类中提供了用来指定工具栏可停靠区域的函数setAllowedAreas()，其函数原型如下。

```
void setAllowedAreas(Qt::ToolBarAreas areas)
```

其参数areas就是枚举类Qt::ToolBarAreas，如果允许工具栏可以在窗口中的多个区域停靠，则可以通过如下方式实现。

```
toolBar->setAllowedAreas(Qt::LeftToolBarArea | Qt::RightToolBarArea)
```

除此之外，还可以使用setMovable()函数设定工具栏的可移动性，设置方式如下所示。

```
toolBar->setMovable(true)    //设置工具栏可以移动
```

设置完成之后，可以使用鼠标选中工具栏之后自由拖曳，可以停靠在之前设置的任意可停靠的区域，也可以将其拖曳至窗口中的任意位置。

4.3.2 工具栏的使用

接下来通过一个案例，验证工具栏的具体使用（代码见4-3-QToolBar_Demo1）。

```
// 1.创建工具栏
QToolBar *toolBar1 = new QToolBar;
// 2.创建动作
QAction *toolAct2 = new QAction("Font");
// 3.将动作添加到工具栏中
toolBar1->addAction(toolAct2);
toolBar1->addSeparator();
// 4.创建工具按钮
QToolButton *toolBtn = new QToolButton(this);
toolBtn->setText(tr("颜色"));
// 5.创建菜单
QMenu *colorMenu = new QMenu(this);
// 6.将动作添加到菜单中
colorMenu->addAction("红色");
colorMenu->addAction("绿色");
// 7.设置工具按钮的菜单
toolBtn->setMenu(colorMenu);
// 8.设置工具按钮的弹出方式
toolBtn->setPopupMode(QToolButton::MenuButtonPopup);
// 9.将工具按钮添加到工具栏中
toolBar1->addWidget(toolBtn);
// 10.设置工具栏在窗口中允许停靠的位置
toolBar1->setAllowedAreas(Qt::LeftToolBarArea|Qt::RightToolBarArea);
// 11.设置工具栏可以移动
toolBar1->setMovable(true);
// 12.将工具栏添加到窗口中，并指定停靠的位置
this->addToolBar(Qt::TopToolBarArea,toolBar1);
```

注释第1 ~ 12行非常清楚地介绍了整个业务过程。

其中第1～3行是创建工具栏、动作，然后将动作添加到工具栏中。

第4～9行解释的是先创建一个工具按钮，然后设置工具按钮的菜单，在菜单中添加不同的动作，设置菜单不同的弹出方式，之后将工具按钮添加到工具栏中。

函数setPopupMode()的参数是一个枚举类ToolButtonPopupMode，用来设置菜单的弹出方式，具体定义形式见表4-2。

表4-2 枚举类QToolButton::ToolButtonPopupMode

枚举常量	值	描述
QToolButton::DelayedPopup	0	按住工具按钮一定时间后将显示菜单
QToolButton::MenuButtonPopup	1	按下按钮的箭头部分时显示菜单
QToolButton::InstantPopup	2	按下工具按钮时立即显示菜单

第10～12行则是设置工具栏的一些相关特性，最后加到主窗口中。

4.4 状态栏

QStatusBar类提供了一个适合呈现状态信息的水平条。每一个状态指示器都会落在下面这3种类别之内。

（1）临时的。

暂时地占用状态栏的大部分（默认显示在状态栏靠左位置，可以设置显示时长）。例如，用于解释工具提示文本或者菜单条目。

（2）正常的。

占用状态栏的一部分并且也可能被临时的信息隐藏。例如，用于在字处理器中显示页数和行数。

（3）永久的。

从不被隐藏（默认显示在状态栏靠右的位置）。用于重要的模式指示，例如，一些程序把大小写指示器放在状态栏中。

QStatusBar的主要作用就是能够显示上述所有类型的指示信息。

4.4.1 状态栏的创建

使用状态栏，首先需要引入其头文件，方式如下。

```
#include <QStatusBar>
```

同样，引入头文件之后，如果报错，可以检查.pro文件中是否已经包含widgets模块。

```
QT += widgets
```

如果创建的是主窗口程序（项目创建时，选择的基类为QMainWindow），这时候状态栏QStatusBar是默认已经被创建出来的，可以通过如下方式直接获取到。

```
// 获取.ui文件中的QStatusBar
QStatusBar *statusBar = ui.statusBar;
// 也可以通过QMainWindow的statusBar()函数获取
statusBar = this.statusBar();
```

如果在项目创建的时候，选择的基类为QWidget或者QDialog，是无法通过上述方式获取到QStatusBar对象的。需要通过QStatusBar的构造函数手动创建对象。

```
QStatusBar *statusbar1 = new QStatusBar(this);
```

4.4.2 状态栏的使用

状态栏QStatusBar提供了一系列接口函数来完成相关操作，比如显示消息、添加小控件、插入小控件等。其常见的接口函数见表4-3。

表4-3 常见的接口函数

函数名	作用
void QStatusBar::showMessage(const QString &message, int timeout = 0)	显示临时消息
QString QStatusBar::currentMessage() const	获取当前信息
void QStatusBar::addWidget(QWidget *widget, int stretch = 0)	添加小控件
int QStatusBar::insertWidget(int index, QWidget *widget, int stretch = 0)	插入小控件
void QStatusBar::addPermanentWidget(QWidget *widget, int stretch = 0)	添加永久小控件
void QStatusBar::removeWidget(QWidget *widget)	删除小控件

接下来通过一个示例来演示相关函数的使用。使用示例如下（代码见4-3-QStatusBar_Demo1）。

```
MainWindow::MainWindow(QWidget *parent) :
    QMainWindow(parent),
    ui(new Ui::MainWindow)
{
    ui->setupUi(this);
     // 获取主窗口中的QStatusBar对象
     QStatusBar *statusbar1 = this->statusBar();
     // 显示临时消息，显示3000毫秒即3秒，到时间后自动隐藏
     statusbar1->showMessage("I will hide in 3 seconds",3000);
     // 创建标签控件
     QLabel *permanent = new QLabel;
     QLabel *permanent1 = new QLabel;
     // 设置标签样式
     permanent->setStyleSheet("background-color:red");
     permanent1->setStyleSheet("background-color:green");
     // 设置标签文本内容
     permanent->setText("https://www.ptpress.com.cn/");
     permanent1->setText("https://www.ptpress.comcn/");
     // 作为永久小控件添加到状态栏中（默认显示在靠右的位置）
     statusbar1->addPermanentWidget(permanent1);
     // 如果作为普通控件，默认显示在左侧；如果设置了临时消息，该控件会被遮盖
     statusbar1->addWidget(permanent);
}
```

代码中的注释很清晰地介绍了相关函数的用法。

注意，QStatusBar上显示的临时消息、与普通控件会有区域重合，二者不能同时显示。如果依次对二者进行调用，实现效果会是先调用者可以显示出来；后调用者，会被先调用者遮挡，无法显示。

上述代码中，添加永久小控件时，先后添加了两个标签QLabel。标签默认作为展示信息的控件，一般情况下是无法响应用户点击事件的。如果想在状态栏上添加能响应用户点击事件的控件，可以考虑按钮QPushButton。调用addWidget()、addPermanentWidget()函数皆可实现，具体实现如下（代码见4-3-QStatusBar_Demo2）。

```
MainWindow::MainWindow(QWidget *parent) :
    QMainWindow(parent),
    ui(new Ui::MainWindow)
{
    ui->setupUi(this);
    QStatusBar *statusbar1 = this->statusBar();
    QPushButton *permanent = new QPushButton("打开");
    QPushButton *permanent1 = new QPushButton("编辑");
    // 如果作为普通控件，默认显示在左侧；如果设置了临时消息，该控件会被遮盖
    statusbar1->addWidget(permanent);
    // 作为永久小控件添加到状态栏中（默认显示在右侧）
    statusbar1->addPermanentWidget(permanent1);
}
```

addWidget()以及addPermanentWidget()函数，二者皆接收QWidget类型的参数，也就是说任意QWidget及其子类（基于C++多态特性）都可以作为小控件或者永久小控件添加到状态栏中。虽然理论允许这样操作，但是在实际使用时，还要以

业务需求为根本出发点。

4.5 项目案例——麒麟记事本（主窗口实现）

本节以项目——麒麟记事本为驱动，进行本章知识点的综合实践。麒麟记事本项目中涉及的功能点相对较多，会涉及本书多章内容。本节的功能点为实现麒麟记事本的主窗口。接下来从实现要求及效果、实现步骤两个方面进行讲解。先看实现要求及效果。

一、实现要求及效果

标题栏中包含“麒麟”图标以及标题“Qt记事本”，如图4-5中①位置处所示。

菜单栏中包含“文件”“编辑”“格式”“帮助”等菜单，每个菜单中都包含多个动作，以“文件”为例，单击之后，所弹出的下拉菜单包含“新建”“打开”“保存”“另存为”等动作，如图4-5中②位置处所示。

图4-5

二、实现步骤

为了更好地理解业务流程，可以参考一下流程图，如图4-6所示。

具体实现过程如下。

1. 新建Qt Widgets Application（创建过程具体参考2.3节），项目名为Kylin_NoteBook，基类选择QMainWindow，“创建页面”复选框为选中状态。

2. 项目中会用到图片，为了便于操作，可以将图片作为项目资源文件添加到项目中，具体操作步骤如下。

①“文件”→“新建文件或项目”→“选择模板(文件和类)”→“Qt”→“Qt Resource File”，如图4-7所示。

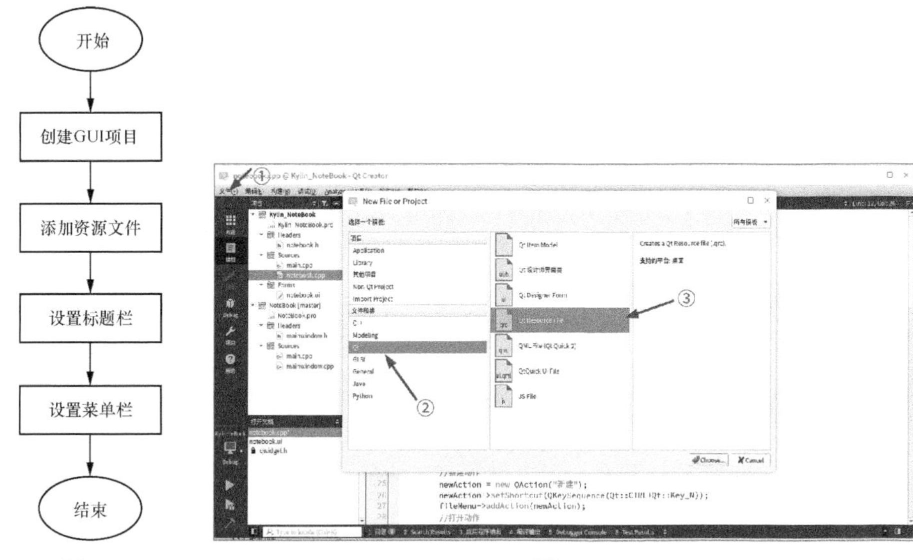

图4-6　　　　　　　　图4-7

② 选择之后，确定名称以及路径，如图4-8所示。

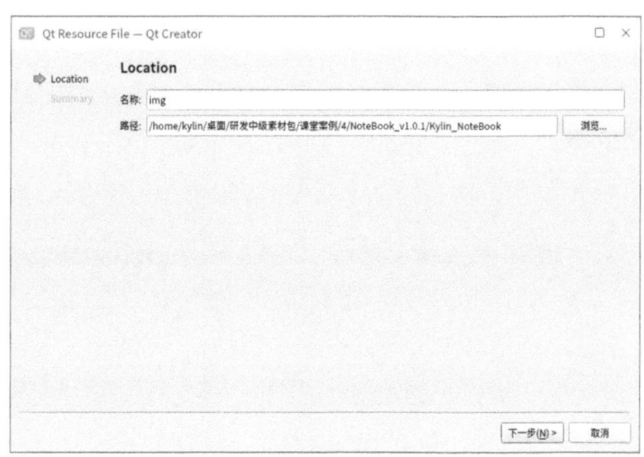

图4-8

③ 单击“下一步”，完成后会发现项目目录中多了一个img.qrc文件，如图4-9所示。

④ 单击“添加”按钮，在弹出的下拉菜单中选择“添加前缀”，前缀可以自定义。前缀尽量设置得简单一些，不设置的话系统也会生成默认前缀。图4-10展示的就是设置了“img”前缀之后的效果。

⑤ 添加完前缀之后，就可以添加需要的文件了，单击“添加”按钮，选择“添加文件”，如图4-11所示。

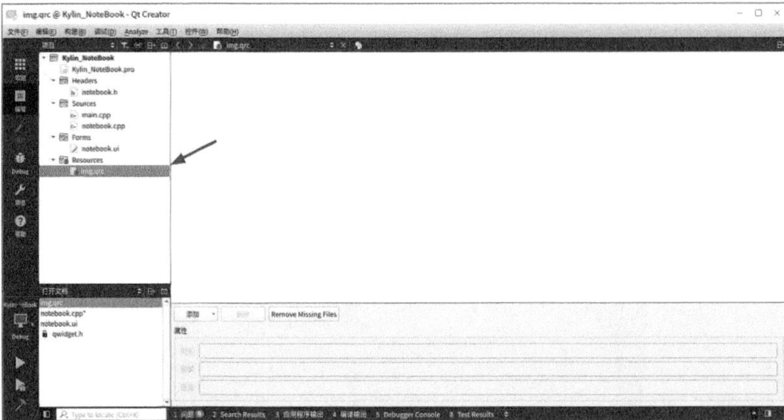

图4-9

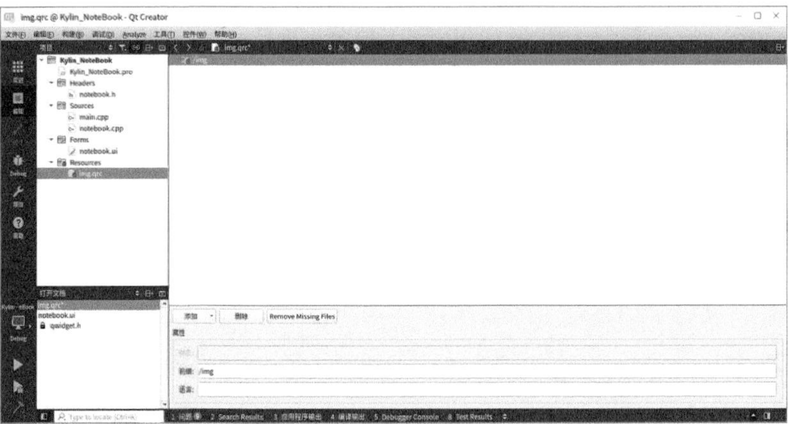

图4-10

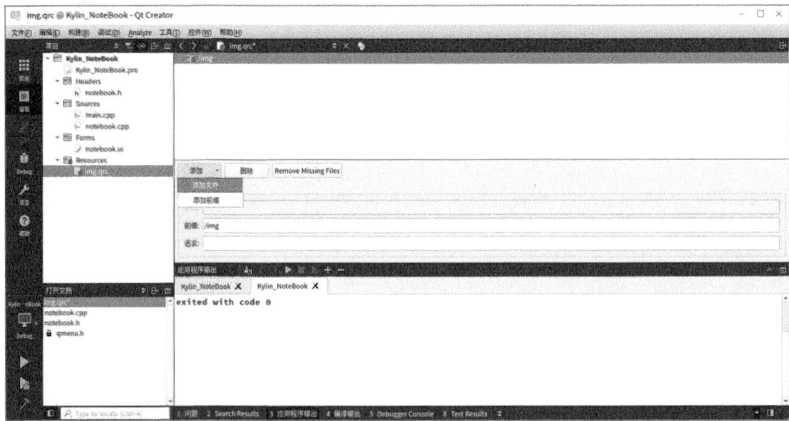

图4-11

弹出添加现有文件对话框，如图4-12所示。

图4-12

选中目标图片文件，单击“打开”按钮即可完成添加。一般情况下需要将要图片资源放在项目目录中，这样可以避免出现项目打包后发生图片资源未找到的错误。

⑥ 文件添加完毕之后，项目目录及资源结构目录如图4-13所示。

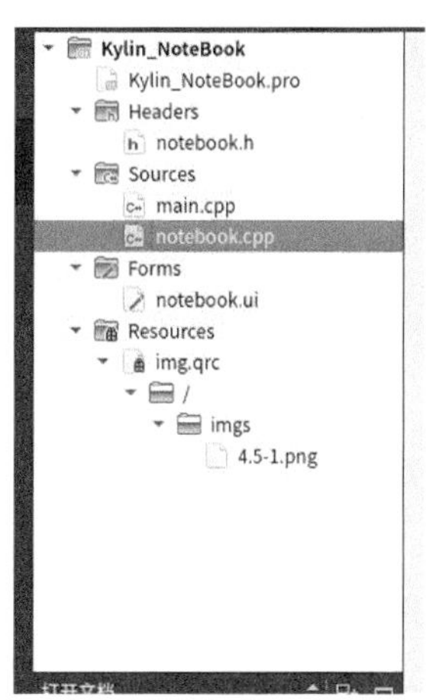

图4-13

⑦ 项目目录中的图片资源都是相对路径，可以通过选中图片单击右键进行查看。例如，图4-13中图片资源的访问路径为:/imgs/4.5-1.png。

3. 资源文件添加完成后，接下来介绍菜单栏的实现。标题栏中设置图片需要引入对应的头文件，并且定义对应的成员变量。具体实现如下（源码见4-1-NoteBook_v1.0）。

notebook.h

```
#include <QMainWindow>
#include <QIcon>
...
class NoteBook : public QMainWindow
{
     Q_OBJECT
private:
     QIcon *titleIcon;          // a.程序图标
public:
     explicit NoteBook(QWidget *parent = nullptr);
     void load_UI();            // b.构建页面的函数
     ~NoteBook();
     ...
};
```

注释a位置处定义QIcon *titleIcon变量，可用来存储应用程序图标。

注释b位置处定义void load_UI()函数，用于实现页面的加载业务、相关控件的初始化工作。

完成头文件中的相关定义之后，接下在notebook.cpp中，完成标题栏中图标以及标题的设置，实现代码如下。

notebook.cpp

```
#include "notebook.h"
#include "ui_notebook.h"

  NoteBook::NoteBook(QWidget *parent) :
      QMainWindow(parent),
      ui(new Ui::NoteBook)
{
      ui->setupUi(this);                        // a.加载.ui文件
      load_UI();                                // b.调用自定义的页面加载函数
}
void NoteBook::load_UI(
{
      this->setGeometry(200,200,800,500);       // c. 设置窗口大小
      titleIcon = new QIcon(":/imgs/4.5-1.png");
      this->setWindowIcon(*titleIcon);          // d.设置窗口中标题栏的图标
      this->setWindowTitle("Qt记事本");          // e.设置窗口中标题栏的名称
}
```

注释a位置处代码setupUi()函数的调用，实现了.ui文件的加载。注释b位置处，手动调用自定义函数load_UI()。在自定义函数中，实现了如下设置：在注释c位置处，设置窗口大小，在注释d、e位置处，分别通过调用setWindowIcon()以及setWindowTitle()函数，实现了窗口标题栏图标以及名称的设置。这两个函数都是QWidget类中的函数，因此都可以使用this进行调用。

4. 进行菜单栏的设置，具体实现步骤如下。

① 因为菜单栏上需要添加不同的菜单，每个菜单上又需要不同的动作，因此需要引入相关的头文件。

notebook.h

```
#include <QMenuBar>
#include <QMenu>
#include <QAction>
#include <QIcon>
#include <QTextEdit>
```

② 在头文件中添加对应成员变量。

notebook.h

```
class NoteBook : public QMainWindow
{
  Q_OBJECT
  private:
  ...
    QMenuBar * mainMenu;       // 主菜单
    QMenu * fileMenu;          // “文件”菜单
    QAction * newAction;       // “新建”动作
    QAction * openAction;      // “打开”动作
    QAction * saveAction;      // “保存”动作
    QAction *saveAsAction;     // “另存为”动作

    QMenu * editMenu;          // “编辑”菜单
    QAction * cutAction;       // “剪切”动作
    QAction * copyAction;      // “复制”动作
    QAction * pasteAction;     // “粘贴”动作

    QMenu * formatMenu;        // “格式”菜单
    QAction * fontAction;      // “字体”动作
    QAction * colorAction;     // “颜色”动作

    QMenu * helpMenu;          // “帮助”菜单
    QAction *aboutAction;      // “帮助”动作

    QTextEdit * textEdit;      // 编辑窗口
    ...
};
```

③ 完成对应成员变量的初始化，对菜单栏中“文件”“编辑”“格式”“帮助”4个菜单进行一一设置。由于记事本中需要有文字编辑区域，这里采用了文本编辑框QTextEdit来实现。

notebook.cpp

由于在默认的构造函数中，已经调用了load_UI()函数，因此只需要用该函数进行相应的初始化及设置即可。

- “文件”菜单的设置。

```
void NoteBook::load_UI(){
    ...
    // 获取主菜单
    mainMenu = ui->menuBar;
    //  a. “文件”菜单
    fileMenu = new QMenu("文件");
    //  b.将“文件”菜单添加到主菜单中
    mainMenu->addMenu(fileMenu);
    //  c. “新建”动作
    newAction = new QAction("新建");
```

```
    newAction->setShortcut(QKeySequence(Qt::CTRL+Qt::Key_N));
    fileMenu->addAction(newAction);
    //  d."打开"动作
    openAction = new QAction("打开");
    // 设置快捷键
    openAction->setShortcut(tr("Ctrl+O"));
    // 将"打开"动作添加到"文件"菜单中
    fileMenu->addAction(openAction);
    //  e."保存"动作
    saveAction = new QAction("保存");
    saveAction->setShortcut(tr("Ctrl+S"));
    fileMenu->addAction(saveAction);
    //  f."另存为"动作
    saveAsAction = new QAction("另存为");
    saveAsAction->setShortcut(tr("Ctrl+Shift+S"));
    fileMenu->addAction(saveAsAction);
}
```

首先获取到主窗口中的菜单栏，然后创建“文件”菜单，并且通过addMenu()函数的调用，将“文件”菜单添加到菜单栏中。接下来就可以创建不同的动作（注释c、d、e、f位置处），通过函数addAction()的调用，添加到“文件”菜单中。除此之外，后续还有“编辑”“格式”“帮助”菜单的设置，其逻辑与“文件”菜单的设置一致。

- “编辑”菜单的设置。

```
void NoteBook::load_UI(){
    ...
    //  g."编辑"菜单
    editMenu = new QMenu("编辑");
    mainMenu->addMenu(editMenu);
    //  h."剪切"动作
    cutAction = new QAction("剪切");
    cutAction->setShortcut(tr("Ctrl+X"));
    editMenu->addAction(cutAction);
    //  i."复制"动作
    copyAction = new QAction("复制");
    copyAction->setShortcut(QKeySequence(Qt::CTRL+Qt::Key_C));
    editMenu->addAction(copyAction);
    //  j."粘贴"动作
    pasteAction = new QAction("粘贴");
    pasteAction->setShortcut(QKeySequence(Qt::CTRL+Qt::Key_V));
    editMenu->addAction(pasteAction);
}
```

首先创建“编辑”菜单，调用addMenu()函数将其添加到菜单栏中；然后创建不同的动作（注释h、i、j位置处），通过多次调用addAction()函数将创建的对应动作添加到菜单中。

- “格式”菜单的设置。

```
void NoteBook::load_UI(){
    ...
    // "格式"菜单
    formatMenu = new QMenu("格式");
    mainMenu->addMenu(formatMenu);
    // "字体"动作
    fontAction = new QAction("字体");
```

```
        formatMenu->addAction(fontAction);
        // “颜色”动作
        colorAction = new QAction("颜色");
        formatMenu->addAction(colorAction);
}
```

同“编辑”菜单处理逻辑一致，先创建“格式”菜单，调用addMenu()函数将其添加到菜单栏中；然后创建“字体”“颜色”动作，分别调用addAction()函数，将对应动作添加到“格式”菜单中。

- “帮助”菜单的设置。

```
void NoteBook::load_UI(){
        ...
        // “帮助”菜单
        helpMenu = new QMenu("帮助");
        mainMenu->addMenu(helpMenu);
        aboutAction = new QAction("关于");
        aboutAction->setShortcut(tr("Ctrl+H"));
        helpMenu->addAction(aboutAction);
}
```

同“格式”菜单处理逻辑一致，先创建“帮助”菜单，调用addMenu()函数将其添加到菜单栏中；然后创建“关于”动作，并将其添加到“帮助”菜单中。为了便于操作，通过setShortcut()为其添加快捷键。

- 文本编辑框的设置。

```
void NoteBook::load_UI(){
        ...
        //  k.文本编辑框
        textEdit = new QTextEdit();
        //  l.将文本编辑框添加至窗口
        this->setCentralWidget(textEdit);
}
```

注释k位置处，首先初始化textEdit变量，它是QTextEdit控件——文本编辑框；然后通过setCentralWidget()函数将其设置在当前主窗口的中心。至此，整个主窗口的设置完成。

05

第5章 Qt的对话框

Qt为应用程序设计提供了一些常用的标准对话框，如输入对话框、颜色对话框、字体对话框、文件对话框、消息对话框等。如果用户对这些对话框有需求，可以直接拿来使用，减少程序设计工作量。如果系统提供的对话框不能满足用户需求，Qt允许用户实现自定义对话框。

5.1 标准对话框

标准对话框包含输入对话框、颜色对话框、字体对话框、文件对话框、消息对话框，下面分别介绍。

5.1.1 输入对话框

QInputDialog类提供了简单、方便的对话框，可以从用户输入获取单个值。

输入值可以是数字、字符串或列表中的项目。为了提升用户体验，必须设置一个标签来提示用户应该输入什么。

一、输入整数

输入整数对话框使用QSpinBox组件接收整数，见图5-1。

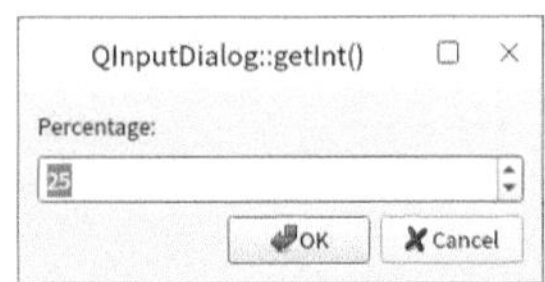

图5-1

函数QInputDialog::getInt()可以实现输入对话框的弹出，它是QInputDialog类中的一个静态函数，函数原型如下。

```
int QInputDialog::getInt(QWidget *parent,
                         const QString &title,
                         const QString &label,
                         int value = 0,
                         int min = -2147483647,
                         int max = 2147483647,
                         int step = 1, bool *ok = nullptr,
                         Qt::WindowFlags flags = ...)
```

该函数包含多个形参，各个形参的具体作用见表5-1。

表5-1 getInt()的参数及其作用

参数	作用
parent	在哪个父视图中展示当前对话框
title	对话框标题
label	提示标签文字
value	对话框中的默认值
min	整数的最小值
max	整数的最大值
step	数值变动的步长
ok	记录用户选择结果（单击“OK”，还是单击“Cancel”）
flag	指定小部件的窗口系统属性，一般使用默认值

具体用法如下（源码见5-1-QDialogDemo）。

```
void MainWindow::on_btnGetInt_clicked()
{
    qDebug() << "int";
    bool ok;
    int value = QInputDialog::getInt(this, "QInputDialog::getInt()",
                                     "Percentage:", 25, 0, 100, 1, &ok);
    if(ok){
        qDebug() << "单击"OK"按钮，成功设置值为:" << value;
    }else {
        qDebug() << "单击了"Cancel"按钮";
    }
}
```

变量value用来接收getInt()函数的返回值，布尔值ok用来记录用户的选择，进而完成对应的业务处理。

二、输入浮点数

输入浮点数对话框使用QDoubleSpinBox组件接收浮点数（小数），见图5-2。

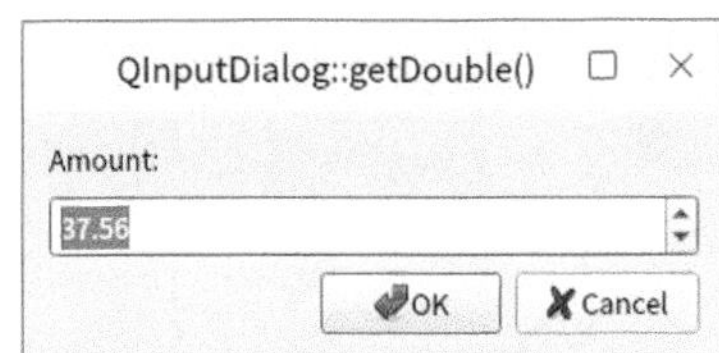

图5-2

函数getDouble()也是QInputDialog类中的静态函数，用法与getInt()的一致，不做展开讲解。getDouble()的参数与getInt()有少许差异，包含对话框标题、提示标签文字、默认输入值、最小值、最大值以及小数点后保留位数等，用法如下（源码见5-1-QDialogDemo）。

```
void MainWindow::on_btnGetDouble_clicked()
{
    qDebug()<<"double";

    bool ok;
    double d = QInputDialog::getDouble(this, "QInputDialog::getDouble()",
                                       "Amount:", 37.56, -10000, 10000, 2, &ok);
    if(ok){
        qDebug()<<"单击OK按钮";
```

```
        }else {
            qDebug()<<"单击cancel按钮";
        }
    }
```

三、输入字符串

输入字符串对话框使用QLineEdit组件接收字符串，见图5-3。

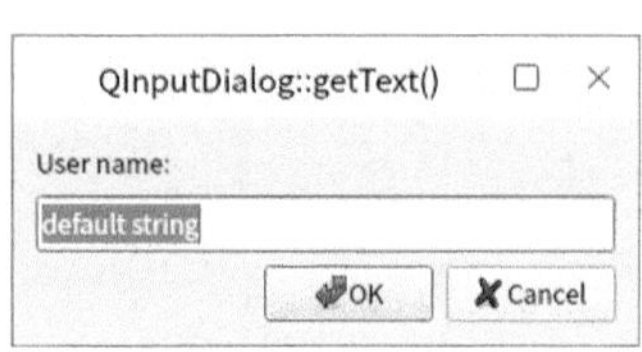

图5-3

函数getText()也是QInputDialog类中的静态函数，调用时接收的参数包括对话框标题、提示标签文字、默认输入值、编辑框响应模式等。用法如下（源码见5-1-QDialogDemo）。

```
void MainWindow::on_btnGetString_clicked()
{
    qDebug()<<"string";
    bool ok;
    QString text = QInputDialog::getText(this, "QInputDialog::getText()",
                                        "User name:", QLineEdit::Normal,//a
                                        "default string", &ok);
    if(ok && !text.isEmpty()){
        qDebug()<<"OK" << text;
    }else {
        qDebug()<<"Cancel";
    }
}
```

注释a位置处的编辑框响应模式是枚举类型QLineEdit::EchoMode，它可以控制编辑框上文字的显示方式，一般情况下选择QLineEdit::Normal；如果需要输入密码，可以选择QLineEdit::Password。

四、输入下拉列表选项

输入下拉列表选项对话框使用QComboBox组件完成选择接收，见图5-4。

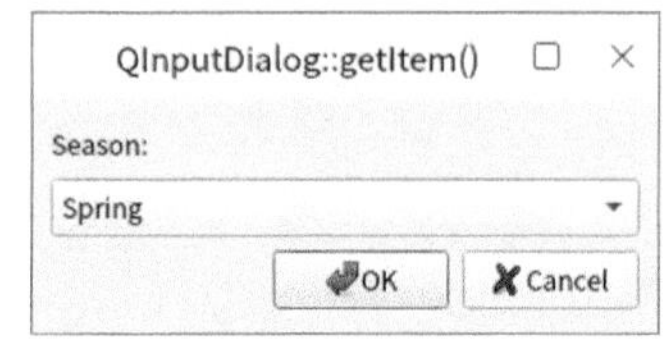

图5-4

函数getItem()也是QInputDialog类中的静态函数，使用QInputDialog::getItem()完成调用。传递的参数包括对话框标题、提示标签文字、要展示的字符串列表、要展示的数据项的索引值、要展示的数据项是否可编辑等，用法如下（源码见5-1-QDialogDemo）。

```
void MainWindow::on_pushButton_4_clicked()
{
    qDebug()<<"item";
    QStringList items;
      items << "Spring" << "Summer" << "Autumn" << "Winter";

     bool ok;
     QString item = QInputDialog::getItem(this, "QInputDialog::getItem()",
                                          "Season:", items, 0, false, &ok);
     if(ok && !item.isEmpty()){
         qDebug()<<"OK" << item;
```

```
        }else {
            qDebug()<<"Cancel";
        }
    }
```

5.1.2 颜色对话框

QColorDialog类提供了用于指定颜色的对话框，见图5-5。

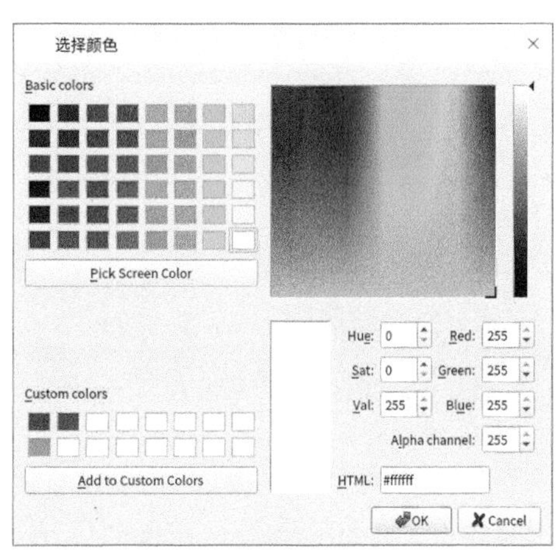

图5-5

颜色对话框的功能是允许用户选择颜色。例如，可以在绘图程序中使用此对话框，以允许用户设置笔刷颜色。

使用静态函数QColorDialog::getColor()可以弹出颜色对话框。getColor()接收的参数包括初始默认颜色、父视图、颜色对话框标题、颜色对话框模式等，调用结束会返回一个QColor类型的对象，可以通过isValid()函数来判断返回对象的有效性，进而完成后续操作。用法如下（源码见5-1-QDialogDemo）。

```
    void MainWindow::on_btnGetColor_clicked()
    {
        QColor color=QColorDialog::getColor(Qt::white,this,"Select Color",
QColorDialog::ShowAlphaChannel);
        if (color.isValid()) //判断对象color是否有效
        {
            qDebug()<<"color:"<< color.name();
        }else {
            qDebug()<<"No setting";
        }
    }
```

5.1.3 字体对话框

QFontDialog类提供了用于选择字体的对话框，见图5-6。

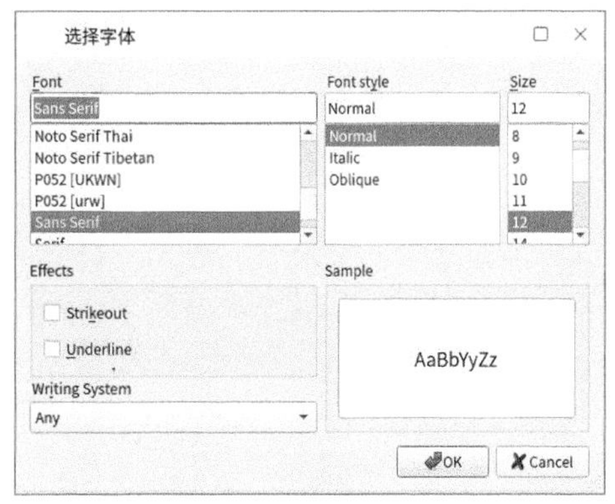

图5-6

字体对话框的功能是允许用户选择字体、字号等。例如，可以在文本编辑类程序中使用此对话框，以允许用户设置不同的字体。

使用静态函数QFontDialog::getFont()可以弹出字体对话框。getFont()接收的参数包括记录是否选择的变量、初始化字体、父视图、字体对话框标题等。调用结束后函数会返回一个QFont类型的对象。其中初始化字体方式需要设置的内容包括字体名称、大小等，更多细节可以通过帮助文档进行查询。用法如下（源码见5-1-QDialogDemo）。

```
void MainWindow::on_btnGetFont_clicked()
{
    bool ok;
    QFont font = QFontDialog::getFont(&ok, QFont("Times", 12), this,"Select Font");
    if (ok) {
        ...
    }else{
        ...
    }
}
```

5.1.4 文件对话框

QFileDialog类提供了允许用户选择文件或目录的对话框，见图5-7。

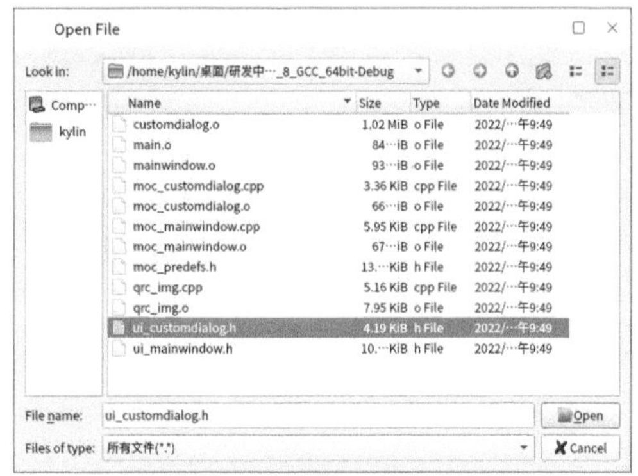

图5-7

调用静态函数QFileDialog::getOpenFileName()是十分简单的弹出文件对话框的方式。getOpenFileName()接收的参数包括父视图、文件对话框标题、要打开的文件路径、文件过滤器（可以设置多组）等。调用结束后函数会返回一个QString对象，如果单击“Open”，则这个QString对象为用户选择文件的绝对路径，如果用户单击“Cancel”，则会返回空字符串。用法如下（源码见5-1-QDialogDemo）。

```
void MainWindow::on_btnOpenFile_clicked()
{
    QString fileName = QFileDialog::getOpenFileName(this, "Open File",
                        ".","Text files (*.txt);;Images (*.png *.jpg) ");
    if(!fileName.isEmpty()){
        ...// 选中某个文件执行的逻辑
    }else{
        ...// 单击“Cancel”按钮
    }
}
```

这里需要注意的是，对于文件过滤器的设置，可以同时设置多个过滤器，多个之间使用“;”隔开。代码如下。

```
QString fileName = QFileDialog::getOpenFileName(this, "Open File",
".","Text files (*.txt);Images(*.png *.jpg) ");
```

5.1.5 消息对话框

QMessageBox类提供了消息对话框，用于通知用户或向用户提问并接收答案。也就是接下来要介绍的信息提示对话框以及确认对话框。注意，消息对话框都属于模态对话框[1]的范畴。

一、信息提示对话框

warning()、information()、critical()、about()及aboutQt()都用于打开信息提示对话框，接下来一一介绍它们的具体用法。

（1）warning()。

该函数在指定的父窗口中打开带有给定标题和文本的警告消息框，见图5-8。

图5-8

QMessageBox::warning()可以弹出该对话框，warning()为QMessageBox中的静态函数，函数原型如下。

```
QMessageBox::StandardButton warning(QWidget *parent,
                                    const QString &title,
                                    const QString &text,
                                    QMessageBox::StandardButtons buttons,
                                    QMessageBox::StandardButton
                                    defaultButton=NoButton)
```

该函数中各参数的作用见表5-2。

表5-2 warning()的参数及其作用

参数	作用
parent	对话框的父窗口，指定父窗口之后，打开对话框时，对话框将自动显示在父窗口的上方的中间位置
title	对话框标题字符串
text	对话框需要显示的信息字符串
buttons	对话框提供的按钮，默认只有一个“OK”按钮
defaultButton	默认选择的按钮，默认表示没有选择

该函数的返回值类型为StandardButton，与对话框上的defaultButton所属类型一致。

StandardButton是各种按钮的定义，如Ok、Yes、No、Cancel等，其枚举取值是QMessageBox::Ok、QMessageBox::Yes、QMessageBox::No、QMessageBox::Cancel等，具体可参照官方文档中关于QMessageBox::StandardButton的介绍。

函数的使用方法也比较简单（源码见5-1-QDialogDemo）。

```
void MainWindow::on_warning_clicked()
{
    QString dlgTitle="warning消息框";
    QString strInfo="文件内容已经被修改";
    QMessageBox::warning(this, dlgTitle, strInfo);
}
```

（2）information()。

该函数在指定的父窗口中打开带有给定标题和文本的信息消息框，与warning

1 模态对话框：又叫模式对话框，是指在用户想要对当前窗口中对话框以外的部件进行操作时，必须首先对该对话框进行响应。

消息框唯一的差异体现在左侧图标不同，见图5-9。

函数原型及参数的作用与warning()保持一致，不赘述。

该函数的调用方式也与warning()的类似，用法如下（源码见5-1-QDialogDemo）。

```
void MainWindow::on_information_clicked()
{
    QString dlgTitle="information消息框";
    QString strInfo="所有设置已经完成,单击OK进行确认。";
    QMessageBox::information(this, dlgTitle, strInfo,
                             QMessageBox::Ok,QMessageBox::NoButton);
}
```

（3）critical()。

该函数用于在指定的父窗口中打开带有给定标题和文本的关键消息框，与warning消息框唯一的差异体现在左侧图标不同，见图5-10。

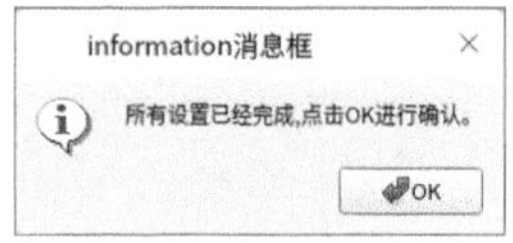

图5-9

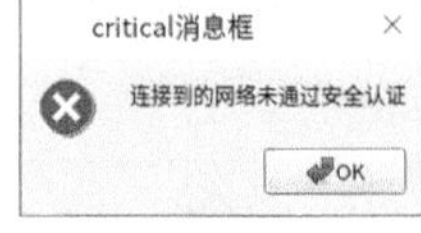

图5-10

该函数的调用方式也与warning()的类似，用法如下（源码见5-1-QDialogDemo）。

```
void MainWindow::on_critical_clicked()
{
    QString dlgTitle="critical消息框";
    QString strInfo="连接到的网络未通过安全认证";
    QMessageBox::critical(this, dlgTitle, strInfo);
}
```

（4）about()。

该函数用于在指定的父窗口中打开带有标题和文本的简单“关于”框。默认情况下，“关于”框有一个标记为“OK”的按钮，见图5-11。

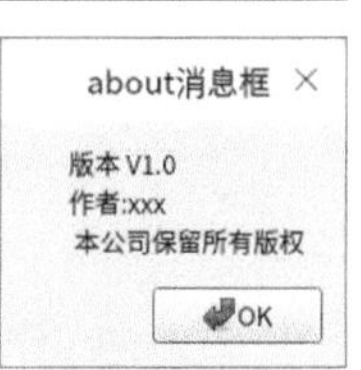

图5-11

该函数的调用方式与warning()的类似，用法如下（源码见5-1-QDialogDemo）。

```
void MainWindow::on_about_clicked()
{
    QString dlgTitle="about消息框";
    QString strInfo="版本V1.0      \n作者:xxx\n本公司保留所有版权";
    QMessageBox::about(this, dlgTitle, strInfo);
}
```

（5）aboutQt()。

该函数用于打开关于Qt的简单消息框，该消息框具有给定的标题，并以父对象为中心（如果父对象不是0）。该消息包括应用程序正在使用的Qt的版本号，见图5-12。

二、确认对话框

QMessageBox::question() 函数用于打开选择对话框，显示提示信息，并提供

“Yes”“No”“OK”“Cancel”等按钮，被用户单击按钮后可返回该按钮对应的值，进而起到接收用户答案的功能。如关闭未保存文件时弹出的对话框，如图5-13所示。

图5-12

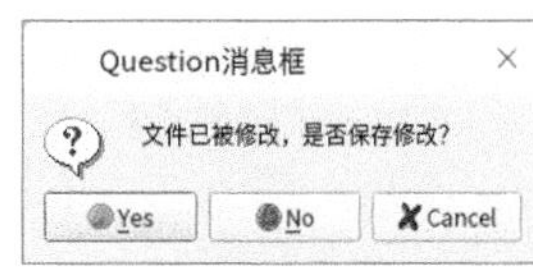

图5-13

注意：此功能已过时。提供它是为了保持旧的源码正常工作。强烈建议不要在新代码中使用它。

该函数的调用方式以及相关参数与warning()的一致，不赘述，用法如下（源码见5-1-QDialogDemo）。

```
void MainWindow::on_question_clicked()
{
    QString dlgTitle="Question消息框";
    QString strInfo="文件已被修改，是否保存修改？ ";

    QMessageBox::StandardButton  defaultBtn=QMessageBox::NoButton; // 默认的按钮

    QMessageBox::StandardButton result; // 返回选择按钮对应的值
    result=QMessageBox::question(this, dlgTitle, strInfo,
                                 QMessageBox::Yes|QMessageBox::No |
                                 QMessageBox::Cancel,defaultBtn);
    if (result == QMessageBox::Yes)
        ...
    else if(result == QMessageBox::No)
        ...
    else if(result==QMessageBox::Cancel)
        ...
    else
        ...
}
```

5.2 自定义对话框

在软件开发过程中，鉴于系统提供的标准对话框无法满足特殊的业务需求，这时候就需要定制对话框，也就是接下来要介绍的自定义对话框。为了更好地完成自定义对话框的定制，需要对QDialog类进行深入解读。

5.2.1 QDialog类的解读

QDialog类是对话框的基类。

对话框属于顶级窗体，主要用于短期任务以及和用户进行简要通信。QDialog可以是模态的也可以是非模态的。QDialog支持扩展性并且可以提供返回值。对话框可以有默认按钮。QDialog也可以有一个QSizeGrip控件在它的右下角，使用setSizeGripEnabled()即可实现。

注意：QDialog（以及其他使用Qt::Dialog类型的部件）使用父窗口部件的方法和Qt中其他类的方法稍微不同。对话框总是顶级窗体部件，但是如果它有一个父对象，它的默认位置就在父对象的中间。它也将和父对象共享工具栏条目。

对话框从形态上分为模态对话框与非模态对话框。

一、模态对话框

模态对话框是阻塞同一应用程序中其他可视窗口输入的对话框。模态对话框有自己的事件循环，用户必须完成这个对话框中的交互操作，并且关闭了它之后才能访问应用程序中的其他任何窗口。模态对话框仅阻止访问与对话相关联的窗口，允许用户继续使用其他应用程序的窗口。

显示模态对话框最常见的方法是调用exec()函数。当用户关闭对话框时，exec()将提供一个有用的返回值，并且这时流程控制继续从调用exec()的地方进行。通常情况下，要关闭对话框并返回相应的值，必须连接一个默认按钮，例如accept()槽的OK按钮和reject()槽的Cancel按钮。

二、非模态对话框

非模态对话框是与同一个应用程序中其他窗口操作无关的对话框。在文字处理中的查找和替换对话框通常是非模态对话框，允许用户同时与应用程序的主窗口和对话框进行交互。一般情况下通过调用show()函数来显示非模态对话框，它可以立即将控制权返回给调用者。

如果隐藏对话框后调用show()函数，对话框将显示在其原始位置，这是因为窗口管理器决定的窗户位置没有明确由程序员指定，为了保持被用户移动的对话框的位置，在closeEvent()中进行处理，然后在显示之前，将对话框移动到该位置。

由于存在不同模式，所以在定制对话框的时候，要根据实际需求进行相应的设计。

5.2.2 自定义对话框的定制

Qt如果要实现自定义对话框，通常会设计继承自QDialog的一个类，实现过程如下。

1. 新建文件或项目，在弹出的页面中完成相应选项的选择，如图5-14所示。

2. 单击“Choose”按钮（如图5-14中③位置处所示），弹出“Qt设计器界面类（选择界面模板）”，如图5-15所示。

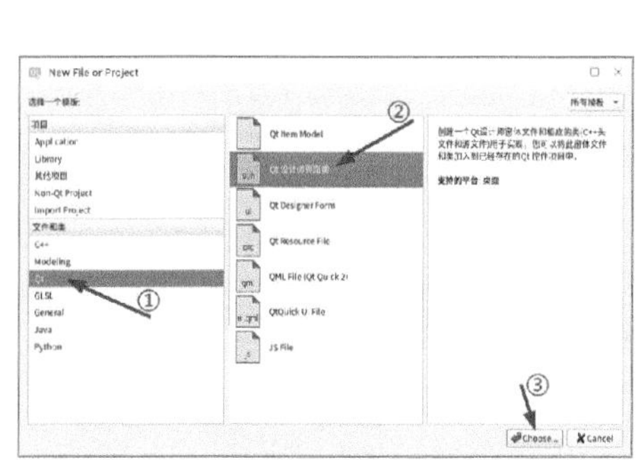

图5-14

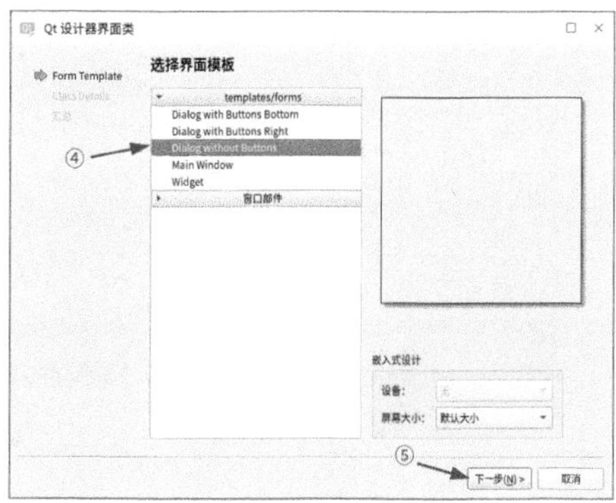

图5-15

3. 根据业务需求，选择合适的QDialog模板（如图5-15中④位置处所示），然后单击“下一步”按钮（如图5-15中⑤位置处所示），弹出“Qt设计器界面类（选择类名）”，如图5-16所示。

4. 在Qt设计器界面类中，完成自定义类名的设计（如图5-16中⑥位置处所示），单击“下一步”按钮（如图5-16中⑦位置处所示），弹出“Qt设计器界面类（项目管理）”，如图5-17所示。

图5-16

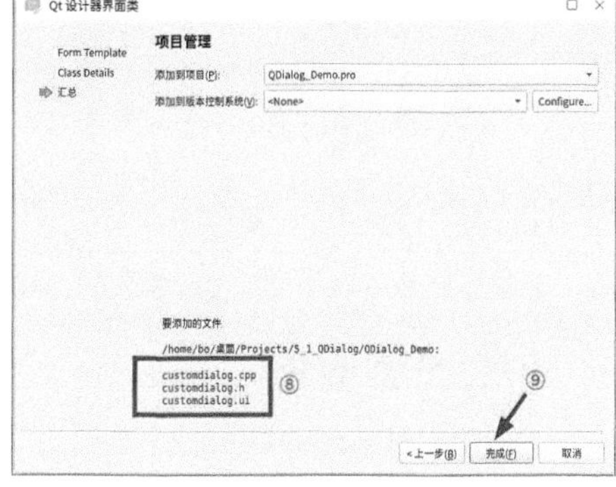

图5-17

5. 在⑧位置处（见图5-17）圈中的文件为自定义对话框的相关文件，单击“完成”按钮（如图5-17中⑨位置处所示），完成自定义对话框的创建。双击customdialog.ui文件，可以进行自定义的设置，如图5-18所示。

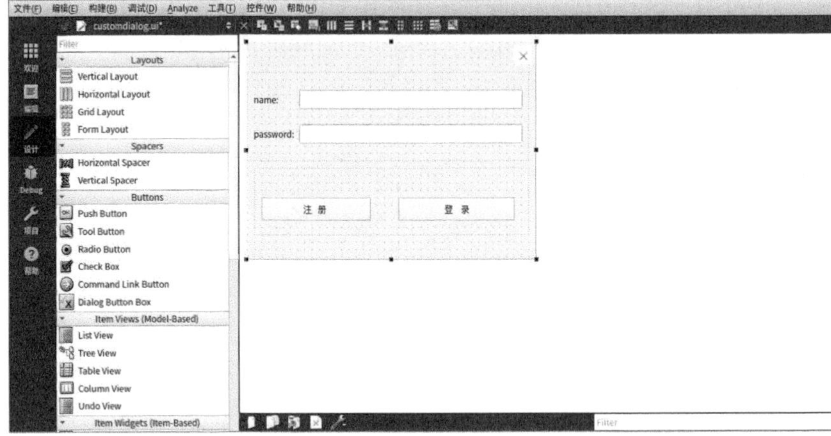

图5-18

代码如下（源码见 5-2-CustomDialogDemo）。

customdialog.h

```
#ifndef CUSTOMDIALOG_H
#define CUSTOMDIALOG_H
#include <QDialog>

namespace Ui {
class CustomDialog;
}
class CustomDialog : public QDialog // a.继承自QDialog
{
    Q_OBJECT
public:
    explicit CustomDialog(QWidget *parent = nullptr);
    void paintEvent(QPaintEvent *event);
    ~CustomDialog();
private:
    Ui::CustomDialog *ui;
};

#endif // CUSTOMDIALOG_H
```

注意：注释a位置处，自定义的“CustomDialog”类继承自QDialog类。

customdialog.cpp

```
#include "customdialog.h"
#include "ui_customdialog.h"
#include <QPainter>

CustomDialog::CustomDialog(QWidget *parent) :
    QDialog(parent),
    ui(new Ui::CustomDialog)
{
    ui->setupUi(this);
    // b.不显示对话框的标题栏
    setWindowFlags(Qt::Window | Qt::FramelessWindowHint);
```

```
    }
    // c.重写绘制方法
    void CustomDialog::paintEvent(QPaintEvent *event)
    {
        QPainterPath path;
        path.setFillRule(Qt::WindingFill);
        QRect rect = QRect(0, 0, this->width(), this->height());
        // 圆角处理
        path.addRoundRect(rect,10,10);

        QPainter painter(this);
        painter.setRenderHint(QPainter::Antialiasing, true);
        // 设置填充颜色
        painter.fillPath(path, QBrush(Qt::white));
        painter.setPen(Qt::gray);
        // 进行绘制
        painter.drawPath(path);
    }
    // d."关闭"按钮对应的操作
    void CustomDialog::on_btnClose_clicked()
    {
        this->deleteLater();
    }

    CustomDialog::~CustomDialog()
    {
        delete ui;
    }
```

注意：注释b位置处，不显示系统默认标题栏的设置，更方便自定义处理。注释c位置处，重写父类的paintEvent()函数，实现了对话框的圆角处理、颜色填充以及边角绘制。注释d位置处，与自定义“关闭”按钮关联的槽函数，单击“关闭”按钮，函数会被调用，函数内部实现了当前对象的延迟删除，避免内存泄漏。

关于对话框的介绍，暂时告一段落。接下来通过一个项目来对对话框的相关技术点进行巩固。

5.3 项目案例——麒麟记事本（打开文件/字体和颜色选择）

本节新增两个功能，打开文件功能以及字体和选择功能（本项目案例在4.5节项目案例的基础上进行完善）。

先介绍打开文件功能。

5.3.1 打开文件功能

从实现要求及效果、实现步骤两个方面来阐述打开文件功能。先看实现要求及效果。

一、实现要求及效果

1. 单击菜单栏上的菜单后，弹出其下拉菜单。以“文件”菜单为例，单击后弹出下拉菜单，如图5-19所示。

2. 选择下拉菜单中的选项，要弹出对应对话框。例如选择图5-19所示界面的“打开”选项，要弹出“打开文件”对话框，如图5-20所示。

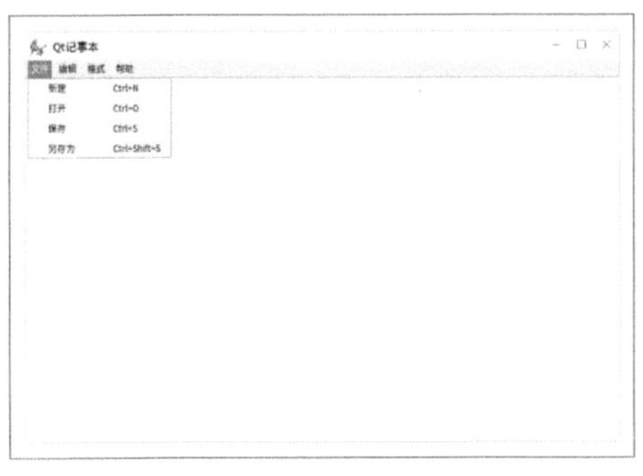

图5-19

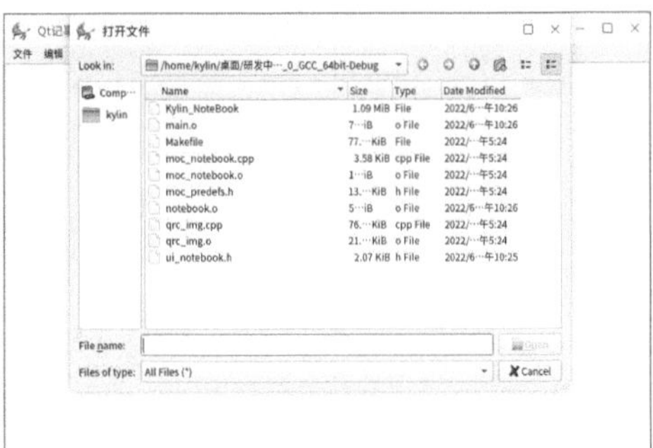

图5-20

3. 通过对话框实现选择文件的操作。例如在图5-20所示界面中，选择要打开的文件后，单击“Open”按钮实现文件的选择；单击“Cancel”按钮取消文件选择，弹出提示对话框，如图5-21所示。

二、实现步骤

为了更好地理解“打开文件功能”的业务流程，可以参考流程图，如图5-22所示。

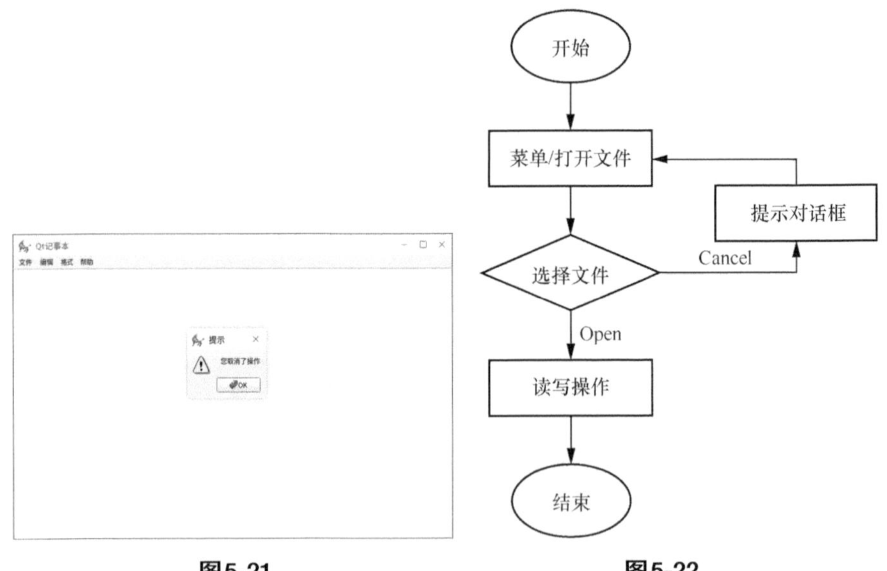

图5-21　　图5-22

具体的实现过程如下。

1. 实现“单击菜单栏上的菜单，弹出其下拉菜单，以‘文件’菜单为例，单击‘文件’后弹出下拉菜单”。

在4.5节的项目案例（主窗口实现）中，通过load_UI()函数，完成了记事本主窗口的初始化工作。在该函数的具体实现中，通过多次调用addAction()函数，为“文件”菜单添加了多个选项。Qt的菜单栏提供了一种默认的机制，菜单栏上的所有菜单都可以被单击，如果一个菜单（例如“文件”菜单）包含多个选项，在该菜单被单击时，选项会以下拉列表的形式自动弹出。

2. 实现“选择图5-19所示界面的‘打开’选项，弹出‘打开文件’对话框，如图5-20所示”，项目源码见5.3-1 KylinNoteBook v1.2。

① 在notebook.h中声明私有的槽函数[2]。

```
#ifndef NOTEBOOK_H
#define NOTEBOOK_H
#include <QMainWindow>
#include <QMenuBar>
...
namespace Ui {
class NoteBook;
}

class NoteBook : public QMainWindow
{
    Q_OBJECT
private:
    QIcon *titleIcon;          // 图片
    QString currentFile;       // 当前文件名
...
// a.声明槽函数
private slots:
void openFile();
private:
    Ui::NoteBook *ui;
};
#endif // NOTEBOOK_H
```

在注释a位置处，声明了一个私有的槽函数。相比普通函数，该函数多了修饰关键字slots。该关键字是Qt核心特性之一。在Qt 4中，只有用slots关键字修饰的函数，才被视为槽函数，才可以通过选择对应的选项完成相关函数的调用（前提需要将选项与槽函数建立关联）。

② 在notebook.cpp中完成槽函数的具体实现。

由于在槽函数的实现中会用到文件对话框以及消息对话框，所以在具体实现之前，先引入对应的头文件。

```
// 引入头文件
#include <QFileDialog>
#include <QMessageBox>
//之后实现槽函数的具体定义
NoteBook::NoteBook(QWidget *parent) :
    QMainWindow(parent),
```

2 槽函数：同C++函数类似，声明时，需要使用关键字slots修饰。

```
    ui(new Ui::NoteBook)
{
    load_UI();
}
void NoteBook::load_UI(){
    ...
}
// b.打开文件槽函数的实现
void NoteBook::openFile()
{
    // 显示“打开文件”对话框，并将选择的文件路径存储在fileName
    QString fileName = QFileDialog::getOpenFileName(this, "打开文件");
}
NoteBook::~NoteBook()
{
    delete ui;
}
```

在注释b位置处，给出了槽函数的具体实现，从语法上可以看出，与一般的C++函数无异，其底层实现原理也是与C++保持一致的。

getOpenFileName()函数是实现打开文件功能的核心，它是QFileDialog类中的一个静态函数。因此，可以使用类名完成该函数的调用。参数“this”表示要打开的文件对话框作为子窗口显示在记事本主窗口中，参数“打开文件”表示要打开的对话框的标题。

③ 关联信号槽[3]。

虽然已经完成了槽函数的声明以及实现，但是现在选择“文件”菜单中的“打开”选项，依旧无法弹出“打开文件”对话框。这是因为选择动作与实现弹出文件业务的槽函数还没有建立关联。建立关联的实现代码如下。

在notebook.cpp的load_UI()函数中新增关联信号槽语句。

```
void NoteBook::load_UI(){
    ...
    //c.关联信号槽
    connect(openAction,SIGNAL(triggered()),this,SLOT(openFile()));
}
```

connect()函数为QObject类中的一个非私有函数。在Qt中，QObject作为所有类的父类，它所有的非私有函数都可以在任意子类中调用。

通过connect()函数，实现将“openAction”动作与槽函数openFile()关联。最直观的效果就是选择“打开”，槽函数openFile()就会被调用。这是对connect()函数比较浅显的解释，更细致、更深入的讲解见第7章。

3. 实现“通过对话框实现选择文件的操作”。

这部分的业务代码实现如下。

```
// 打开文件槽函数的实现
void NoteBook::openFile()
{
    // d.显示“打开文件”对话框，并将选择的文件路径存储在fileName
```

3 信号槽：信号和槽用于两个对象之间的通信，信号和槽机制是Qt的核心特征，也是Qt不同于其他开发框架的最突出的特征。

```
        QString fileName = QFileDialog::getOpenFileName(this, "打开文件");
        if(!fileName.isEmpty()){
            // 单击“Open”按钮之后处理的业务
                ...
        }else{
            QMessageBox::warning(this, "提示", "您取消了操作");
        }
    }
```

在注释d位置处，QString fileName = QFileDialog::getOpenFileName(this,“打开文件”)函数调用结束，得到返回值fileName，它用于记录选中文件的名字。也就是说，在文件对话框中选中文件，单击“Open”按钮,fileName记录选中文件名，进而执行后续的读写操作；如果单击“Cancel”按钮，则fileName为空，弹出提示对话框。

至此，打开文件功能基本设置完成。接下来处理字体和颜色选择功能。

5.3.2 字体和颜色选择功能

对于字体和颜色选择功能，同样从实现要求及效果、实现步骤两个方面来阐述。先看实现要求及效果。

一、实现要求及效果

1. 单击菜单栏中的“格式”，弹出包含两个选项（字体、颜色）的下拉菜单，如图5-23所示。

2. 选择下拉菜单中的选项，弹出对应的对话框。如果选择“字体”选项，弹出“选择字体”对话框，如图5-24所示。

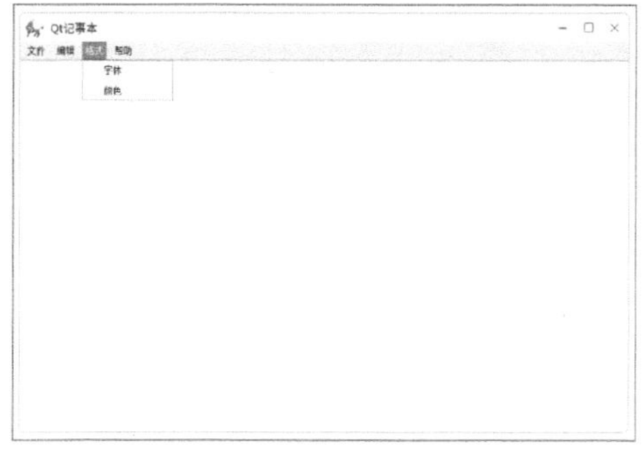

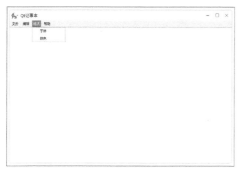

图5-23

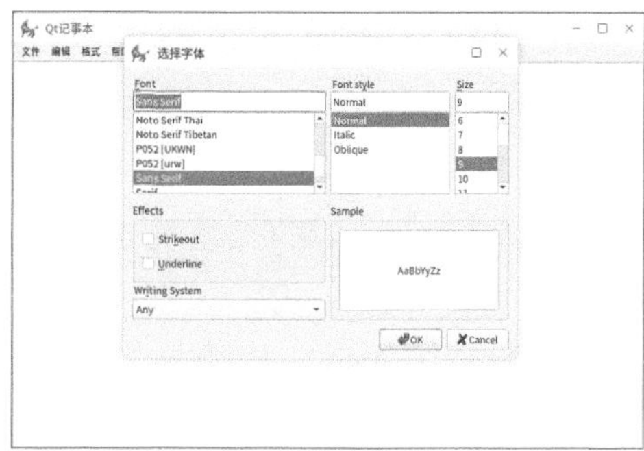

图5-24

3. 选择字体后单击“OK”按钮，即完成字体选择；单击“Cancel”按钮，取消字体选择，并弹出提示对话框，如图5-25所示。

4. 如果选择图5-23所示的“颜色”选项，弹出“选择颜色”对话框，如图5-26所示。

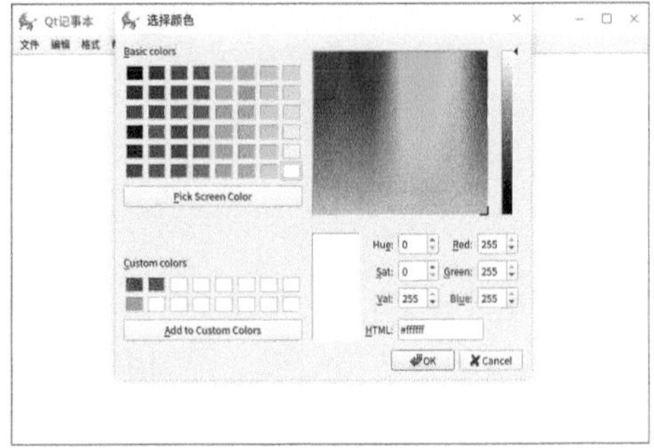

图5-25　　图5-26

5．选择颜色后单击“OK”按钮，完成颜色选择；单击“Cancel”按钮，取消颜色选择，并弹出“提示”对话框，如图5-27所示。

二、实现步骤

为了更好地理解字体和颜色选择功能的业务流程，可以参考流程图，如图5-28所示。

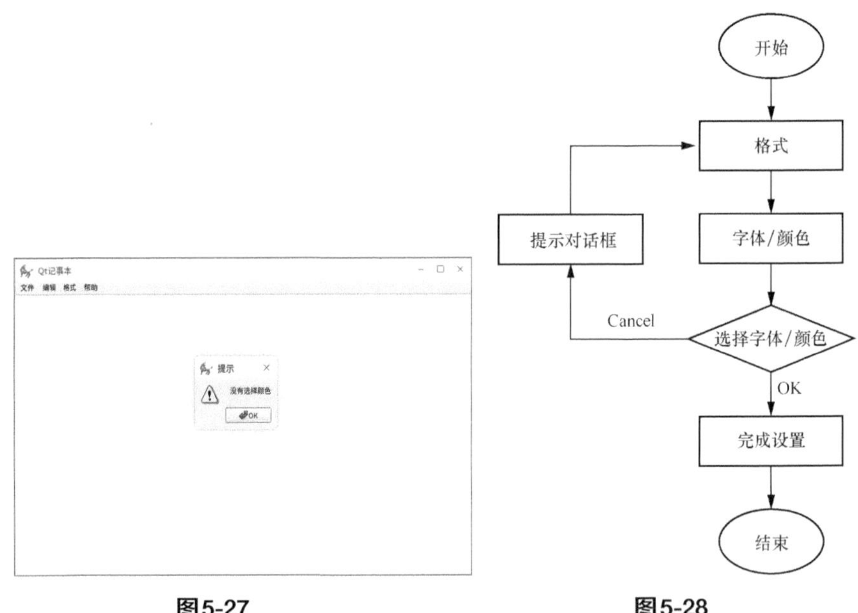

图5-27　　图5-28

具体的实现过程如下。

1．由于“格式”菜单下的“字体”以及“颜色”选项都要关联对应操作，因此，需要定义出两个槽函数，一个是“字体”选项对应的槽函数，另一个是“颜色”选项对应的槽函数（项目源码见5.3-1 KylinNoteBook v1.2）。

① 在notebook.h中新增槽函数的定义。

```
#ifndef NOTEBOOK_H
#define NOTEBOOK_H

#include <QMainWindow>
#include <QMenuBar>
...
namespace Ui {
class NoteBook;
}

class NoteBook : public QMainWindow
{
      Q_OBJECT
private:
      QIcon *titleIcon;                // 图片
      QString currentFile;             // 当前文件名
      QMenuBar * mainMenu;        // 主菜单
      QMenu * fileMenu;           // 文件菜单
      QAction * newAction;          // 新建文件
...
// a.定义槽函数
private slots:
      void setFont();
      void setColor();
...
#endif // NOTEBOOK_H
```

② 在notebook.cpp中新增槽函数的实现，实现中会用到“选择字体”对话框以及“选择颜色”对话框，因此需要引入对应的头文件，具体实现如下。

```
#include "notebook.h"
#include "ui_notebook.h"
...
#include <QFontDialog>
#include <QColorDialog>

NoteBook::NoteBook(QWidget *parent) :
    QMainWindow(parent),
    ui(new Ui::NoteBook)
{
    load_UI();
}
void NoteBook::load_UI(){
    ...
}
void NoteBook::setFont()
{
...
}
void NoteBook::setColor()
{
    ...
}
```

③ 在notebook.cpp的load_UI()函数中完成信号槽的关联，只有关联之后选择选项，其对应的槽函数才会执行，实现如下。

```
void NoteBook::load_UI(){
...
    // a
    connect(fontAction,SIGNAL(triggered()),this,SLOT(setFont()));
    // b
    connect(colorAction,SIGNAL(triggered()),this,SLOT(setColor()));
}
```

在注释a位置处，将“字体”选项的triggered()信号与槽函数setFont()关联，这样在“字体”选项被选择的时候，槽函数setFont()就会被调用。

在注释b位置处，将“颜色”选项的triggered()信号与槽函数setColor()关联，这样在“颜色”选项被选择的时候，槽函数setColor()就会被调用。

2. 选择“字体”/“颜色”选项可以弹出相应的对话框，该功能的执行取决于两个槽函数的具体实现。

①“字体”选项关联的槽函数setFont()的具体实现如下。

```
void NoteBook::setFont()
{
    QFont font = QFontDialog::getFont(&isOk,this->textEdit->font(),
this,"选择字体");
}
```

②“颜色”选项关联的槽函数setColor()的具体实现如下。

```
void NoteBook::setColor()
{
    QColor color = QColorDialog::getColor(Qt::white,this,"选择颜色");
}
```

3. 完成选择字体、颜色的业务处理。

① 字体选择，单击“OK”按钮，完成字体选择；单击“Cancel”按钮，取消字体选择，并弹出提示对话框。实现这个功能需要在槽函数setFont()中补充相关代码，具体实现如下。

```
void NoteBook::setFont()
{
    bool isOk;
    QFont font = QFontDialog::getFont(&isOk,this->textEdit->font(),this,"选
择字体");
    if(isOk){
        this->textEdit->setFont(font);
    }else {
        QString dlgTitle = "提示";
        QString strInfo = "没有选择字体";
        QMessageBox::warning(this, dlgTitle, strInfo);
    }
}
```

② 颜色选择，单击“OK”按钮，完成颜色选择；单击“Cancel”按钮，取消颜色选择，并弹出提示对话框。实现这个功能需要在槽函数setColor()中补充相关代码，具体实现如下。

```
void NoteBook::setColor()
{
    QColor color = QColorDialog::getColor(Qt::white,this,"选择颜色");
    if(color.isValid()){
        this->textEdit->setTextColor(color);
    }else{
        QString dlgTitle = "提示";
        QString strInfo = "没有选择颜色";
        QMessageBox::warning(this,dlgTitle,strInfo);
    }
}
```

06

第6章 Qt中的事件处理

Qt程序是事件驱动的，程序的每个动作都是由内部某个事件所触发的。所以说，事件处理在Qt中扮演着重要的角色。本章将从事件简介、事件的传递与分发、事件的处理与过滤、定时器事件与随机数等方面展开详细讲解。

6.1 事件简介

本节将从事件的产生以及事件的类型两个方面进行介绍，先看事件的产生。

6.1.1 事件的产生

Qt的官方手册中介绍到，事件有两个来源，一个是程序外部，另一个是程序内部。多数情况下来自操作系统并且通过spontaneous()函数返回true来获知事件来自程序外部，当spontaneous()返回false时说明事件来自程序内部。更直观点说可以分为以下两个方向。

一、操作系统产生

操作系统将获取的事件，比如鼠标按键事件（mousePressEvent、mouseReleaseEvent）、键盘按键事件（keyPressEvent、keyReleaseEvent）等，放入系统的消息队列中。Qt事件循环的时候读取消息队列中的消息，转化为QEvent并被分发到相应的QWidget对象，相应的QWidget中的event(QEvent *)会对事件进行处理，它会根据不同的事件类型调用对应的事件处理函数，在事件处理函数中发送Qt预定义的信号，最终调用信号关联的槽函数。以按钮（QPushButton）被单击为例，整体流程如下。

（1）Qt事件产生后会被立即发送到相应的QPushButton对象。

（2）QPushButton中的event(QEvent *)函数进行事件处理。

（3）在event(QEvent *)函数中，根据事件类型调用对应的事件处理函数。

（4）在事件处理函数中，发送Qt预定义的信号。

（5）调用信号关联的槽函数。

二、Qt应用程序产生

Qt应用程序产生事件有两种方式。一种方式是调用QApplication::postEvent()，例如QWidget::update()函数，当需要重新绘制屏幕时，程序调用update()函数，产生一个paintEvent，调用QApplication::postEvent()，将其放入Qt的消息队列中，等待依次被处理。另一种方式是调用sendEvent()函数，事件不会放入队列，而是直接被派发和处理，QWidget::repaint()函数就是阻塞型的。sendEvent()中事件对象的生命期由Qt应用程序管理，支持分配在栈上和堆上的事件对象；postEvent()中事件对象的生命期由Qt平台管理，只支持分配在堆上的事件对象，事件被处理后由Qt平台销毁。

6.1.2 事件的类型

不论是操作系统产生的事件，还是应用程序产生的事件，常见的无非就是以下几种，如表6-1所示。

表6-1 常见的事件类型

事件	类型
鼠标事件	QMouseEvent
键盘事件	QKeyEvent
定时器事件	QTimerEvent
窗口改变事件	QResizeEvent
滚动事件	QScrollEvent

任何一个事件产生之后，都存在传递与分发的过程。

6.2 事件的传递与分发

如果发生了某个事件（比如说鼠标单击事件），Qt具体是如何处理的呢？带着这一疑问，接下来看看事件的传递过程。

6.2.1 事件的传递过程

事件发生后，Qt会产生一个QEvent对象（鼠标事件是QMouseEvent，它是QEvent的子类），这个QEvent对象会传给当前组件的event()函数（如果鼠标单击的为QLabel，则会传递给QLabel的event()函数）。如果当前组件没有安装事件过滤器（见6.3.3小节），则会被event()函数发放到相应的事件处理函数中（鼠标事件会发放到mousePressEvent()函数）。具体流程如图6-1所示。

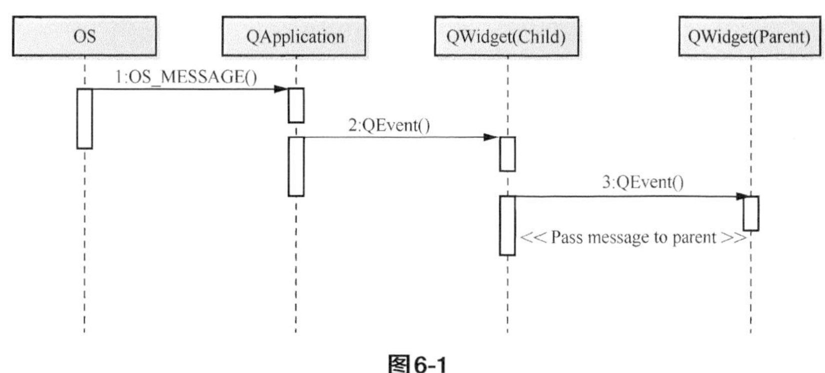

图6-1

从整个传递链来看，xxxEvent()函数就是一线工作者，也称为事件处理器。在它之上有一个非常重要的角色，就是event()函数，event()函数的作用在于事件的分发。可以理解为事件的分发，是xxxEvent()合理工作的前提。

接下来看一下事件是如何进行分发的。

6.2.2　事件的分发

通过6.2.1小节中提及的传递链，可以确定event()所扮演的角色。它相当于一个调度者，并不直接处理事件，而是按照事件对象的类型分派给特定的事件处理（Event Handler）函数。

其函数原型如下。

```
[virtual] bool QObject::event(QEvent *e)
```

[virtual]的存在表明，event()函数是一个虚函数。它带有一个QEvent类型的参数，当系统产生QEvent对象时，就会传入这个函数并调用。函数的返回值是布尔类型，不同的返回值有不同的意义。如果传入的事件已被识别并且处理，则需要返回true，否则返回false。如果返回值是true，那么Qt会认为这个事件已经处理完毕，不会再将这个事件发送给其他对象，而是会继续处理事件队列中的下一事件。

基于它的这个作用，接下来通过一个小案例对其进行验证——“拦截鼠标右键事件，只让鼠标左键事件分发”。

新建Qt GUI应用，项目名称为“QEvent_Demo01”（源码见6-1-QEvent_Demo01），基类选择QWidget，然后类名保持Widget不变。建立完成后向项目中添加新文件，模板选择C++类，类名为“MyLabel”，手动填写基类为“QLabel”，自定义了一个“MyLabel”类。完成之后，项目结构如图6-2所示。

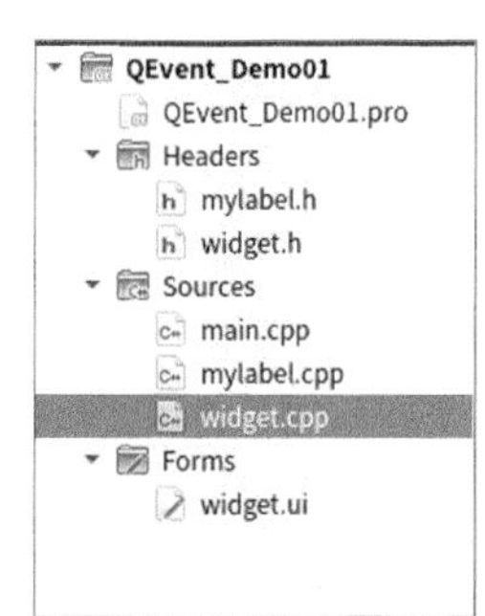

图6-2

在mylabel.h中，添加event()函数和mousePressEvent()函数的声明，代码实现如下。

mylabel.h

```
#ifndef MYLABEL_H
#define MYLABEL_H
#include <QLabel>
class MyLabel : public QLabel
{
public:
    MyLabel();
    // 事件分发函数
    bool event(QEvent *event);
protected:
    // 鼠标事件处理函数
    void mousePressEvent(QMouseEvent *event);
};
#endif // MYLABEL_H
```

接下来在mylabel.cpp中给出具体实现。

mylabel.cpp

```
#include "mylabel.h"
#include <QMouseEvent>
#include <QDebug>
MyLabel::MyLabel()
{
    this->setGeometry(10,100,100,30);
}
bool MyLabel::event(QEvent *event)
{
    if(event->type() == QEvent::MouseButtonPress){
        QMouseEvent *mouseEvent = static_cast<QMouseEvent*>(event);
        if (mouseEvent->buttons() == Qt::RightButton){
            qDebug() << "mylabel event - right button";
            return true;
        }
    }
    return QLabel::event(event);
}
void MyLabel::mousePressEvent(QMouseEvent *event)
{
    qDebug() << "mousePressEvent";
    QString strButton = event->buttons() == Qt::RightButton ?"RightButton "
:"LeftButton ";
    this->setText(QString("<center><h1>%1 Press:(%2, %3)</h1></center>").
arg(strButton,QString::number(event->x()),QString::number(event->y())));
}
```

这里自定义了一个MyLabel类，它继承自QLabel，并且实现了MyLabel类的mousePressEvent()函数和event()函数。event()函数中使用了event->type()来获取事件的类型。如果是鼠标按下事件QEvent::MouseButtonPress，并且按键是右键的时候，返回true（识别并处理）；其他情况，返回父类的event()函数的操作结果，将事件分发出去。被分发出去之后，xxxEvent()函数才能接收到事件，进行相应的处理。被分发出去的鼠标事件会在事件处理器函数mousePressEvent()中执行，其实现的业务逻辑为在标签上显示对应的内容“LeftButton Press:(*x*坐标,*y*坐标)”。

widget.h中保留项目创建时的默认代码。

widget.h

```
#ifndef WIDGET_H
#define WIDGET_H
#include <QWidget>
namespace Ui {
class Widget;
}
class Widget : public QWidget
{
    Q_OBJECT
public:
    explicit Widget(QWidget *parent = nullptr);
    ~Widget();
private:
    Ui::Widget *ui;
};
#endif // WIDGET_H
```

在widget.cpp中，引入自定义的头文件mylabel.h，然后创建自定义的MyLabel对象，设置其样式，最后将其加载到当前窗口中。

widget.cpp

```
#include "widget.h"
#include "ui_widget.h"
#include <QDebug>
#include "mylabel.h"

Widget::Widget(QWidget *parent) :
    QWidget(parent),
    ui(new Ui::Widget)
{
    ui->setupUi(this);
  // 创建标签对象
  MyLabel *lb = new MyLabel;
  // 设置标签位置及大小
  lb->setGeometry(0,0,this->width(),this->height());
  // 设置背景色
  lb->setStyleSheet("background-color:red");
  // 加载到窗口中
  lb->setParent(this);
}
Widget::~Widget()
{
    delete ui;
}
```

注意：了解setStyleSheet()函数的用法，它可以接收“key:value”键值对类型的字符串，如果需要对一个控件设置多种样式，则可采用setStyleSheet("key:value;key:value...")的形式，不能采用多次调用setStyleSheet()函数的形式（一个控件，多次调用setStyleSheet()，控件只会保留最后一次调用的样式）。这时候，程序运行效果如图6-3所示。

实现完上述效果后，接下来对其功能进行验证。

1. 在红色标签上单击鼠标右键，这样会产生一个单击事件，基于事件响应链，会先执行分发函数event()。如果在event()函数中，对当前事件识别并处理，则不会被分发出去；否则就会找到事件处理器函数，单击右键的显示效果如图6-4所示。

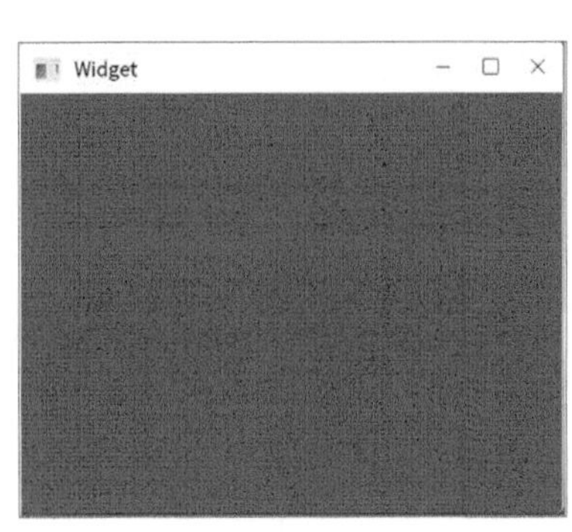

图6-3

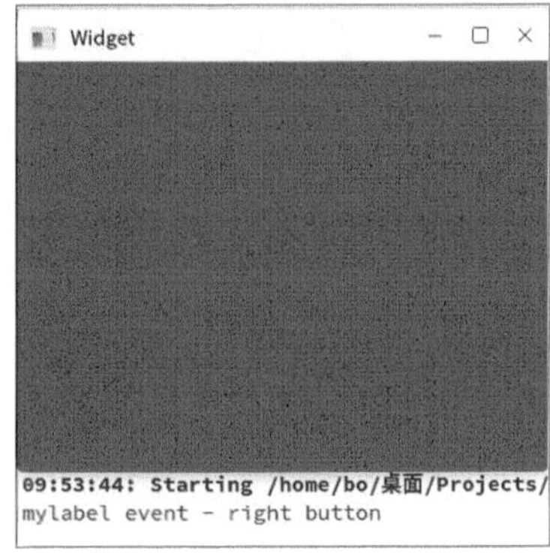

图6-4

通过控制台的输出，可以得出结论，事件处理器函数是没有执行的，这是因为在event()函数中，右键事件没有被分发出来。

2. 单击鼠标左键，显示效果如图6-5所示。

很显然，左键事件成功地在事件处理器函数中执行。

3. 在event()函数中做适当的修改，修改为不论是左键还是右键事件都分发出来。

修改之后event()函数中的代码如下。

```
bool MyLabel::event(QEvent *event)
{
//    if(event->type() == QEvent::MouseButtonPress){
//        QMouseEvent *mouseEvent = static_cast<QMouseEvent*>(event);
//        if (mouseEvent->buttons() == Qt::RightButton){
//            qDebug()<<"mylabel event - right button";
//            return true;
//        }
//    }
    return QLabel::event(event);
}
```

通过代码可以很清晰地看出，将事件类型判断以及鼠标按键判断的代码全部进行了注释。这时候，不论是鼠标左键单击还是右键单击，QLabel::event()函数都会执行。这意味着，不论是左键单击事件还是右键单击事件，都会被分发出来，分发至mousePressEvent()函数，进一步实现对应的业务逻辑。

修改完之后执行效果就会发生改变，单击右键，效果如图6-6所示。

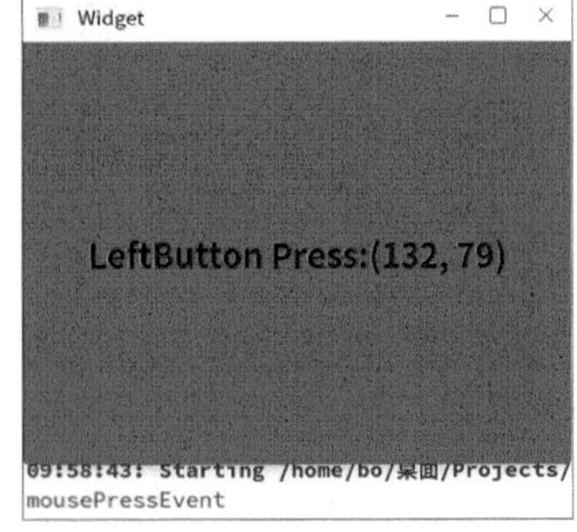

图6-5

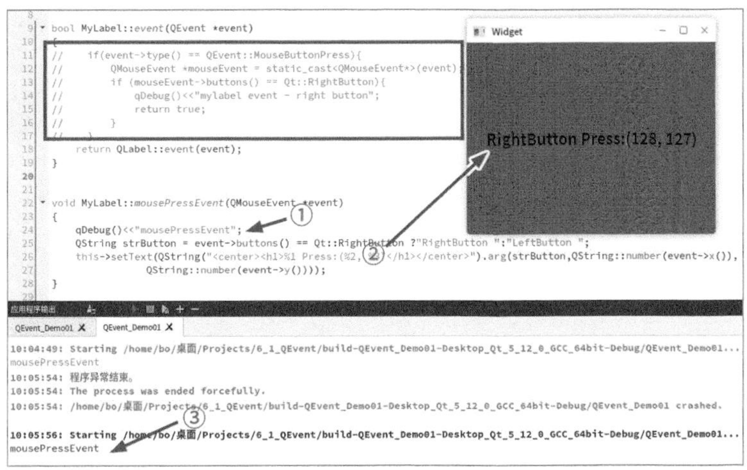

图6-6

箭头①位置处为输出语句，表明当前函数被调用；箭头②位置处为单击右键后，标签中显示的内容；箭头③位置处为控制台的实际输出效果。

单击左键，效果如图6-7所示。

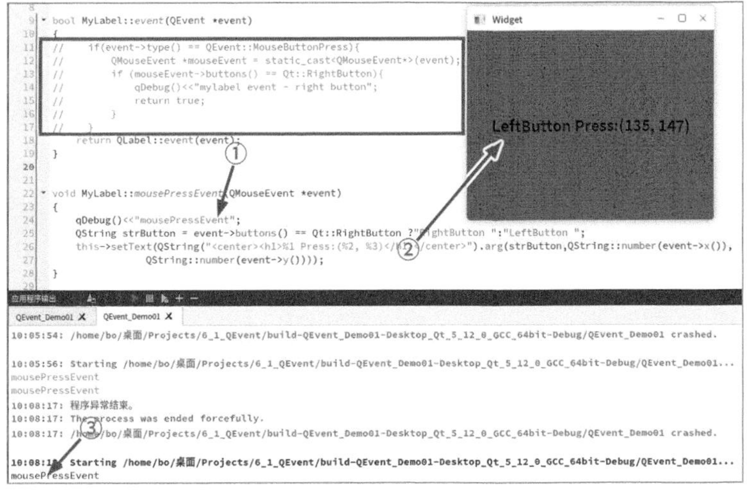

图6-7

箭头①位置处及箭头③位置处的注释同图6-6一致，不同之处在于箭头②位置处，它指向的标签中显示的内容为单击左键事件后的效果。

6.3 事件的处理与过滤

监听到事件之后，接下来的事件处理是编程中的重要业务。一般情况下，比较常见的事件处理分为键盘事件的处理和鼠标事件的处理。事件过滤器的存在，可以让读者更便捷地进行事件处理。

6.3.1 键盘事件的处理

QKeyEvent类用来描述键盘事件。当键盘按键被按下或者被释放时，键盘事件便会被发送给拥有键盘输入焦点的控件。

QKeyEvent的key()函数可以获取具体的按键，对于Qt中给定的所有按键，可以在帮助文档中查看Qt::Key关键字。需要特别说明的是，Qt::Key_Return表示大键盘上的Enter键，Qt::Key_Enter表示小键盘上的Enter键。键盘上的一些修饰键，比如Ctrl键和Shift键等，这里需要使用QKeyEvent的modifiers()函数来获取，可以在帮助中使用Qt::KeyboardModifier关键字来查看所有的修饰键。

QKeyEvent有两个键盘事件成员函数。

```
void QWidget::keyPressEvent(QKeyEvent *event)   // 键盘按键按下事件
void QWidget::keyReleaseEvent(QKeyEvent *event) // 键盘按键释放事件
```

这两个函数基本上就可以满足一般业务需求，但是前提是焦点控件已经获取焦点。接下来通过一个案例讲解以上两个函数的具体使用方法。

1. 新建Qt Gui应用，项目名自定义，基类选择QWidget，然后类名保持Widget不变。代码如下（源码见6-3-QEvent_Demo_keyEvent）。

widget.h

```
#ifndef WIDGET_H
#define WIDGET_H
#include <QWidget>
namespace Ui {
class Widget;
}
class Widget : public QWidget
{
     Q_OBJECT
public:
     explicit Widget(QWidget *parent = nullptr);
     ~Widget();
protected:
     void keyPressEvent(QKeyEvent *event);   // 键盘按键按下事件
     void keyReleaseEvent(QKeyEvent *event); // 键盘按键释放事件
private:
     Ui::Widget *ui;
};
#endif // WIDGET_H
```

源程序中的代码如下。

widget.cpp

```
#include "widget.h"
#include "ui_widget.h"
#include <QKeyEvent>
#include <QDebug>
Widget::Widget(QWidget *parent) :
```

```
        QWidget(parent),
        ui(new Ui::Widget)
    {
        ui->setupUi(this);
    }
    Widget::~Widget()
    {
        delete ui;
    }
    // 按键按下事件
    void Widget::keyPressEvent(QKeyEvent *event)
    {
      switch (event->key())
      {
          // Esc键
          case Qt::Key_Escape:
              qDebug() <<"ESC";
              break;
          // Enter键
          case Qt::Key_Return:
              qDebug() <<"Enter";
              break;
          // BackSpace键
          case Qt::Key_Backspace:
              qDebug() <<"Back";
              break;
          // Space键
          case Qt::Key_Space:
              qDebug() <<"Space";
              break;
      }
      // 先检测Ctrl键是否按下
      if(event->modifiers() == Qt::ControlModifier)
      {
          // 如果是，那么再检测M键是否按下
          if(event->key() == Qt::Key_M)
          {
              // 按下则使窗口最大化
              this->setWindowState(Qt::WindowMaximized);
              // 再次按下则使窗口还原
          }else if(event->key() == Qt::Key_N){
              this->setWindowState(Qt::WindowNoState);
          }
      }
    }
    // 按键释放事件
    void Widget::keyReleaseEvent(QKeyEvent *event)
    {
        // "↑"方向键
        if(event->key() == Qt::Key_Up)
        {
            qDebug() << "release: "<< "up";
        }
    }
```

2. 分别按下Esc、Enter、BackSpace、Space、“↑”方向键，控制台会输出：“ESC”“Enter”“Back”“Space”以及“release: up”。

另外，通过快捷键Ctrl+M，可以实现窗口的最大化；通过快捷键Ctrl+N，可以实现窗口的还原。

Ctrl只是其中的一个修饰按键，Qt还封装了更多修饰按键，其中比较常用的见表6-2。

表6-2 更多修饰按键

枚举常量	值	描述
Qt::NoModifier	0x00000000	未按任何修饰键
Qt::ShiftModifier	0x02000000	按下键盘上的Shift键
Qt::ControlModifier	0x04000000	按下键盘上的Ctrl键
Qt::AltModifier	0x08000000	按下键盘上的Alt键

6.3.2 鼠标事件的处理

相比键盘按键的按下与松开事件，鼠标事件就要复杂一些。它包含“单击”“释放”“双击”“移动”“滚轮”等，其对应的事件处理器函数分别如下。

```
void mousePressEvent(QMouseEvent *event);          // 单击
void mouseReleaseEvent(QMouseEvent *event);        // 释放
void mouseDoubleClickEvent(QMouseEvent *event);    // 双击
void mouseMoveEvent(QMouseEvent *event);           // 移动
void wheelEvent(QWheelEvent *event);               // 滚轮
```

接下来通过一个案例，验证以上事件函数。

新建Qt Gui应用，项目名称自定义（源码见6-3-QEvent_Demo3），基类选择QWidget，然后类名保持Widget不变。先看头文件widget.h中的代码。

widget.h

```
#ifndef WIDGET_H
#define WIDGET_H
#include <QWidget>
namespace Ui {
class Widget;
}
class Widget : public QWidget
{
    Q_OBJECT
public:
    explicit Widget(QWidget *parent = nullptr);
    ~Widget();
protected:
    void mousePressEvent(QMouseEvent *event);          // 单击
    void mouseMoveEvent(QMouseEvent *event);           // 移动
    void mouseReleaseEvent(QMouseEvent *event);        // 释放
    void mouseDoubleClickEvent(QMouseEvent *event);    // 双击
    void wheelEvent(QWheelEvent *event);               // 滚轮
private:
    Ui::Widget *ui;
};
#endif // WIDGET_H
```

在widget.h中完成了鼠标事件函数的声明。注意，鼠标事件函数采用的权限修饰为protected，与父类（QWidget）中的权限保持一致。

widget.cpp中的代码如下。

widget.cpp

```
#include "widget.h"
#include "ui_widget.h"
#include <QDebug>
#include <QMouseEvent>
Widget::Widget(QWidget *parent) :
    QWidget(parent),
    ui(new Ui::Widget)
{
    ui->setupUi(this);
}
    Widget::~Widget()
{
    delete ui;
}
// 按下鼠标
void Widget::mousePressEvent(QMouseEvent *event)
{
    if(event->button() == Qt::LeftButton)
    {
        qDebug() << "左键" ;
    }
  else if(event->button() == Qt::RightButton)
   {
        qDebug() << "右键" ;
    }
    // 获取单击的坐标
    qDebug() << "(" << event->x() << "," << event->y() << ")";
}
// 移动鼠标
void Widget::mouseMoveEvent(QMouseEvent *event)
{
    qDebug() << "move" << event->x() << ":" << event->y();
}
// 松开鼠标按键
void Widget::mouseReleaseEvent(QMouseEvent * event)
{
    qDebug() << "Release" << event->x() << ":" << event->y();
}
// 双击鼠标左键
void Widget::mouseDoubleClickEvent(QMouseEvent *event)
{
    qDebug() << "双击";
}
// 滚动鼠标滚轮
void Widget::wheelEvent(QWheelEvent *event)
{
    if(event->delta()>0)
    {
        qDebug() << "上滚";
     }
   else
   {
       qDebug() << "下滚";
   }
}
```

函数实现中的业务逻辑都比较简单，基本都是在控制台完成对应的输出。以mousePressEvent()函数为例，它的参数为QMouseEvent类型。它是QEvent的一个子类，表示鼠标事件，可以使用event->button()得到Qt::MouseButton的枚举类型，用于判断具体单击的鼠标按键，具体枚举定义如表6-3所示。

表6-3 Qt::MouseButton枚举类型

枚举常量	值	描述
Qt::LeftButton	0x00000001	鼠标左键
Qt::RightButton	0x00000002	鼠标右键
Qt::MiddleButton	0x00000004	鼠标中间键
Qt::BackButton	0x00000008	“后退”按钮

表6-2只列举了常用的按键，如果需要了解更多的按键，可以查阅官方文档。

在控制台进行内容输出的时候，还用到了event->x()以及event->y()，它们可以获取鼠标指针在该鼠标事件窗口的相对位置。如果想要获取鼠标指针的全局坐标值，则需要使用另外两个函数——globalX()以及globalY()。

对于wheelEvent()函数，其接收的参数为QWheelEvent类型。它也是QEvent的一个子类，表示鼠标滚轮事件，它有一个常用函数delta()，可以使用其返回值与0值进行比较，进而判断滚轮滚动的方向。

6.3.3 事件过滤器的使用

Qt创建了QEvent事件对象之后，会调用QObject的event()函数处理事件的分发。显然，可以在event()函数中实现拦截的操作。由于event()函数的权限为protected，因此，需要继承已有类。如果组件很多，就需要重写很多个event()函数。这当然相当麻烦，更不用说重写event()函数还得小心一堆问题。好在Qt提供了另外一种机制来达到这一目的——事件过滤器。

谈及事件过滤器，不得不提一个函数，即QObject类中的eventFilter()函数，它的作用就是建立事件过滤器，其原型如下。

```
virtual bool QObject::eventFilter ( QObject * watched, QEvent * event );
```

该函数正如其名字显示的一样，是一个不折不扣的“事件过滤器”。所谓事件过滤器，可以理解成一种过滤代码的工具。事件过滤器会检查接收到的事件。如果这个事件是它感兴趣的类型，就进行它自己的处理；否则，就继续转发。这个函数返回一个bool类型的值，如果想将参数event过滤出来，不想让它继续转发，就返回true，否则返回false即可。事件过滤器的调用时间点是在目标对象（也就是参数里面的watched对象）接收到事件对象之前。也就是说，如果在事件过滤器中停止了某个事件，那么watched对象以及以后所有的事件过滤器根本不会知道有这么一个事件。

接下来通过一个案例，验证过滤器的使用方法。

新建Qt Gui应用（源码见6-3-QEvent-Demo4），项目名称自定义，基类选择QMainWindow，然后类名保持MainWindow不变。mainwindow.h中的代码如下。

mainwindow.h

```
#ifndef MAINWINDOW_H
#define MAINWINDOW_H
#include <QMainWindow>
#include <QTextEdit>
namespace Ui {
class MainWindow;
}
class MainWindow : public QMainWindow
{
     Q_OBJECT
public:
  explicit MainWindow(QWidget *parent = nullptr);
  ~MainWindow();
protected:
  bool eventFilter(QObject *obj, QEvent *event);
private:
  QTextEdit *textEdit;
private:
  Ui::MainWindow *ui;
};
#endif // MAINWINDOW_H
```

在头文件中，做了过滤器函数的声明，保留其父类中的权限protected不做修改。在mainwindow.cpp中，完成该函数的定义。

mainwindow.cpp

```
#include "mainwindow.h"
#include "ui_mainwindow.h"
#include <QKeyEvent>
#include <QDebug>

MainWindow::MainWindow(QWidget *parent) :
    QMainWindow(parent),
    ui(new Ui::MainWindow)
{
    ui->setupUi(this);
    this->textEdit = new QTextEdit;
    this->textEdit->installEventFilter(this);
    this->setCentralWidget(this->textEdit);
}
bool MainWindow::eventFilter(QObject *obj, QEvent *event)
{
    if (obj == textEdit) { // 找到组件
        if (event->type() == QEvent::KeyPress) { // 判断事件
            QKeyEvent *keyEvent = static_cast<QKeyEvent *>(event);
            qDebug() << "key press" << keyEvent->key();
            return true; // 返回true，不再处理该类事件
        }
    }
    return QMainWindow::eventFilter(obj, event);
}
MainWindow::~MainWindow()
{
    delete ui;
}
```

MainWindow为自定义类。在这重写了它的eventFilter()函数。为了过滤特定组件上的事件，首先需要判断这个对象是不是我们感兴趣的组件，然后判断这个事

件的类型。在上面的代码中，因为不想让textEdit组件处理键盘按下的事件。所以，首先找到这个组件，紧接着判断事件是否为键盘事件，如果是则直接返回true，这时候就过滤掉了这个事件；其他事件还要继续处理，所以返回false。对于其他的组件，并不保证是不是还有过滤器，于是最保险的办法是调用父类的函数——QMainWindow::eventFilter(obj, event)。

eventFilter()函数相当于创建了过滤器，然后需要安装这个过滤器。安装过滤器需要调用QObject::installEventFilter()函数。函数的原型如下。

```
void QObject::installEventFilter ( QObject * filterObj )
```

该函数接收一个QObject *类型的参数。之前提到过，eventFilter()函数是QObject的一个成员函数，因此，任意QObject都可以作为事件过滤器（问题在于，如果没有重写eventFilter()函数，这个事件过滤器是没有任何作用的，因为默认什么都不会过滤）。对于已经存在的过滤器，如果需要删除，则可以通过QObject::removeEventFilter()函数实现。

这里有一点需要注意：一个对象是可以安装多个事件处理器的，只要多次调用installEventFilter()函数就可以。如果一个对象存在多个事件过滤器，那么最后一个安装的会第一个执行，也就是后进先执行的顺序。

事件过滤器的强大之处在于——它可以为整个应用程序添加一个事件过滤器。因为installEventFilter()函数是QObject的函数，QApplication或者QCoreApplication对象都是QObject的子类。因此，可以向QApplication或者QCoreApplication添加事件过滤器。这种全局的事件过滤器将会在所有其他特性对象的事件过滤器之前调用。尽管很强大，但这种行为会严重降低整个应用程序的事件分发效率。因此，一般情况下，都不提倡使用这种方式，除非万不得已。

6.4 定时器事件与随机数

在软件开发中，还有一种比较常用的事件——定时器事件，它经常与随机数一起使用。

6.4.1 定时器事件的使用

在Qt中，QTimerEvent类用来描述定时器事件。

对于QObject的子类，只需要调用QObject::startTimer (int interval)函数即可开启一个定时器，函数需要输入一个以毫秒为单位的整数作为参数来表明设定的时间，同时返回一个整数编号来代表这个定时器。当定时器溢出时就可以在timerEvent()函数中获取该定时器，进而进行相关操作。

在实际开发中，还有一种使用非常多的定时器——QTimer，它提供了更高层次的接口，可以使用信号和槽进行相关操作，还可以设置只执行一次的定时器。由

于教材中还没有涉及信号和槽的相关内容，后续再对此展开讲解。如果读者对这种定时器感兴趣，可以作为拓展内容，先行查阅官方文档进行了解。

接下来通过一个案例，验证QTimerEvent的相关用法。

新建Qt Gui应用（源码见6-4-QEvent-Demo5-timerEvent），项目名称自定义，基类选择QWidget，然后类名保持widget不变。头文件widget.h中的代码如下。

widget.h

```
class Widget : public QWidget
{
    Q_OBJECT
public:
    explicit Widget(QWidget *parent = nullptr);
    ~Widget();
    int id1,id2,id3; // 存储定时器的编号
protected:
    void timerEvent(QTimerEvent *event); // 定时器事件函数
private:
    Ui::Widget *ui;
};
```

在widget.h文件中，定义了3个变量id1、id2、id3，分别用来存储后续将要定义的定时器编号。声明了函数timerEvent()，其修饰符权限为protected，与父类保持一致。

widget.cpp中的代码如下。

widget.cpp

```
#include "widget.h"
#include "ui_widget.h"
#include <QTimerEvent>
#include <QDebug>
Widget::Widget(QWidget *parent) :
   QWidget(parent),
    ui(new Ui::Widget)
{
    ui->setupUi(this);
    id1 = startTimer(1000); // 开启一个1秒定时器，并返回其ID
    id2 = startTimer(2000); // 开启一个2秒定时器，并返回其ID
    id3 = startTimer(4000); // 开启一个4秒定时器，并返回其ID
}
// timerEvent()事件函数
void Widget::timerEvent(QTimerEvent *event)
{
    // 1秒时间到，则定时器1溢出
    if (event->timerId() == id1)
    {
        qDebug()<<"timer1";
    }
    // 2秒时间到，则定时器2溢出
    else if(event->timerId() == id2)
    {
        qDebug()<<"timer2";
    }
    // 4秒时间到，则定时器3溢出
    else if (event->timerId() == id3)
```

```
        {
            qDebug()<<"timer3";
        }
    }
```

在默认的构造函数中，通过调用startTimer()函数开启了3个定时器，并将返回ID对应存储到了变量id1、id2、id3中。3个定时器的执行频率分别为1秒/次、2秒/次以及4秒/次，定时器每次执行都会有定时器事件发出，其对应的定时器函数就会被调用。因此可以看到执行结果如下（由于定时器没有指定结束时间，会无限次触发，为了方便处理，只取了前4秒的执行效果）。

```
    timer1
    timer2
    timer1
    timer1
    timer3
    timer2
    timer1
```

对于开启定时器使用到的函数startTimer()，其原型如下。

```
    int QObject::startTimer(int interval, Qt::TimerType timerType =
Qt::CoarseTimer)
```

其作用也比较清晰，可以开启一个定时器，进而产生定时器事件，返回对应的ID值，如果开启失败，则会返回0。

开启定时器事件之后，其对应的事件处理器函数timerEvent()就会执行。在该函数内，可以根据event->timeId()值，进行定时器的判断，进而处理对应的业务逻辑。

6.4.2 随机数的生成与使用

6.4.1小节提到过，定时器通常与随机数结合使用，实现某些固定的业务。如果需要生成随机数，则会用到函数qsrand()和qrand()。其中，qsrand()用来设置一个种子，该种子为qrand()生成随机数的起始值。比如说qsrand(10)，设置10为种子，那么qrand()生成的随机数就在[10,32767]之中。如果在qrand()前没有调用过qsrand()，那么qrand()就会自动调用qsrand(1)，即系统默认将1作为随机数的起始值。这里需要注意的是，如果使用相同的种子，则生成的随机数也是一样的。为了保证每次随机数的随机性，一般情况下，都是基于时间去设置对应的种子。

接下来结合定时器，实现一个小功能——每秒生成一个位于[1,9]的数字，并在标签上展示该数字。

新建Qt Gui应用（源码见6-4-QEvent-Demo6-qsrand），项目名称自定义，基类选择QWidget，然后类名保持widget不变。widget.h中的代码如下。

widget.h

```
    #include <QWidget>
    #include <QLabel>
    class Widget : public QWidget
```

```
{
    Q_OBJECT
public:
    explicit Widget(QWidget *parent = nullptr);
    QLabel *label;
    QString strContent;
    ~Widget();
private slots⁴:
    void updateLabelContent();
private:
    Ui::Widget *ui;
};
```

由于要采用标签显示生成的随机数字，因此引入了头文件<QLabel>，并声明了成员变量label。除此之外，还声明了一个私有槽函数[5]updateLabelContent()。widget.cpp中的代码如下。

widget.cpp

```
#include "widget.h"
#include "ui_widget.h"
#include <QTime>
#include <QTimer>
#include <QDebug>
Widget::Widget(QWidget *parent) :
    QWidget(parent),
    ui(new Ui::Widget)
{
    ui->setupUi(this);
    // a
    this->label = new QLabel(this);
    this->label->resize(this->width(),50);
    this->label->setStyleSheet("background-color:pink;font:20px");
      // b
    QTimer *timer = new QTimer(this);
  timer->setInterval(1000);
  // c
  connect(timer,SIGNAL(timeout()),this,SLOT(updateLabelContent()));
  timer->start();
  // d
  qsrand(static_cast<uint>( QTime(0, 0, 0).secsTo(QTime::currentTime()) ));
}
// 定时器关联的槽函数
void Widget::updateLabelContent()
{
    // e
    int randNum = qrand()%10;
    strContent += QString::number(randNum);
    qDebug() << randNum;
    // f
    this->label->setText(strContent);
}
```

相关解析如下。

- 创建一个标签，括号中“this”参数的设定，可以保证标签会作为widget

4 slots为声明槽函数使用的关键字。

5 声明时采用slots关键字做限定的函数。

的子视图加载到窗口中。紧接着，进行了标签尺寸以及样式的设置。

- 创建定时器timer，并指定定时器触发时间间隙为1000毫秒。它可以通过信号槽机制完成“目标动作”的操作，相比定时器事件的用法，实现更简单，使用更灵活。
- 将定时器与槽函数进行关联[6]。关联之后，定时器时间每次溢出都会调用槽函数。
- 基于系统时间生成种子，程序每次运行的系统时间都是不同的，这样就能保证每次的种子都是不同的，进而保证生成真正的随机数。
- 生成10以内的随机数，将每次生成的数字，转换成字符串，并完成拼接。
- 将更新后字符串设置为标签的内容。

先后两次执行的效果如图6-8和图6-9所示。

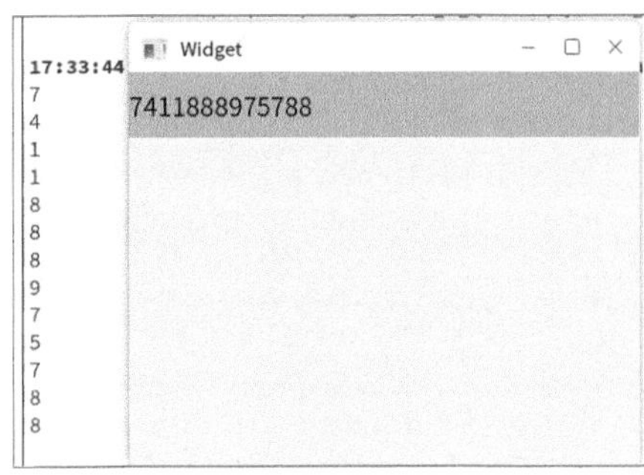

图6-8

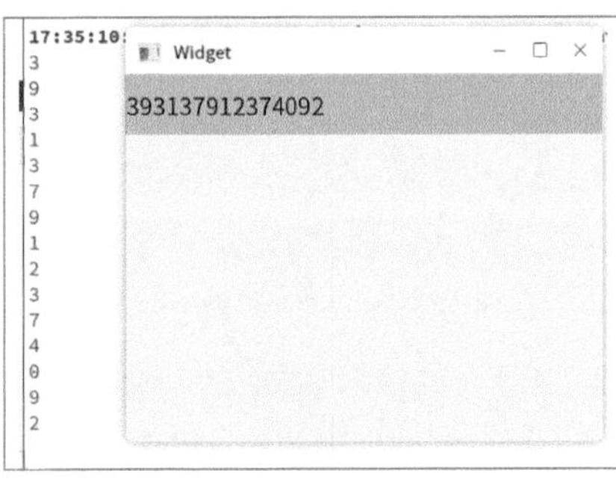

图6-9

先后两次生成的随机数很明显是不同的，保证了数字的真正随机。

如果有让定时器只执行一次的需求，则可以通过setSingleShot()函数来实现。

```
QTimer *timer = new QTimer(this);
connect(timer,SIGNAL(timeout()),this,SLOT(updateLabelContent()));
timer->setSingleShot(true);
timer->start(10000);
```

timer->setSingleShot(true)的调用表示定时器只执行一次，注意给出的参数必须为true才可以。

6.5 项目案例——打地鼠

本项目案例不涉及太复杂的业务逻辑，主要是对本章相关知识点的一个综合练习。

一、实现要求及效果

程序运行之后，主窗口加载效果如图6-10所示。窗口标题设置为“打地鼠v1.0”；左侧以九宫格形式显示图片。右侧上方显示得分（默认为0），下方分别为

6 信号槽关联的用法相对固定，先参照案例进行使用，详细内容见第7章。

"Start""Stop"按钮。此时"Stop"按钮为"禁用"状态。

单击"Start"按钮，开始游戏，"Start"按钮变为"禁用"状态，"Stop"按钮变为"非禁用"状态；左侧九宫格图片中会随机刷新出"地鼠"（箭头①位置处），通过鼠标单击事件，实现"打地鼠"；如果打中地鼠，得分刷新（箭头②位置处），如图6-11所示。

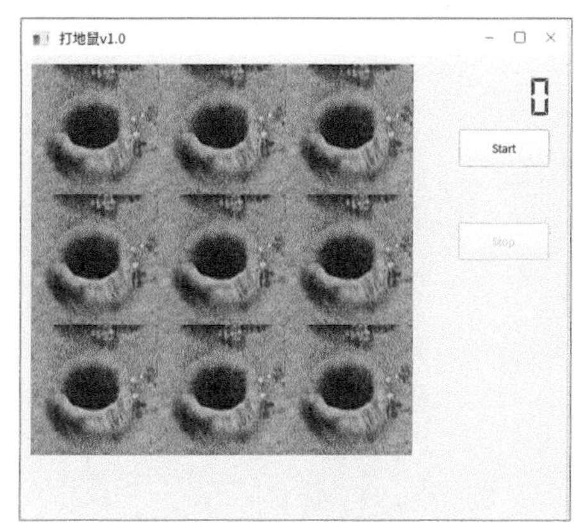

图6-10

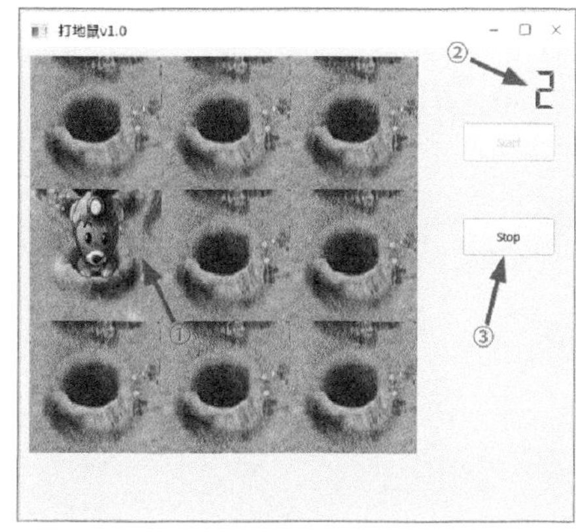

图6-11

单击"Stop"按钮，弹出结束提示框，单击"Yes"（箭头④位置处），结束当前游戏；单击"No"（箭头⑤位置处），游戏继续运行，如图6-12所示。

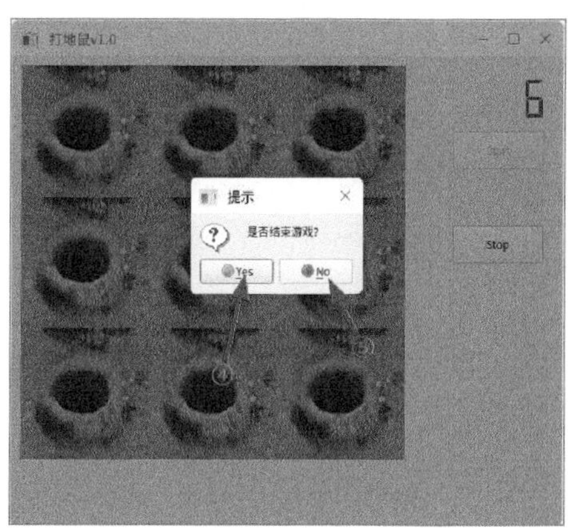

图6-12

二、实现步骤

为了便于实现各功能，先借助流程图对游戏流程有个大致的了解，如图6-13所示。

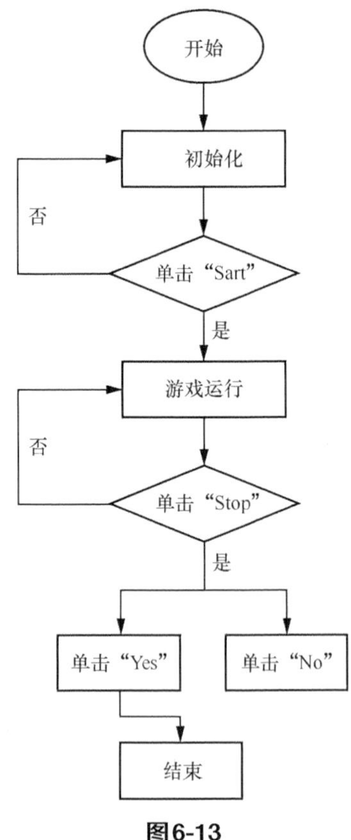

图6-13

1. 新建Qt Gui应用，项目名称自定义（源码见6-5-QEvent_Demo_BeatMouse），基类选择QWidget，然后类名保持widget不变。

2. 实现游戏主窗口的初始化工作。

① 添加游戏初始化工作中需要用到图片素材，添加方式同之前采用的方式一致。

② 图片添加完成之后，新建头文件imagepath.h，在文件中自定义宏存放图片的路径，代码如下。

```
#ifndef IMAGEPATHS_H
#define IMAGEPATHS_H

#define IMG_HAMMER_UP ":/imgs/chui_up.png"
#define IMG_HAMMER_DOWN ":/imgs/chui_down.png"
#define IMG_BEAT ":/imgs/beat.png"
#define IMG_BG1 ":/imgs/bg.png"
#define IMG_BG2 ":/imgs/bg1.png"

#endif // IMAGEPATHS_H
```

③ 在widget.h文件中，首先引入对应的头文件，包括按钮、按钮组、LCD标签、QVector容器、消息框、定时器等，代码如下。

```
#include <QPushButton>
#include <QButtonGroup>
#include <QLCDNumber>
#include <QVector>
#include <QMessageBox>
#include <QTimer>
#include <QTime>
```

④ 进行变量的初始化，需要的成员变量包括存储地图的容器、存储地鼠的容器、开始按钮、停止按钮、得分标签，以及更新鼠标指针图标、地图和重载地图的定时器，记录地鼠ID的整型变量，记录得分的整型变量，实现如下。

```
class Widget : public QWidget
{
    Q_OBJECT
public:
    explicit Widget(QWidget *parent = nullptr);
    ~Widget();
private:
    // 地图的容器
    QButtonGroup *btnGroup;
    // 地鼠的容器
    QVector <QPushButton*> mouseVector;
    // 开始按钮
    QPushButton *btnStart;
    // 停止按钮
    QPushButton *btnStop;
    // 得分标签
    QLCDNumber *lcdSccore;
    // 定时器
    QTimer *t_UpdateCursor;
    QTimer *t_UpdateMouse;
    QTimer *t_ResetMouse;
    // 地鼠ID
    int mouseId;
    // 记录得分
    int score;
    ...
}
```

⑤ 声明初始化地图函数、初始化开关按钮函数、初始化得分标签函数、初始化定时器函数，设置分数函数。

widget.h

```
class Widget : public QWidget
{
    Q_OBJECT
public:
    explicit Widget(QWidget *parent = nullptr);
    ~Widget();
private:
...
    // 初始化地图函数
    void initMap();
    // 初始化开关按钮函数
    void initButtons();
    // 初始化得分标签函数
    void initLcdNumber();
```

```
    // 初始化定时器函数
    void initTimer();
    // 设置分数函数
    void setScore(int score);
    Ui::Widget *ui;
};
```

⑥ 在widget.cpp完成相关函数的实现及调用。

首先在默认的构造函数中，完成游戏窗口标题以及大小设置；同时完成初始化地图、初始化开关按钮、初始化得分标签等函数调用。

widget.cpp

```
#include "widget.h"
#include "ui_widget.h"
#include <QDebug>
#include "imagepaths.h"

Widget::Widget(QWidget *parent) :
    QWidget(parent),
    ui(new Ui::Widget)
{
    ui->setupUi(this);
    this->setWindowTitle("打地鼠v1.0");
    resize(600,500);
    // 调用初始化地图函数
    initMap();
    // 调用初始化开关按钮函数
    initButtons();
    // 调用初始化得分标签函数
    initLcdNumber();
}
```

初始化地图函数——initMap()实现如下。

```
// 初始化地图
void Widget::initMap()
{
    score = 0;
    mouseVector.clear();
    btnGroup = new QButtonGroup(this);
     QPushButton *btn;
    // 循环创建按钮
    for (int i = 0; i < 9; ++i) {
        btn = new QPushButton;
        QPixmap imge(IMG_BG1);
        QPixmap img_scaled = imge.scaled(140,140,Qt::KeepAspectRatio,
Qt::SmoothTransformation);
        // 设置按钮大小、图片、样式
        btn->resize(140,140);
        btn->setIcon(img_scaled);
        btn->setStyleSheet("QPushButton{border:0px;background-color:
        rgba(0,0,0,0);outline:none;}");
        btn->setIconSize(img_scaled.size());
        btn->setFixedSize(img_scaled.size());
        // 调整按钮位置
        if(i < 3){
            btn->move(10+140*i,10);
        }else if(i >=3 && i < 6) {
            btn->move(10+140*(i%3),10+140);
        }else {
```

```
            btn->move(10+140*(i%3),10+140*2);
        }
        btn->setParent(this);
        mouseVector.push_back(btn);
        // 将按钮添加到容器中
        btnGroup->addButton(btn,i);
    }
}
```

该函数实现了地图的加载，通过for (int i = 0; i < 9; ++i)循环，创建了9个按钮，然后对按钮大小、图片、样式、图片位置等属性做了相应的设置，并通过move()函数进行不同位置的调整。然后将按钮分别存储到按钮容器以及按钮组中，方便后期单击该按钮后的进一步业务处理。

初始化开关按钮的函数——initButtons()实现如下。

```
// 初始化开关按钮
void Widget::initButtons(){
    btnStart = new QPushButton(this);
    btnStart->setGeometry(480,80,100,40);
    btnStart->setText("Start");

    btnStop = new QPushButton(this);
    btnStop->setGeometry(480,180,100,40);
    btnStop->setText("Stop");
    btnStop->setEnabled(false);
}
```

按钮的实现业务比较简单，分别创建了“Start”以及“Stop”按钮，并对按钮的尺寸、文本做了设置。注意，游戏初始化阶段，“Stop”按钮为“禁用”状态。

初始化得分标签函数——initLcdNumber()实现如下。

```
// 初始化得分标签
void Widget::initLcdNumber()
{
    lcdSccore = new QLCDNumber(this);
    lcdSccore->setDigitCount(1);
    lcdSccore->setSegmentStyle(QLCDNumber::Flat);
    lcdSccore->setStyleSheet("QLCDNumber{color:rgb(146,64,146);border:none;}");
    lcdSccore->display(score);
    lcdSccore->setGeometry(this->width()-80, 20,100, 50);
}
```

该函数实现了计分器的加载，它采用QLCDNumber控件来实现，并且通过setStyleSheet()函数进行了样式的设置。该控件显示内容使用的函数是display()，同之前使用过的QPushButton、QLabel等控件的显示内容函数稍有不同。

3. 完成了初始化工作后，接下来通过单击“Start”按钮，游戏进入执行过程。

① 单击“Start”按钮，可以开始游戏，用的是典型的信号槽技术，需要在widget.h中先进行槽函数的声明。

```
class Widget : public QWidget
{
    Q_OBJECT
public:
    explicit Widget(QWidget *parent = nullptr);
    ~Widget();
```

```
    ...
private slots:
    // 开始按钮关联的槽函数
    void game_Start();
};
```

槽函数的声明采用的关键字为slots，它可以与权限修饰符一起使用。

② 在初始化开关按钮函数中，添加“Start”按钮clicked()信号与槽函数gameStart()的关联。

```
// 初始化所有开关按钮
void Widget::initButtons(){
    btnStart = new QPushButton(this);
    btnStart->setGeometry(480,80,100,40);
     btnStart->setText("Start");
     // 开始按钮与开始游戏槽函数gameStart()进行关联
    connect(btnStart,SIGNAL(clicked()),this,SLOT(gameStart()));
    ...
}
```

必须将按钮的clicked()信号与槽函数gameStart()建立关联之后再单击按钮，函数才会被调用。

③ 在widget.cpp中，给出槽函数的实现。

```
// 开关按钮关联的槽函数
void Widget::gameStart(){
    btnStart->setEnabled(false);
     btnStop->setEnabled(true);
    // 调用初始化定时器函数
     initTimer();
}
```

这里做了两件事情，首先就是调整“Start”按钮以及“Stop”按钮的状态，其次调用了初始化定时器函数——initTimer()。由于该函数还没有声明及定义，因此需要先在widget.h中添加该函数的声明。

```
class Widget : public QWidget
{
    Q_OBJECT
public:
    explicit Widget(QWidget *parent = nullptr);
    ~Widget();
    ...
    // 初始化定时器
    void initTimer();
private slots:
    ...
};
```

在widget.cpp中，完成该函数——initTimter()的实现。

```
void Widget::initTimer()
{
    // 更新鼠标指针图标的定时器
    t_UpdateCursor = new QTimer(this);
    t_UpdateCursor->setInterval(100);
    connect(t_UpdateCursor,SIGNAL(timeout()),this,SLOT(updateCursorImage()));
    t_UpdateCursor->start();
    // 刷新地鼠的定时器
```

```
        t_UpdateMouse = new QTimer(this);
        t_UpdateMouse->setInterval(1000);
        connect(t_UpdateMouse,SIGNAL(timeout()),this,SLOT(updateMouseImage()));
        t_UpdateMouse->start();
        // 重载地图的定时器
        t_ResetMouse = new QTimer(this);
        t_ResetMouse->setInterval(1500);
        connect(t_ResetMouse,SIGNAL(timeout()),this,SLOT(reloadMap()));
        t_ResetMouse->start();
    }
```

函数中分别创建了3个定时器并开启，需要注意的是，开启之后，其关联的槽函数会执行。3个槽函数中updateCursorImage()实现鼠标指针图标的动态更新（鼠标指针移入游戏窗口中，图标会发生变化），updateMouseImage() 实现地鼠的随机刷新，并在地图上展示，reloadMap()实现地图的重新加载。由于3个槽函数还没有声明，因此，上述代码会有问题，需要先在widget.h中完成对应槽函数的声明。

```
    class Widget : public QWidget
    {
        Q_OBJECT
    public:
        explicit Widget(QWidget *parent = nullptr);
        ~Widget();
    private slots:
         ...
        // 更新鼠标指针图标槽函数
        void updateCursorImage();
        // 刷新地鼠槽函数
        void updateMouseImage();
        // 重新加载地图
        void reloadMap();
         ...
    };
```

在widget.cpp中给出对应实现。updateCursorImage()函数的实现如下。

```
    // 更新鼠标指针图标
    void Widget::updateCursorImage()
    {
        QPixmap imgCursor(IMG_HAMMER_UP);
         QCursor cursor(imgCursor);
        // 鼠标指针坐标
         QPoint point = this->mapFromGlobal(cursor.pos());
         QRect rect(10,10,140*3,140*3);
        // 判断鼠标指针点是否在窗口中
        if(rect.contains(point)){
            setCursor(imgCursor);
        }else {
            this->setCursor(Qt::ArrowCursor);
        }
    }
```

updateMouseImage()函数的实现如下。

```
    // 随机更新地鼠
    void Widget::updateMouseImage()
    {
        QPixmap image(IMG_BG2);
        QPixmap img = image.scaled(140, 140, Qt::KeepAspectRatio,
Qt::SmoothTransformation);
```

```
        QTime t = QTime::currentTime();
        qsrand(static_cast<uint>( QTime(0, 0, 0).secsTo(QTime::currentTime()) ));;
         mouseId = qrand() % 9;
        // 更新随机生成数字ID的图片为"地鼠"
        mouseVector[mouseId]->setIcon(img);
    }
```

reloadMap()函数的实现如下。

```
    // 重载地图
    void Widget::reloadMap()
    {
        if(!mouseVector.isEmpty()){
            QPixmap imge(IMG_BG1);
            QPixmap img_scaled = imge.scaled(140,140,Qt::KeepAspectRatio,
Qt::SmoothTransformation);
            // 遍历目标容器，设置为IMG_BG1图片，进而实现地图的重载
            foreach (QPushButton *btn, mouseVector) {
                btn->setIcon(img_scaled);
            }
        }
    }
```

3个定时器的启动，可以让游戏地图中随机刷新出地鼠，接下来就是“打”的实现。

4. 游戏执行中，打中地鼠，实现得分，得分标签刷新。

鼠标指针移入游戏窗口，会变成“锤子”形状（updateCursorImage()函数实现），“打”地鼠的操作，取决于按钮组中每个按钮关联的槽函数onButtonClickedMouse()。该函数需要在widget.h中先声明。

```
    class Widget : public QWidget
    {
        Q_OBJECT

    public:
        explicit Widget(QWidget *parent = nullptr);
        ~Widget();
        ...
    private slots:
        ...
        // 打地鼠时，调用的槽函数
          void onButtonClickedMouse(int index);
    };
```

实现代码如下。

```
    // 是否打中地鼠
    void Widget::onButtonClickedMouse(int index)
    {
        QPixmap imgCursor(IMG_HAMMER_DOWN);
         QCursor cursor(imgCursor);
        // 设置打地鼠时的鼠标指针图标
         setCursor(imgCursor);
         // 基于ID进行判断
        if(index == mouseId){
            score++;
            // 调用得分函数
            setScore(score);
            QPixmap image = QPixmap(IMG_BEAT);
            QPixmap img = image.scaled(140,140,Qt::KeepAspectRatio,
Qt::SmoothTransformation);
            // 修改被打中"地鼠"图片
            mouseVector[mouseId]->setIcon(img);
```

```
            // 停止之前的定时器
            t_ResetMouse->stop();
            t_UpdateMouse->stop();
            t_UpdateCursor->stop();
            // 重新初始化并开启定时器
            this->initTimer();
        }
    }
```

这里要注意的是，打中地鼠的业务逻辑——判断打击的按钮索引与随机刷新出的索引，是否一致，如果一致，表示打中，修改打中地鼠的图片，得分更新。

得分更新函数在widget.cpp中的实现如下。

```
// 设置分数
void Widget::setScore(int score)
{
    if (score >= 100)
    {
        lcdSccore->setDigitCount(3);
    }
    else if (score >= 10 && score < 100)
    {
        lcdSccore->setDigitCount(2);
    }
    else
    {
        lcdSccore->setDigitCount(1);
     }
     // 展示得分
    lcdSccore->display(score);
}
```

QLcdNumber的用法是固定的，可以采用setDigitCount()函数设置显示位数，采用display()函数将分数展示。

5. 单击“Stop”按钮，弹出提示对话框，单击“Yes”，游戏结束；单击“No”，游戏继续。

① 单击“Stop”按钮，同样会调用其关联的槽函数——gameStop()，需要在widget.h中先进行槽函数的声明。

```
class Widget : public QWidget
{
    ...
private slots:
    ...
    // 单击“Stop”按钮调用的槽函数
    void gameStop();
};
```

② 在初始化开关按钮函数中，添加“Stop”按钮的clicked()信号与槽函数gameStop()的关联。

```
void Widget::initButtons(){
    ...
    btnStop = new QPushButton(this);
    btnStop->setGeometry(480,180,100,40);
    btnStop->setText("Stop");
    btnStop->setEnabled(false);
    connect(btnStop,SIGNAL(clicked()),this,SLOT(gameStop()));
}
```

只有完成了信号槽的关联，单击“Stop”按钮，函数gameStop()才会被调用。

③ 在widget.cpp中，给出槽函数的实现。

```
// “Stop”按钮关联的槽函数
void Widget::gameStop(){
    // 停止定时器
    t_ResetMouse->stop();
    t_UpdateMouse->stop();
    t_UpdateCursor->stop();
     QMessageBox::StandardButton result;// 返回选择的按钮
     // 弹出提示框
    result = QMessageBox::question(this, "提示", "是否结束游戏?",
                                    QMessageBox::Yes|QMessageBox::No);
    // 基于不同选择结果做对应处理
    if (result == QMessageBox::Yes){
        btnStart->setEnabled(true);
        btnStop->setEnabled(false);
        score = 0;
        setScore(0);
        reloadMap();
    }else {
        initTimer();
    }
}
```

这里的主要业务逻辑就是，单击之后会弹出提示框，包含“Yes”“No”两个按钮。如果单击“Yes”，则按钮状态还原、积分清零，通过reloadImage()函数完成图片重载；如单击“No”，则在原有状态上继续执行。

07

第7章 Qt中的信号槽

信号与槽（Signal Slot）是Qt的核心特性，也是Qt不同于其他开发框架的最突出特征，它很好地解决了不同对象之间的通信问题。也正是由于它的存在，处理界面各个组件的交互操作变得更加直观和简单。本章将从信号槽的机制、基本使用、自定义的信号与槽、信号与槽的高级应用等方面进行讲解。

7.1 信号槽的机制

在GUI编程时，当改变了一个部件，同时希望其他部件也能了解到该变化。更直观地讲，假如用户单击了关闭按钮，希望执行窗口中的关闭函数，这种情况就可以基于信号槽的特性来实现。单击按钮发射clicked()信号，而槽就是一个函数，它在信号发射后被调用来响应这个信号。Qt的控件类中已经定义了一些信号和槽，这些是必须要掌握的。除此之外，在实际开发过程中，必然会用到一些自定义的信号和槽，对于这些知识点，本章都会给出详尽的讲解。

接下来先了解系统自带的信号和槽，以及它们的关联使用。

7.2 信号槽的基本使用

对于信号槽的基本使用，主要包括以下五点。

- 了解系统自带的信号和槽。
- 如何实现信号与槽的关联。
- 如何实现信号与槽的自动关联。
- 如何断开信号与槽的关联。
- Qt 4与Qt 5信号槽的语法差异。

7.2.1 Qt自带的信号和槽

信号（Signal）就是在特定情况下被发射的事件，例如QPushButton中最常见的信号就是鼠标单击时发射的clicked()信号，一个QComboBox最常见的信号是选择的列表项变化时发射的currentIndexChanged()信号。

槽是对信号响应的函数，与一般C++函数是一样的，可以声明为public、private、protected，可以带任何参数，也可以被直接调用。

槽函数与一般的函数不同的是，槽函数可以和信号关联，当信号发射时，与该信号关联的槽函数会被调用。这种用法与某些框架中的回调函数类似。

对一个控件来讲，如何查找其系统自带的信号和槽呢？这个就得依赖于官方帮助文档了。以QPushButton控件为例，首先在帮助文档中输入对应控件——QPushButton，按Enter键确认即可在Contents中寻找关键字“Signals”以及“Slots”，如图7-1所示。

单击对应关键字，即可查看当前控件的信号或槽函数。如图7-1中，单击“Public Slots”即可查看QPushButton中的槽函数，效果如图7-2所示。

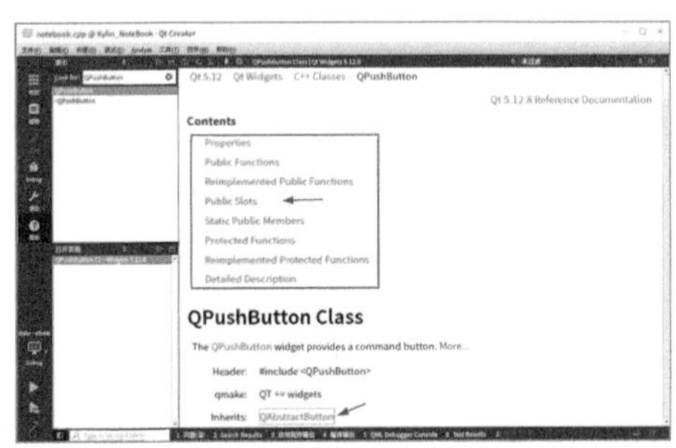

图7-1　　图7-2

图7-2矩形框中清晰地展示了QPushButton中槽函数的情况，有一个当前类中定义的槽函数——showMenu()，有5个继承于QAbstractButton，19个继承于QWidget，1个继承于QObject。父类中的槽函数对于子类是开放的，也就是说子类可以继承父类中的槽函数。这点对于信号也是通用的。基于这种特性，如果类中只有槽函数，没有任何信号，则可以基于继承链继续到它的父类QAbstractButton中进行查找，如图7-3所示。

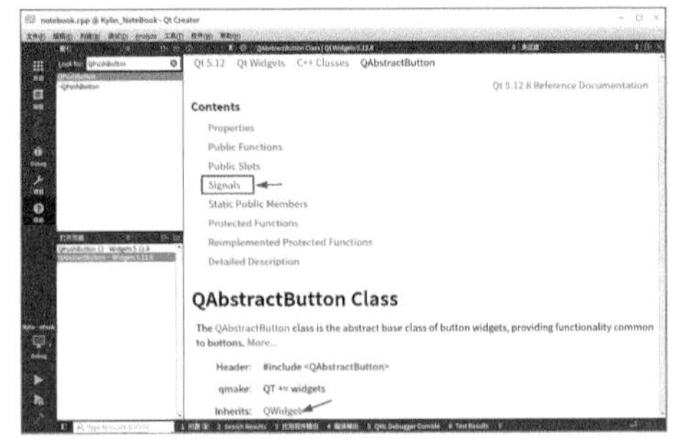

图7-3

“Signals”关键字赫然在列。当然，如果在“QAbstractButton”类中依旧没有“Singals”，基于继承链继续往上找，只要能找到，就说明这些信号对于当前类及其所有子类都可用。如果追溯到QObject都依旧没有发现目标信号，那么对于当前控件，它是无法发射目标信号的。在程序实现时，如果让某个控件发射继承链中不存在的信号，则可能导致程序崩溃。

确定了一个控件的信号以及槽函数，那么如何将该控件的信号与槽函数关联呢?

7.2.2 信号槽的关联

信号与槽函数进行关联采用的函数是connect()。它是QObject中的静态公有函数，QObject又是所有类的父类。因此，对于任意一个子类，都可以调用该函数。调用之前先看下该函数的原型。

```
[static] QMetaObject::Connection QObject::connect(const QObject *sender,
                                                  const char *signal,
                                                  const QObject *receiver,
                                                  const char *method,
                                                  Qt::ConnectionType type = Qt::AutoConnection)
```

各个参数的具体解析如表7-1所示。

表7-1 connect()函数参数解析

参数	类型	解析
sender	QObject *	发射信号的对象
signal	char *	要发射的信号，可以使用宏SIGNAL(clicked(bool))来处理，clicked()为信号名，参数只需写参数类型就可以了
receiver	QObject *	接收信号的对象
method	char *	要执行的槽，这里可以使用SLOT(槽函数(参数类型))，其次该参数也可以指定一个信号，实现信号与信号的关联（见信号槽的高级用法）。对于信号和槽，建议最好使用SIGNAL()和SLOT()宏，它们可以将其参数转换为const char *类型，方便使用。另外，该参数指定的槽在声明时，必须使用slots关键字
type	Qt::ConnectionType	表明关联的方式

最后一个参数type由Qt::ConnectionType枚举类型指定，其默认值为Qt::AutoConnection。除此之外，还有其他几种方式，如表7-2所示。

表7-2 枚举类Qt::ConnectionType

枚举常量	枚举值	描述
Qt::AutoConnection	0	自动关联，默认值。如果receiver存在与发射信号的线程，则使用Qt::DirectConnection；否则使用Qt::QueueConnection。在信号被发射时决定使用哪种类型关联
Qt::DirectConnection	1	直接关联，发射完信号后立即调用槽，只有槽执行完成且返回后，发射信号处后边的代码才可以执行
Qt::QueuedConnection	2	队列关联，当控制返回receiver所在线程的事件循环后在执行槽，无论槽执行与否，发射信号处后的代码都会立即执行
Qt::BlockingQueuedConnection	3	阻塞队列关联，类似Qt::QueuedConnection，不过，信号线程会一直阻塞，直到槽返回。当receiver存在于信号线程时不能使用该类型，不然程序会死锁
Qt::UniqueConnection	0x80	唯一关联。这是一个标志，可以结合其他几种连接类型，使用按位或操作。这时两个对象间的相同的信号和槽只能有唯一的关联，使用这个标志主要为了防止重复关联

connect() 在实际调用时可以忽略前面的限定符，所以可以直接采用如下方式完成。

```
connect(sender, SIGNAL(signal()), receiver, SLOT(slot()));
```

函数的返回值为QMetaObject::Connection类型，该返回值可以用于QObject::disconnect(const QMetaOjbect::Connection & connection)函数来断开指定信号槽的关联（具体用法见7.2.4小节）。

介绍完connect()函数的原型及调用方式，接下来通过一个小案例验证它的具体使用方法。需求为“单击窗口中的‘Close’按钮，关闭当前程序窗口”。

核心代码如下。

```
#include "widget.h"
#include "ui_widget.h"
#include <QPushButton>

Widget::Widget(QWidget *parent) :
    QWidget(parent),
    ui(new Ui::Widget)
{
    QPushButton *btnClose = new QPushButton(this);   // a
    btn1->setGeometry(150,10,80,30);
    btn1->setText("Close");
    connect(btnClose ,SIGNAL(clicked()),this,SLOT(close())); // b
    ui->setupUi(this);
}
```

在注释a位置处，创建了一个按钮，参数this的设置，可以保证按钮作为一个子视图呈现在当前窗口中。紧接着设置了按钮的位置、大小以及文本内容。

在注释b位置处，完成了对象btnClose的clicked()信号与当前类的槽函数close()的关联。这里的信号clicked()是在系统类QPushButton中定义的，槽函数close()是从QWidget类中继承来的。完成之后，单击按钮“Close”，会发出clicked()信号，紧接着槽函数close()就会被触发，进而实现窗口的关闭。

7.2.3 信号与槽的自动关联

在7.2.2小节的案例中，通过手动调用connect()函数完成了信号与槽的关联。除此之外，Qt还提供了一种自动关联的方式。接下来通过一个案例验证该方式的用法。

1. 双击打开UI文件，从组件库拖曳一个QPushButton至设计窗口（源码见7-2-SignaAndSlot_Demo1）。

2. 选中某个按钮→右键单击→转到槽→选择信号→单击“OK”，如图7-4所示。

单击“OK”之后，在widget.cpp中会多出如下槽函数。

```
void Widget::on_pushButton_clicked()
{
}
```

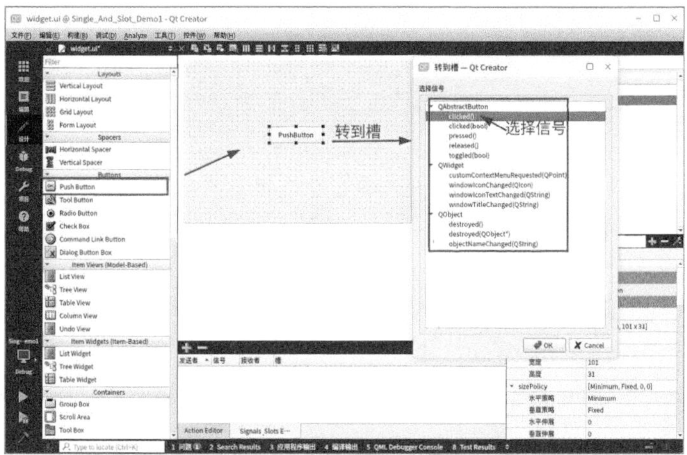

图7-4

为了便于验证其功能，在槽函数中实现简单的业务逻辑（弹出消息框）。

```
void Widget::on_pushButton_clicked()
{
    QMessageBox::information(this,"title","Button Pressed");
}
```

3. 运行程序，单击“PushButton”按钮，运行效果如图7-5所示。

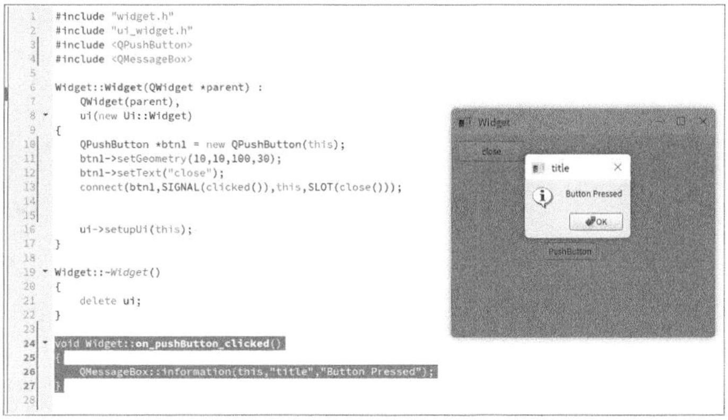

```
#include "widget.h"
#include "ui_widget.h"
#include <QPushButton>
#include <QMessageBox>

Widget::Widget(QWidget *parent) :
    QWidget(parent),
    ui(new Ui::Widget)
{
    QPushButton *btn1 = new QPushButton(this);
    btn1->setGeometry(10,10,100,30);
    btn1->setText("close");
    connect(btn1,SIGNAL(clicked()),this,SLOT(close()));


    ui->setupUi(this);
}

Widget::~Widget()
{
    delete ui;
}

void Widget::on_pushButton_clicked()
{
    QMessageBox::information(this,"title","Button Pressed");
}
```

图7-5

代码中没有调用connect() 进行信号与槽函数的手动关联，却依旧实现了槽函数的调用，这里使用的就是Qt提供的自动关联机制。

对于自动关联，要注意槽函数的名字，它是有固定格式要求的。即on_pushButton_clicked()由字符串“on”、部件的目标名和信号名称3部分组成，中间用“_”隔开。以这种形式命名的槽函数可以自动和信号关联，不再需要手动调用connect() 函数来完成。

如果想让基于代码创建出来的控件也实现这种自动关联的方式，则需要进行一些其他设置。

首先，使用setObjectName()函数设置控件的名字。

其次，在设置完对象名字之后，调用connectSlotsByName()函数。这个函数在ui->setupUi(this)函数调用时会被默认调用，因此，不需要再进行显式调用。注意setupUi()函数的调用位置，一定要放在setObjectName()函数调用之后，否则，是无法实现自动关联的。

基于以上方式，创建一个新的按钮，并实现槽函数的自动关联。

1. 创建新的按钮，设置按钮的位置、大小以及文本内容。

```
QPushButton *btn2 = new QPushButton(this);
btn2->setGeometry(150,90,80,30);
btn2->setText("pushButton");
```

2. 采用setObjectName()函数设置按钮的目标名。

```
btn2->setObjectName("pushButton2");
```

3. 基于指定规则自定义并实现可以自动关联的槽函数。

```
void Widget::on_pushButton2_clicked()
{
    QMessageBox::information(this,"title","Button2 Pressed");
}
```

4. 单击指定按钮，验证自动关联的槽函数是否生效，结果如图7-6所示。

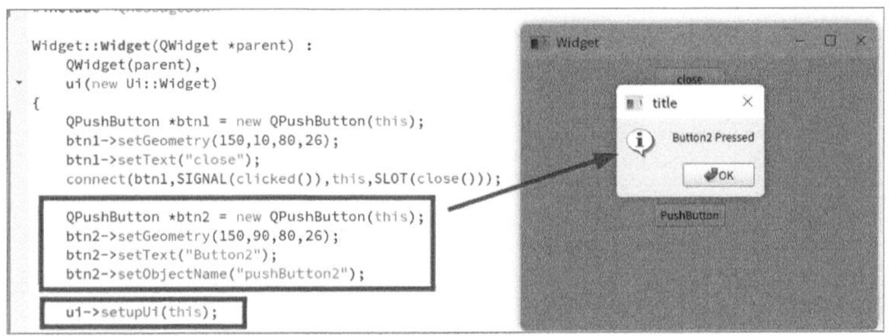

图7-6

注意：ui->setupUi(this)调用的位置，一定要在setObjectName()调用之后，否则，自动关联将失效。鉴于自动关联有这么多限制条件，虽然自动关联形式上比较简单，但是在实际生产环境中使用得并不多。而且，定义一个部件时，尤其是对团队开发来讲，如果想让别人一眼看出信号槽的关联关系，采用connect()函数的显式关联方式会更直观，自动关联远远达不到这种效果。

7.2.4 断开关联

如果想断开信号和槽函数的关联，可以借助disconnect()函数来实现，该函数同connect()一致，同属QObject的静态公有函数，其原型如下。

```
[static] bool QObject::disconnect(const QObject *sender,
                                  const char *signal,
                                  const QObject *receiver,
                                  const char *method)
```

各参数的语义也与connect()函数类似，具体见表7-3。

表7-3　disconnect()函数参数解析

参数	类型	解析
sender	QObject *	要断开信号的对象
signal	char *	要断开的信号
receiver	QObject *	接收信号的对象
method	char *	要断开的槽函数

该函数常用的用法有以下几种。

- 断开与一个对象所有信号的所有关联。

```
disconnect(myObject, 0, 0, 0);
```

等价于：

```
myObject->disconnect();
```

- 断开与一个指定信号的所有关联。

```
disconnect(myObject, SIGNAL(mySignal()), 0, 0);
```

等价于：

```
myObject->disconnect(SIGNAL(mySignal()));
```

- 断开与一个指定的receiver的所有关联。

```
disconnect(myObject, 0, myReceiver, 0);
```

等价于：

```
myObject->disconnect(myReceiver);
```

- 断开一个指定信号和槽的关联。

```
disconnect(obj,SIGNAL(mySignal()),receiver,SLOT(mySlot()));
```

等价于：

```
obj->disconnect(SIGNAL(mySignal()),receiver,SLOT(mySlot()));
```

也等价于：

```
disconnect(myConnection); // myConnection是进行关联时connect()函数的返回值
```

如果与信号关联的是匿名函数，则必须使用返回值进行断开。

7.2.5 新的信号槽语法

Qt 5对Qt的信号和槽机制进行了优化处理，使其更加易用。例如，某个值在发生改变时发射valueChanged(QString,QString)信号，槽函数showValue(QString)被调用。如果使用传统的信号槽关联方式，代码如下。

```
connect(sender,SIGNAL(valueChanged(QString,QString)),receiver,SLOT(showValue
(QString)));
```

这种传统方式一般是指Qt 4（含之前版本）中使用的方式，其中SIGNAL和SLOT宏实际上是将其参数转换成相应的字符串。在编译之前，Qt的moc工具从源码中提取出所需要的数据，形成一张由signals和slots修饰的所有函数组成的字符串表。connect()函数将信号关联起来的槽函数对应的字符串，同这张字符串表中的信息进行匹配，从而获悉它需要调用的槽函数。这种实现方式会有以下两个问题。

（1）没有编译器检查。

由于信号和槽都会被SIGNAL和SLOT宏处理成字符串，字符串的对比是在运行时完成的，并且失去了类型信息。所以，使用Qt 4的信号槽时，可能会出现编译通过但是运行时槽函数未调用的情况。而且，编译器无法给出任何错误信息，只能通过运行时警告去查看。

（2）无法使用相同类型的参数。

由于connect()函数使用的是字符串对比，所以槽函数的参数类型的名字必须和信号的完全一致，也必须与头文件中的类型一致。这里的一致其实就是字符串形式上的完全相同，因此，有些使用了typedef或者namespace的类型，即使实际类型相同，也有可能无法正常工作。

为了解决这些问题，Qt 5中信号槽的语法有所改变。实现信号槽关联的方式如下。

```
connect(sender,&Sender::valueChanged,receiver,&Receiver::showValue);
```

其中Sender是发出信号的sender对象的类型，Receiver是接收信号的receiver对象的类型。Qt 4中的关联方式在Qt 5程序中完全兼容，不过新的语法相比之前还有以下优点。

- 支持编译期检查。Qt 5新的关联语法可以在编译时进行检查，信号或者槽的拼写错误、槽函数参数数目多于信号的参数数目等错误，在编译时就能够被发现。
- 支持相容参数类型的自动转换。使用新的语法不仅支持使用typedef或者命名空间，还支持使用隐式类型转换。例如，当信号参数类型是QString，而槽函数对应的参数类型为QVariant时，那么在进行信号槽关联时，QString将被自动转换成QVariant。这是因为QVariant有一个可以使用QString的隐式构造函数。
- 允许链接到任意函数：在Qt 4，槽函数只能使用slots关键字修饰的成员函数，而新的语法则通过函数指针直接调用函数，任意成员函数、静态函数或者匿名函数都可以作为槽进行关联。

➢ 连接静态函数

```
connect(btn,&QPushButton::clicked,this,&QApplication::quit);
```

➢ 连接匿名函数

```
connect(btn,&QPushButton::clicked,this,[=](){
    qDebug("btn pressed");
});
```

Qt 5中的信号槽不是万能的，它也有一定的弊端——当信号存在重载的情况时，使用Qt5的新语法可能会有一些不方便。以QSpinBox为例进行验证。

在QSpinBox类中有如下两个重载的信号。

```
void valueChanged(int i)
void valueChanged(const QString &text)
```

使用Qt 5的信号槽语法将valueChanged信号与槽函数showValue()进行关联。

```
connect(spinBox,&QSpinBox::valueChanged,this,&Widget::showValue);
```

紧接着进行编译处理，这时候系统会提示编译错误。究其根本原因是信号valueChanged存在重载情况，系统在获取&QSpinBox::valueChanged信号时产生歧义，编译器无法确定到底要使用哪一个。对于这种情况，建议使用Qt 4的信号槽语法进行处理。

```
connect(spinBox,SIGNAL(valueChanged(int)),this,SLOT(showValue(int)));
```

当然，如果一定要使用Qt 5的关联方式也是可行的，就是相对麻烦一些，具体方式如下。

首先定义函数指针，给出更明确的信号指向。

```
void (QSpinBox:: *p)(int) = &QSpinBox::valueChanged;
```

其次，就可以使用给出明确信号指向的函数指针进行关联。

```
connect(spinBox,p,this,&Widget::showValue);
```

也可以使用函数qOverload()来实现，但是要求启用C++14特性。如果仅仅是C++11的话可以使用QOverload<> ::of()来实现，语法格式如下。

```
QOverload<type1, ...>::of(T functionPointer)
```

QSpinBox的valueChanged信号与槽函数关联的方式可以采用如下表示方式。

```
connect(spinBox,QOverload<int>::of(&QSpinBox::valueChanged),this,&Widget::s
howValue)
```

其中<int>表示的就是重载信号的具体参数类型。

不论是Qt 4的信号槽关联方式，还是Qt 5的，都有一定的利弊，在实际开发过程中，结合实际需求，互补使用就可以了。

7.3 自定义的信号与槽

7.2节介绍了信号与槽函数的定义、关联以及断开关联等，本节将在之前的基础上继续讲解关于自定义信号以及槽函数的处理。接下来先看自定义信号以及槽函数的定义。

7.3.1 自定义信号与槽函数的定义

如果要实现自定义信号，需要使用关键字“signals”。注意，信号没有返回值，但可以有参数，信号只有函数声明，无须定义，如果需要手动发送信号，使用的关键字为“emit”。

对于自定义槽函数，它本质就是一个函数，与一般的C++函数无异。可以定义在类的任何部分，可以采用权限修饰符“public”“private”或“protected”进行修饰，可以有任何参数，也可以被直接调用。槽函数与一般函数存在少许差异，槽函数可以与一个信号关联，当信号被发射时，关联的槽函数被自动执行（在7.2.1小节中已经提及过）。

接下来通过一个案例来验证自定义信号以及槽函数的定义及使用。先看一下需求，单击“上课”按钮，调用老师的一般函数sayClassBegin()，在该函数中，发出自定义信号classBegin，学生接收到信号后，调用学生中定义的槽函数say()。

实现完成之后的项目目录（源码见7-3-Custom_Signal_Slot），如图7-7所示。

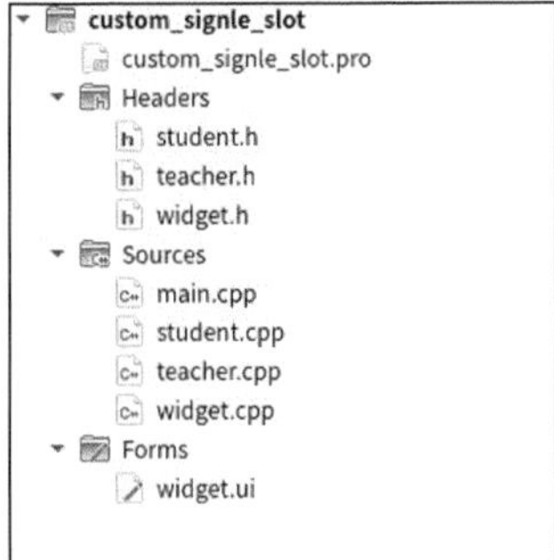

图7-7

这里定义了两个类，Teacher类（teacher.h、teacher.cpp），Student类（Student.h、Student.cpp）。

其中teacher.h中的代码如下。

teacher.h

```
#include <QObject>
#include <QString>
class Teacher : public QObject
{
    Q_OBJECT
public:
    explicit Teacher(QObject *parent = nullptr);
    QString subject;
    // 上课接口
    void sayClassBegin(Teacher *teacher);
signals:
    // 自定义信号
    void classBegin(Teacher *teacher);
};
```

在teacher.h中，创建了一个自定义信号void classBegin(Teacher *teacher)，基于其特征，只需要在头文件中给出声明即可，不需要具体实现。另外，还给出一般函数sayClassBegin()的声明。

teacher.cpp中的代码如下。

teacher.cpp

```
#include "teacher.h"
#include <QDebug>
Teacher::Teacher(QObject *parent) : QObject(parent)
{
}
// 上课接口的实现
void Teacher::sayClassBegin(Teacher *teacher)
{
```

```
        qDebug()<< teacher->subject << "teacher say: class begin";
        emit classBegin(teacher);
    }
```

由于自定义的信号不需要实现，因此，在teacher.cpp，只需要完成一般函数sayClassBegin()的实现即可。注意，在该函数的实现中，除了基本的输出语句之外，还进行了自定义信号classBegin()的发射。发射信号采用的关键字就是之前提及的"emit"。

student.h中的代码如下。

student.h

```
#include <QObject>
#include "teacher.h"

class Student : public QObject
{
    Q_OBJECT
public:
    explicit Student(QObject *parent = nullptr);
public slots:
    // 自定义槽函数
    void say(Teacher *teacher);
};
```

在student.h中，声明了自定义槽函数say()。

student.cpp

```
#include "student.h"
#include <QDebug>

Student::Student(QObject *parent) : QObject(parent)
{

}
// 槽函数的实现
void Student::say(Teacher *teacher)
{
     qDebug()<<"students say:"<< "stand up!" << "good morning" << teacher-
>subject << "teacher";
}
```

在student.cpp中，给出了槽函数void Student::say(Teacher *teacher)的具体实现。这里要注意，槽函数如果要与某个信号关联，其参数个数、类型、顺序要与信号保持一致（槽函数的参数个数可以比信号少）。

7.3.2　自定义信号与槽函数的关联

完成了自定义信号以及自定义槽函数的定义，如何才能进行关联呢？其关联方式与系统定义的信号与槽函数的关联，没有任何区别。接着上述案例继续看自定义信号与槽函数的关联处理。

先看widget.h中的代码。

widget.h

```
#include <QWidget>
#include "teacher.h"
#include "student.h"

namespace Ui {
class Widget;
}

class Widget : public QWidget
{
    Q_OBJECT
public:
    explicit Widget(QWidget *parent = nullptr);
    Teacher *teacher1;
    Student *student1;
    ~Widget();
private slots:
    void on_btnClsBegin_clicked();
private:
    Ui::Widget *ui;
};
```

类中有两个成员teacher1以及student1，它们扮演的就是connect()函数中的sender和receiver的角色。槽函数——void on_btnClsBegin_clicked()，用于窗口中按钮被单击后触发。

widget.cpp的源文件实现如下。

widget.cpp

```
#include "widget.h"
#include "ui_widget.h"
#include "teacher.h"
#include "student.h"

Widget::Widget(QWidget *parent) :
    QWidget(parent),
    ui(new Ui::Widget)
{
    ui->setupUi(this);
    teacher1 = new Teacher;
    teacher1->subject = "English";
    student1 = new Student;
    connect(teacher1,SIGNAL(classBegin(Teacher*)),student1,SLOT(say(
Teacher*)));
}
Widget::~Widget()
{
    delete ui;
}
// 上课按钮关联的槽函数
void Widget::on_btnClsBegin_clicked()
{
    teacher1->sayClassBegin(teacher1);
}
```

在默认的构造函数中，将发送者以及接收者分别实例化，然后通过connect()函数关联。

在按钮关联的槽函数中，通过teacher1->sayClassBegin(teacher1)调用了Teacher类中的sayClassBegin()函数，在该函数具体实现中发送了classBegin()信号。实现的效果如图7-8所示。

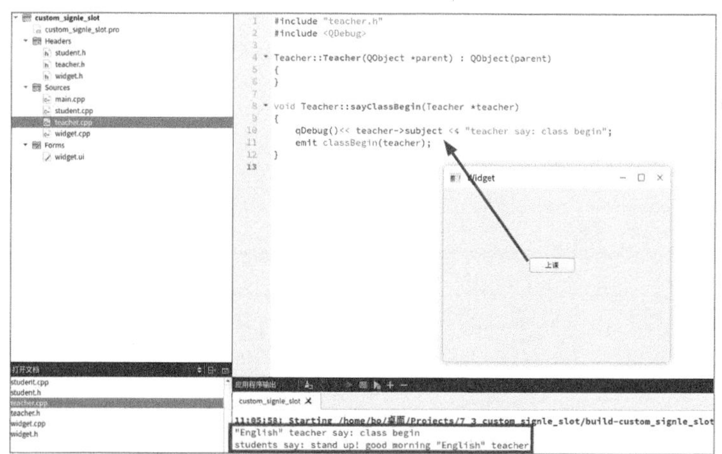

图7-8

对于自定义的信号和槽函数，有以下事项需要注意。

- 发送者和接收者都需要是QObject的子类（当然，槽函数是全局函数、Lambda表达式等无须接收者的时候除外）。
- 信号和槽函数返回值是void。
- 信号只需要声明，不需要实现。
- 槽函数需要声明也需要实现。
- 槽函数是普通的成员函数，作为成员函数，会受到public、private、protected的影响。
- 使用emit在恰当的位置发送信号。
- 使用connect()函数连接信号和槽。
- 任何成员函数、静态函数、全局函数和Lambda表达式都可以作为槽函数。
- 信号槽要求信号和槽函数的参数一致，所谓一致，是指参数类型一致。
- 如果信号和槽函数的参数不一致，允许的情况是，槽函数的参数可以比信号的少，即便如此，槽函数存在的那些参数的顺序也必须和信号的前面几个一致。这是因为，可以在槽函数中选择忽略信号传来的数据（也就是槽函数的参数比信号的少）。

7.4 信号与槽的高级应用

在信号与槽函数的关联中，可以使用一个信号关联多个槽函数，也可以使用多个信号关联一个槽函数，甚至使用信号与信号进行关联。以上这些使用方式，在语法上都是允许的。接下来先看一个信号关联多个槽函数。

7.4.1 一个信号关联多个槽函数

如果要实现一个信号关联多个槽函数，采用多次调用connect()函数，将指定信号与不同的槽函数进行关联即可。在不考虑多线程的前提下，多个槽函数会按照关联顺序依次执行。

以slider的valueChanged()信号为例，让其先后关联updateValue()、updatePosition()两个槽函数，简单实现如下。

```
    connect(this->slider,SIGNAL(valueChanged(int)),this,SLOT(updateValue(
int)));
    connect(this->slider,SIGNAL(valueChanged(int)),this,SLOT(updatePosition(
int)));
```

为了便于理解，可以结合图7-9所示（拖动进度条，上面标签的内容会实时显示进度条的进度值，并且标签的位置会随着进度条的拖动实时调整）。

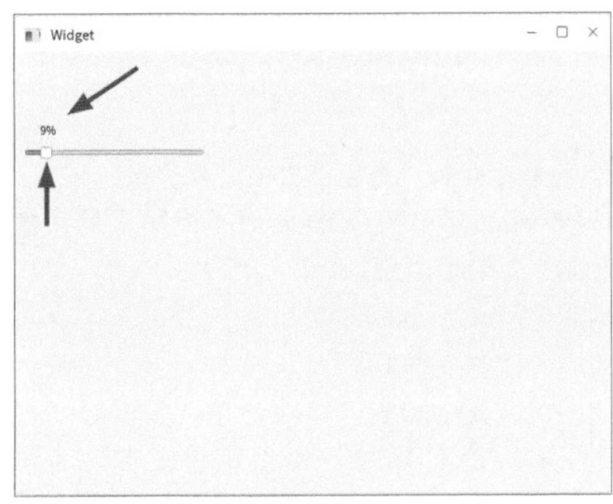

图7-9

其实现原理也比较简单，当对象this->slider的数值发生变化时，其所在类中有两个槽函数响应，槽函数updateValue()用于将滑块的数值在标签上实时更新；槽函数updatePosition()用于将滑块的位置随着滑块的数值变动而实时变动。完整实现如下（源码见7-4-Signal_Slots）。

widget.h

```
#include <QWidget>
#include <QLabel>
#include <QSlider>
namespace Ui {
class Widget;
}
class Widget : public QWidget
{
```

```
    Q_OBJECT
public:
    explicit Widget(QWidget *parent = nullptr);
    QSlider *slider;
    QLabel *label;
    ~Widget();
private slots:
    // 更新数值的槽函数
    void updateValue(int value);
    // 更新位置的槽函数
    void updatePosition(int value);
private:
    Ui::Widget *ui;
};
```

在widget.h中，声明成员变量slider以及label，其中slider表示进度条，label用于展示实时的进度值。还有两个槽函数updateValue()以及updatePosition()，其中updateValue()用于更新label的实时数值，updatePosition()用于更新label的实时位置。

widget.cpp

```
include "widget.h"
#include "ui_widget.h"

Widget::Widget(QWidget *parent) :
    QWidget(parent),
    ui(new Ui::Widget)
{
    ui->setupUi(this);
    // 创建QSlider控件，并设置相关属性
    this->slider = new QSlider(this);
    this->slider->setOrientation(Qt::Horizontal);
    this->slider->setGeometry(10,100,200,20);
    this->slider->setRange(0,100);
      // 创建QLabel控件，并设置相关属性
    this->label = new QLabel(this);
    this->label->setText("0%");
    this->label->setGeometry(10,70,30,30);
      // 信号槽的关联
    connect(this->slider,SIGNAL(valueChanged(int)),this,SLOT(updateValue(
int)));
    connect(this->slider,SIGNAL(valueChanged(int)),this,SLOT(updatePosition
(int)));
}
// 更新数值的槽函数的实现
void Widget::updateValue(int value)
{
    QString strValue = QString::number(value)+"%";
    this->label->setText(strValue);
}
// 更新位置的槽函数的实现
void Widget::updatePosition(int value)
{
    this->label->move(10+value*2,this->label->y());
}
Widget::~Widget()
{
    delete ui;
}
```

在默认的构造函数中，完成了成员变量slider以及label的初始化，并将slider进行了一对多的信号与槽函数关联。另外给出了槽函数的具体实现，因为业务逻辑比较简单，在此不做具体阐述。

7.4.2 多个信号关联一个槽函数

多个信号，关联同一个槽函数也是可行的，语法格式如下。

```
connect(ui->rb_red,SIGNAL(pressed()),this,SLOT(setBgColor()));
connect(ui->rb_blue,SIGNAL(pressed()),this,SLOT(setBgColor()));
connect(ui->rb_green,SIGNAL(pressed()),this,SLOT(setBgColor()));
```

将3个设置颜色的QRadioButton（ui->rb_red、ui->rb_blue、ui->rb_green）的pressed()信号关联到相同的自定义槽函数setBgColor()。当任何一个QRadioButton被单击时，都会执行setBgColor()函数，进而完成对应颜色的设置。以red为例，“red”按钮被单击，widget视图背景色设置为“red”颜色，效果如图7-10所示。

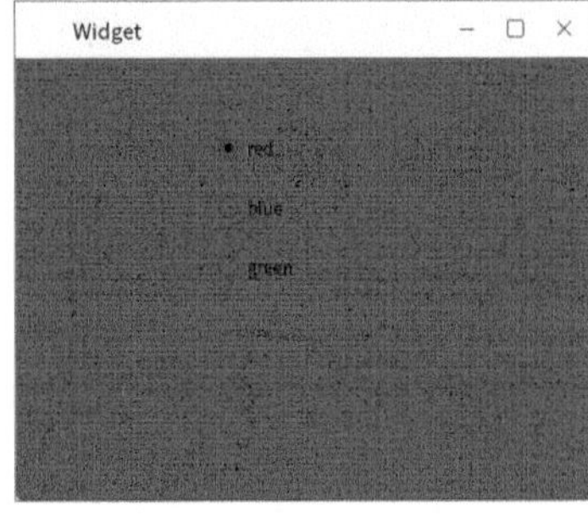

图7-10

完整代码如下（源码见7-4-Signals_Slot）。

widget.h

```
#include <QWidget>

namespace Ui {
class Widget;
}
class Widget : public QWidget
{
    Q_OBJECT

public:
    explicit Widget(QWidget *parent = nullptr);
    ~Widget();
private slots:
    void setBgColor();
private:
    Ui::Widget *ui;
};
```

在widget.h中声明槽函数setBgColor()。由于3个QRadioButton都是基于.ui文件从组件库拖曳实现的，因此，不用再做对应成员变量的声明。

widget.cpp

```
#include "widget.h"
#include "ui_widget.h"

Widget::Widget(QWidget *parent) :
    QWidget(parent),
    ui(new Ui::Widget)
```

```
{
    ui->setupUi(this);
    // 信号槽的关联
    connect(ui->rb_red,SIGNAL(pressed()),this,SLOT(setBgColor()));
    connect(ui->rb_blue,SIGNAL(pressed()),this,SLOT(setBgColor()));
    connect(ui->rb_green,SIGNAL(pressed()),this,SLOT(setBgColor()));
}
// 自定义槽函数的实现
void Widget::setBgColor()
{
    QRadioButton *btn = static_cast<QRadioButton *>(sender());
    if(btn == ui->rb_red){
        this->setStyleSheet("QWidget{background-color:red}");
    }else if(btn == ui->rb_blue){
        this->setStyleSheet("QWidget{background-color:blue}");
    }else if(btn == ui->rb_green){
        this->setStyleSheet("QWidget{background-color:green}");
    }
}
```

在widget.cpp中，槽函数setBgColor()的实现很直观。首先通过static_cast完成类型转换；然后，判断信号发出者具体是哪一个QRadioButton；紧接着通过调用setStyleSheet()实现其对应的颜色即可。

7.4.3 信号关联信号

对于一些特殊场景，可能还会用到另外一种关联机制——信号关联信号。它的工作方式为监听到一个信号发射，另外一个与之关联的信号也会发射。虽然这种使用方式不常见，但Qt确实支持这种用法，使用方式如下。

```
connect(sender, SIGNAL(signal1(int)), receiver, SIGNAL (signal2(int));
```

不论信号关联槽函数，还是信号关联信号，在使用时都有以下事项需要注意。

- 信号与槽函数的参数个数和类型需要一致，至少信号的参数不能少于槽函数的参数。如果不匹配，会出现编译错误或运行错误。（信号关联信号要求也一致。）
- 在使用信号与槽的类中，必须在类的定义中加入宏QOBJECT。因为Qt使用C++的编译器，而信号槽等属于Qt特有的，C++编译器无法识别。加上QOBJECT宏就可以让moc机制在编译之前完成对应的转换，这样C++编译器便可识别。
- 当一个信号被发射时，与其关联的槽函数通常被立即执行，就像正常调用一个函数一样。只有当信号关联的所有槽函数执行完毕后，才会执行发射信号处后面的代码。

08 第8章 Qt中的常用控件

在GUI编程中，控件是一个图形页面中十分重要的组成部分。在Qt的控件库中，大致可以将控件分为以下几类；按钮类控件、标签类控件、输入框类控件、进度条类控件、列表视图控件、树形视图控件等。每个类别中都包含多种控件，先看按钮类控件。

8.1 按钮类控件

本节以QPushButton、QRadioButton与QButtonGroup、QCheckBox、QDialogButtonBox等控件为代表进行讲解。

8.1.1 QPushButton

QPushButton表示的是按钮，可能是在任何图形用户页面中最常用的小部件。可以基于信号槽的机制，通过单击，进而命令计算机执行某些操作。在前文也多次用过到这个按钮，本小节将在之前的基础上对这个控件做进一步的阐述。

先来看一下如何构造一个按钮控件。

➢ 构造函数

```
QPushButton(QWidget *parent = nullptr);
QPushButton(const QString &text, QWidget *parent = nullptr);
QPushButton(const QIcon &icon, const QString &text, QWidget *parent = nullptr);
```

显然，QPushButton的构造函数存在重载情况，以比较复杂的第三个构造函数为例说明各参数意义，如表8-1所示。

表8-1 QPushButton构造函数参数解析

参数名	参数类型	描述
icon	QIcon	指定按钮图标
text	QString	指定按钮文本
parent	QWidget *	父控件（将当前按钮作为子控件显示在哪个父控件中）

除了构造函数，要想更好地掌握该控件的使用方法，还需要了解其对外暴露的函数接口。

➢ 常用函数

QPushButton中有很多的函数，其中有自身自定义的，也有一些是从父类继承的。其中比较常用的函数见表8-2。

表8-2 QPushButton常用函数

函数名	作用
void setFlat(bool)	设置按钮为扁平状
bool isFlat()	判断是否为扁平状
void setMenu(QMenu *menu)	设置按钮快捷菜单
void setText(const QString &text)	设置按钮上的文本内容（继承QAbstractButton方法）
QString text() const	获取按钮上的文本内容（继承QAbstractButton方法）
void QWidget::adjustSize()	根据显示文本内容自动调整大小（继承QWidget方法）
void QWidget::setFocus()	设置控件获取焦点（继承QWidget方法）
void QWidget::clearMask()	清除控件焦点（继承QWidget方法）
void setCursor(const QCursor &)	设置鼠标指针在控件内的图标类型（继承QWidget方法）
void setEnabled(bool)	控件启用（继承QWidget方法）
void setDisabled(bool)	控件禁用（继承QWidget方法）
void setVisible(bool visible)	设置控件可见（继承QWidget方法）
void setFont(const QFont &)	设置文本的字体（继承QWidget方法）
void setIcon(const QIcon &icon)	设置按钮的图标（继承QAbstractButton方法）
void setIconSize(const QSize &size)	设置按钮图标的大小（继承QAbstractButton方法）
void setDefault(bool)	设置在控件上按下Enter键时，响应控件的click事件
void setStyleSheet(const QString &styleSheet)	设置按钮的样式，兼容串联样式表;（Cascading Style Sheets，CSS）的样式（继承QWidget方法）
void setGeometry(int x, int y, int w, int h)	设置控件的位置和大小（继承QWidget方法）
void move(int x, int y)	设置控件的位置（继承QWidget方法）
void resize(int w, int h)	设置控件的大小（继承QWidget方法）

由于QPushButton是展开讲解的第一个控件，方法罗列得适当多了一些。后续控件会适当减少，只要具备了查阅文档的能力，函数只是一个数量问题。

接下来看一下QPushButton的使用示例。

➢ 使用示例

先了解案例的需求及效果。

创建一个按钮（QPushButton），并将其设置为圆角。修改按钮前景色为白色，背景色为蓝色；除了这些静态效果之外，还需要实现单击按钮时将文本字体动态放大。具体如图8-1所示。

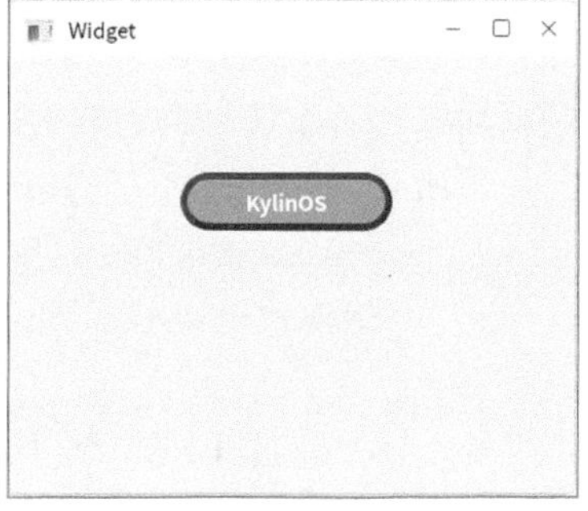

图8-1

核心代码如下（源码见8-1-QPushButton_Demo1）。

```
Widget::Widget(QWidget *parent) :
        QWidget(parent),
```

```
        ui(new Ui::Widget)
    {
        ui->setupUi(this);
        QPushButton *btn = new QPushButton(this);
        btn->setGeometry(120,80,150,40);
        btn->setText("KylinOS");
        qDebug()<<QFont().family();
        // btn->setFont(QFont("宋体", 10));
        btn->setCursor(QCursor(Qt::DragMoveCursor));
        // 定义初始样式集合
        QStringList list;
        list.append("color:white");                              // 前景色
        list.append("background-color:rgb(85,170,255)");         // 背景色
        list.append("border-style:outset");                      // 边框风格
        list.append("border-width:5px");                         // 边框宽度
        list.append("border-color:rgb(10,45,110)");              // 边框颜色
        list.append("border-radius:20px");                       // 边框圆角
        list.append("font:bold 15px");                           // 字体
        list.append("padding:4px");                              // 内边距

        // 设置按钮初始样式
        btn->setStyleSheet(list.join( ‘;’ ));

        // 按钮按下时修改样式
        list.replace(6, "font:bold 20px");
        connect(btn, &QPushButton::pressed, [=](){
        btn->setStyleSheet(list.join( ‘;’ ));
        });
        // 按钮弹起时恢复样式
        list.replace(6, "font:bold 15px");
        connect(btn, &QPushButton::released, [=](){
            btn->setStyleSheet(list.join( ‘;’ ));
        });
}
```

通过代码中的注释，可以很清晰地了解按钮的圆角、边框、内边距、前景色、背景色等效果都是基于setStyleSheet()函数实现的，它完全兼容CSS语法。这里有一点需要注意，如果要对一个控件设置多个样式，必须在同一个字符串中用“;”隔开；如果使用多个setStyleSheet()函数分别定义，则只会保留最后一个样式。

按钮文本字体的动态放大则是基于信号槽实现的。在将信号与槽函数关联的时候，槽函数使用的都是匿名函数，其简单的解析如下。

- [=] 表示外部的局部变量和类中的所有成员，按值传递进来。
- ( ) 里面也可以有参数，与&QPushButton::clicked函数的参数对应，可能为默认形参。
- {} 中填写代码的具体实现。

8.1.2 QRadioButton与QButtonGroup

单选按钮主要用于为用户提供若干选项中的单选操作，当其中一个被选中时，会自动取消已经被选中的那个。（只有一个时可以通过单击该按钮改变其状态；如果存在多个按钮时单击选中的按钮无法改变其状态。）

QRadioButton有如下两个构造函数。

➢ 构造函数

```
QRadioButton(QWidget *parent = nullptr);
QRadioButton(const QString &text, QWidget *parent = nullptr);
```

相比QPushButton，它的参数相对更简单一些，具体如表8-3所示。

表8-3 QRadioButton构造函数参数解析

参数名	参数类型	描述
text	const QString	文本内容
parent	QWidget *	父控件（将当前按钮作为子控件显示在哪个父控件中）

QRadioButton作为QAbstractButton的子类，几乎所有函数都来自父类，信号也是一样，大部分继承自父类。

➢ 常用信号

QRadioButton最常用的信号为状态切换信号——QRadioButton::toggled()。

每当一个QRadioButton切换至选中或未选中状态时，都会发出toggled()信号。如果希望QRadioButton切换状态时触发一个动作，将指定的槽函数与该信号关联即可。与QPushButton类似，单选按钮可以显示文本，还可以显示可选的小图标。图标使用setIcon()函数进行设置，文本则可以在构造函数中设置或通过setText()进行设置。QRadioButton还可以指定快捷键，通过在文本中的特定字符前指定一个“&”来实现。

接下来看一下它的使用示例。

➢ 使用示例

先了解案例的需求及待实现的效果（源码见8-1-QRadioButton_Demo）。

创建两个单选按钮（QRadioButton）rb_1、rb_2，分别设置其坐标位置为(100,20)、(100,50)；将rb_1的toggled(bool)信号与自定义槽函数radioButtonSlot()进行关联，槽函数中以弹出消息框的方式给出rb_1状态的展示。实际效果如图8-2和图8-3所示。

图8-2

图8-3

实现步骤也比较简单。

1. 通过构造函数完成对象的创建，其用法与QPushButton的用法几乎一致。

```
QRadioButton *rb_1 = new QRadioButton("是",this);
rb_1->move(100,20);
QRadioButton *rb_2 = new QRadioButton("否",this);
rb_2->move(100,50);
```

2. 定义槽函数，然后与信号进行关联。在槽函数中给出提示，即哪个单选框被选中。

```
connect(rb_1,SIGNAL(toggled(bool)),this,SLOT(radioButtonSlot()));
```

槽函数的定义如下。

```
void Widget::radioButtonSlot()
  {
     if(rb_1->isChecked()){
          QMessageBox::information(this,"提示","当前选择为是");
     }else{
          QMessageBox::information(this,"提示","当前选择为否");
     }
}
```

这里有一点要注意，toggled指的是状态改变，而不是按钮被单击。因此，rb_2被单击时，状态发生改变，发射toggled()信号；鉴于QRadioButton的特性，rb_2的单击会导致rb_1的状态也会发生改变，同样发射toggled()信号。因此，在这里只需要关联其中一个控件即可实现两个按钮的状态监控。

对于QRadioButton，还有一个非常值得关注的问题——“多组互斥”。

➢ 多组互斥的问题

单选按钮有一个特性——在同一个父控件内按钮是可以互斥的。上一个案例（8-1-QRadioButton_Demo）中，rb_1、rb_2之间同时只能有一个被选中的情况也验证了该特性。那么问题来了，如果在现有视图中，再添加了一组新的单选按钮（“是”与“否”一组，“男”与“女”为新添加的一组，效果如图8-4所示）。这时候视图内就存在两组单选按钮，这时候的互斥效果会是什么样的呢？

为了验证该问题，在widget.cpp的默认构造函数中，继续创建两个新的QRadioButton。

```
QRadioButton *rb_1 = new QRadioButton("是",this);
rb_1->move(100,20);
  ...
  QRadioButton *btn_3 = new QRadioButton("男",this);
  btn_3->move(200,20);
  QRadioButton *btn_4 = new QRadioButton("女",this);
  btn_4->move(200,50);
```

完成之后，通过验证会发现——这时候4个单选按钮同时只能选中一个，很明显这种情况不符合业务需求。合理的应该是“是”与“否”之间同时有一个可以被选中，“男”与“女”之间同时有一个可以被选中，两组之间应该互不干涉。

那么怎么解决这个问题呢？

其实解决方案也比较简单，只需要将对应的单选按钮放到不同的组中即可，Qt

中提供了按钮组——QButtonGroup。接下来处理起来就比较简单了。

```
// 创建按钮组1
QButtonGroup *group1 = new QButtonGroup(this);
// 添加按钮
group1->addButton(rb_1);
group1->addButton(rb_2);
// 设置组内按钮互斥
group1->setExclusive(true);
// 创建按钮组2
QButtonGroup *group2 = new QButtonGroup(this);
// 添加按钮
group2->addButton(rb_3);
group2->addButton(rb_4);
// 设置组内按钮互斥
group2->setExclusive(true);
```

处理完成之后，再次运行，效果如图8-5所示。

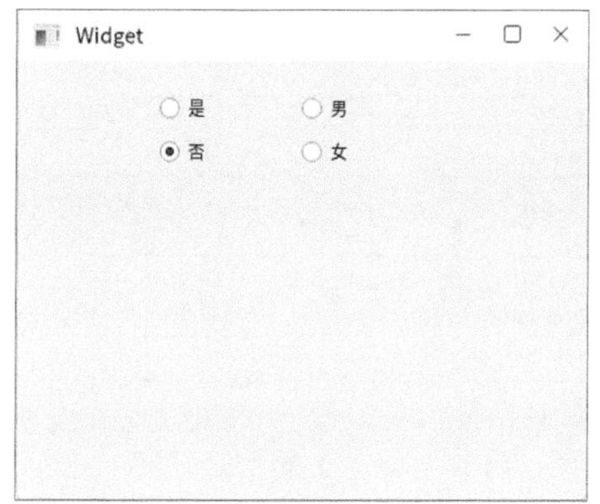

图8-4

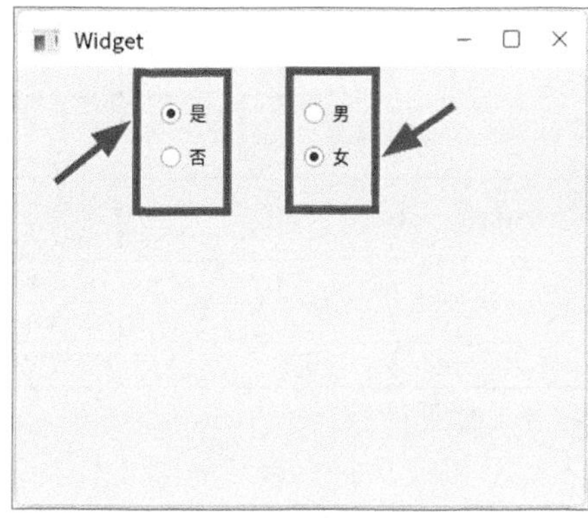

图8-5

验证之后可以发现，“是”和“否”为一组，组内互斥，同时只有一个可以被选中；“男”和“女”为一组，组内互斥，同时只有一个可以被选中，两组按钮之间互不干涉。

8.1.3 QCheckBox

QCheckBox继承自QAbstractButton，它提供了一个带文本标签的复选框（提供选择）。QCheckBox（复选框）和QRadioButton（单选按钮）都是选项按钮。这是因为它们都可以在开（选中）或者关（未选中）之间切换。区别是对用户选择的限制，单选按钮定义了“多选一”的选择，而复选框提供的是“多选多”的选择。

接下来看一下复选框的构造函数、常用函数，信号及使用示例。

➢ 构造函数

```
QCheckBox(QWidget *parent = nullptr);
QCheckBox(const QString &text, QWidget *parent = nullptr);
```

QCheckBox的构造函数同QRadioButton保持一致，参数的类型及参数描述也是如此，具体见表8-4。

表8-4 QCheckBox构造函数参数解析

参数名	参数类型	描述
text	const QString	显示文本内容
parent	QWidget *	父控件

接下来介绍QCheckBox中的常用函数。

➢ 常用函数

从两个方面来介绍其常用函数，一种是从父类继承的，另一种是自身定义的。

由于QCheckBox继承自QAbstractButton、QWidget、QOjbect，因此，它有很多继承而来的函数，常用的有text()、setText()、pixmap()、setPixmap()、pressed()、released()、clicked()、toggled()、checkState()、stateChanged()等。

QCheckBox自身定义的函数相对要少一些，具体如表8-5所示。

表8-5 QCheckBox函数解析

函数	描述
Qt::CheckState checkState() const	返回复选框的选中状态。如果不需要三态的支持，可以使用QAbstractButton::isChecked()，它返回一个布尔值
bool isTristate() const	复选框是否为三态复选框。默认是false，也就是说复选框只有两个状态
void setCheckState(Qt::CheckState state)	设置复选框的选中状态。如果不需要三态的支持，可以使用QAbstractButton:setChecked()，它接收一个布尔值
void setTristate(bool y = true)	设置复选框为三态复选框

➢ 常见信号

信号也分从父类继承的以及自身定义的，其中自身定义的信号只有一个——stateChanged()，原型如下。

```
void stateChanged(int state)
```

当复选框状态发生改变时，这个信号就会发射。也就是说，当用户选中或者取消选中复选框时，该信号会发射。

接下来介绍QCheckBox的使用方法。

➢ 使用示例

复选框作为按钮类控件，其常规使用方式与其他按钮类控件基本上没有区别，不过它有一个比较特殊的存在——"三态"（即3种状态）。接下来通过一个案例演示什么是三态，以及它的相关使用方法。

先来看一下QCheckBox的3种状态的图例，第一种Unchecked（未选中状态）如图8-6所示。

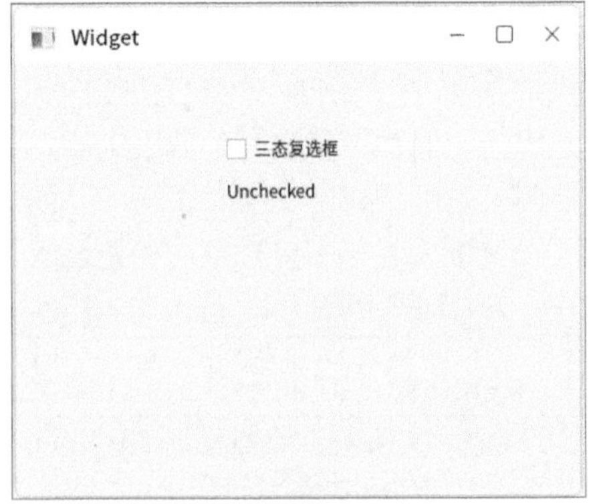

图8-6

接下来是PartiallyChecked（半选中状态），如图8-7所示。

最后一种是Checked（选中状态），如图8-8所示。

图8-7

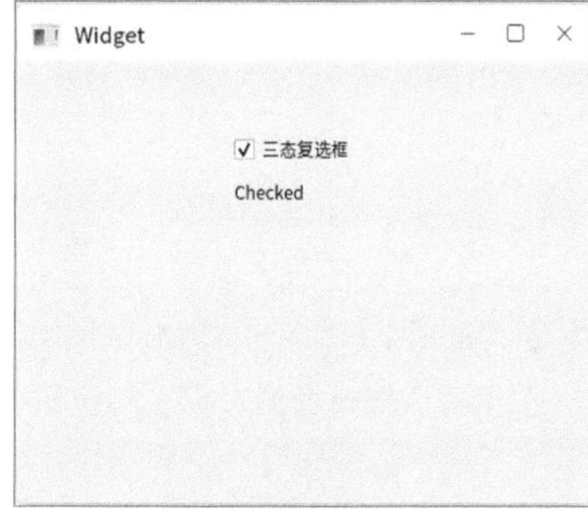

图8-8

通过图例可以看出复选框下有个文本框（QLabel），其文本内容可以随着QCheckBox状态的切换而实时变动（源码见8-1-QCheckBox_Demo）。

代码也比较简单，核心代码如下。

```
    Widget::Widget(QWidget *parent) :
        QWidget(parent),
        ui(new Ui::Widget)
      {
        ui->setupUi(this);
        QCheckBox *ckBox = new QCheckBox(this);
        ckBox->setStyleSheet("margin-left:150px;margin-top:50px;color: black;
spacing: 5px;width: 80px;height: 20px;");
        // 创建标签
        lb_state = new QLabel(this);
        lb_state->setText("clicked checkBox");
        lb_state->move(150,80);
        ckBox->setText("三态复选框");
        // 开启三态模式
        ckBox->setTristate(true);
        // 连接信号槽
        connect(ckBox,SIGNAL(stateChanged(int)),this,SLOT(stateChangedSlot(int)));
    }
```

ckBox关联的槽函数的实现代码如下。

```
    void Widget::stateChangedSlot(int state)
    {
        // 根据不同的状态，修改标签的内容
        if(state == Qt::Checked){
            lb_state->setText("Checked");
        }else if(state == Qt::PartiallyChecked){
            lb_state->setText("PartiallyChecked");
        }else if(state == Qt::Unchecked){
            lb_state->setText("Unchecked");
        }
    }
```

如果要使用复选框的三态模式，一定要使用setTristate(true)开启该模式才行。复选框的三态的类型为一个枚举类——Qt::CheckState，具体定义如表8-6所示。

表8-6 枚举类Qt::CheckState

状态	值	描述
Qt::Unchecked	0	选中状态
Qt::PartiallyChecked	1	半选中状态
Qt::Checked	2	未选中状态

8.1.4 QDialogButtonBox

QDialogButtongBox是一个包含很多按钮的控件。如果在对话框中有多个需要分组排列的按钮时，可以使用QDialogButtongBox类。

关于对话框或者消息框中的按钮布局，不同的平台风格会有差异。开发人员可以向QDialogButtonBox添加按钮，添加之后QDialogButtonBox会为用户自动使用合适的布局（关于布局的内容，见第9章）。

➢ 构造函数

```
    QDialogButtonBox(QWidget *parent = nullptr);
    QDialogButtonBox(Qt::Orientation orientation, QWidget *parent = nullptr);
    QDialogButtonBox(QDialogButtonBox::StandardButtons buttons, QWidget
*parent = nullptr);
    QDialogButtonBox(StandardButtons buttons, Qt::Orientation orientation,
QWidget * parent = 0);
```

QDialogButtonBox构造函数的参数解析如表8-7所示。

表8-7 QDialogButtonBox构造函数参数解析

参数名	参数类型	意义
buttons	StandardButtons	包含的系统按钮，如QDialogButtonBox::Ok、QDialogButtonBox::Cancel等
orientation	Qt::Orientation	盒子中按钮的排列方式，包含Qt::Horizontal、Qt::Vertical
parent	QWidget *	父控件

➢ 常用函数

QDialogButtonBox中的直接父类为QWidget，这点与之前讲述的其他按钮不同。由于它可以作为其他按钮的“容器”，因此提供了“添加”“删除”等功能函数，具体见表8-8。

表8-8 QDialogButtonBox常用函数

函数名	作用
void addButton(QAbstractButton * button, ButtonRole role)	将给定按钮添加到具有指定角色的按钮框中。如果角色无效，则不添加按钮
QPushButton addButton(StandardButton button)	添加并返回添加的子按钮
QList<QAbstractButton *> buttons() const	返回当前按钮框中所有子按钮组成的列表
void clear()	清除按钮框内所有的子按钮
void removeButton(QAbstractButton * button)	从按钮框中删除按钮
void setStandardButtons(StandardButtons buttons)	设置按钮框中的按钮
void setOrientation(Qt::Orientation orientation)	设置按钮框中按钮的排列方向

➢ 信号

QDialogButtonBox类中有4个自身定义的信号，具体如表8-9所示。

表8-9 QDialogButtonBox常用信号

信号	描述
void accepted()	单击按钮框中的按钮（基于AcceptRole或YesRole角色的按钮）时会发出此信号
void clicked(QAbstractButton * button)	单击按钮框中的按钮（特定的按钮）时会发出此信号
void helpRequested()	单击按钮框中的按钮（基于HelpRole角色的按钮）时会发出此信号
void rejected()	单击按钮框中的按钮（基于RejectRole或NoRole角色的按钮）时会发出此信号

上述不同信号的发出取决于不同按钮定义时的角色，一定要注意，按钮的角色是有对应关系的，具体见如表8-10所示。

表8-10 QDialogButtonBox按钮类型及角色

类型	值	描述
QDialogButtonBox::Ok	0x00000400	用[AcceptRole]定义的“Ok”按钮
QDialogButtonBox::Open	0x00002000	用[AcceptRole]定义的“Open”按钮
QDialogButtonBox::Save	0x00000800	用[AcceptRole]定义的“Save”按钮
QDialogButtonBox::Cancel	0x00400000	用[RejectRole]定义的“Cancel”按钮
QDialogButtonBox::Close	0x00200000	用[RejectRole]定义的“Close”按钮
QDialogButtonBox::Discard	0x00800000	用[DestructiveRole]定义的“Discard”按钮
QDialogButtonBox::Apply	0x02000000	用[ApplyRole]定义的“Apply”按钮
QDialogButtonBox::Reset	0x04000000	用[ResetRole]定义的“Reset”按钮
QDialogButtonBox::RestoreDefaults	0x08000000	用[ResetRole]定义的“Restore Defaults”按钮[ResetRole]
QDialogButtonBox::Help	0x01000000	用[HelpRole]定义的“Help”按钮
QDialogButtonBox::SaveAll	0x00001000	用[AcceptRole]定义的“Save All”按钮
QDialogButtonBox::Yes	0x00004000	用[YesRole]定义的“Yes”按钮
QDialogButtonBox::YesToAll	0x00008000	用[YesRole]定义的“Yes to All”按钮
QDialogButtonBox::No	0x00010000	用[NoRole]定义的“No”按钮
QDialogButtonBox::NoToAll	0x00020000	用[NoRole]定义的“No to All”按钮
QDialogButtonBox::Abort	0x00040000	用[RejectRole]定义的“Abort”按钮
QDialogButtonBox::Retry	0x00080000	用[AcceptRole]定义的“Retry”按钮
QDialogButtonBox::Ignore	0x00100000	用[AcceptRole]定义的“Ignore”按钮
QDialogButtonBox::NoButton	0x00000000	无按钮

以上按钮都是系统定义的，角色也是指定的，这些属于标准按钮。除此之外，也可以自己创建按钮（Button），然后将按钮添加到“button box”中，并指定按钮的角色（Role）。

➢ 使用示例

接下来通过一个案例介绍QDialogButtonBox的使用方法（源码见8-1-QDialogButtonBox_Demo）。

先看需求，在一个按钮框（QDialogButtonBox）中，添加两个按钮（指定不同角色），分别为标准按钮——“OK”，普通按钮——“取消”（为避免与系统“Cancel”按钮冲突，故命名为“取消”）。关联对应的槽函数，并验证。具体实现效果如图8-9所示。

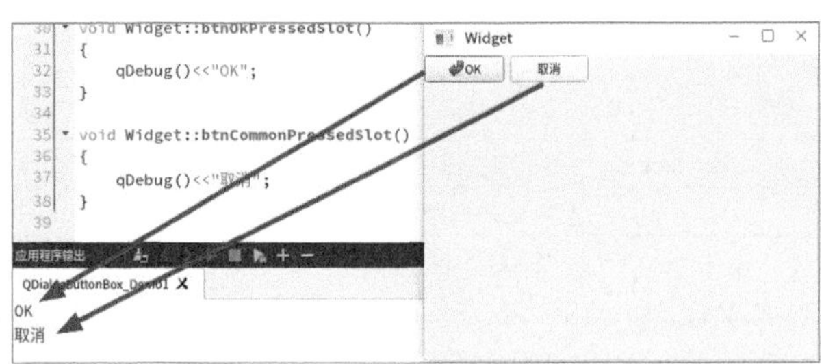

图8-9

代码实现如下。

```
Widget::Widget(QWidget *parent) :
     QWidget(parent),
     ui(new Ui::Widget)
  {
     ui->setupUi(this);
     // 创建按钮框
     diaBox = new QDialogButtonBox(this);
     // 设置按钮的排列方式
     diaBox->setOrientation(Qt::Horizontal);
     // 设置按钮框中的标准按钮
     diaBox->setStandardButtons(QDialogButtonBox::Ok);
     // 创建按钮
     QPushButton *btnCommon = new QPushButton("取消",this);
     // 为按钮框添加普通按钮
     diaBox->addButton(btnCommon,QDialogButtonBox::NoRole);
     // 关联不同的槽函数
     connect(diaBox,SIGNAL(accepted()),this,SLOT(btnOkPressedSlot()));
     connect(diaBox,SIGNAL(rejected()),this,SLOT(btnCommonPressedSlot()));
}
```

两个关联的槽函数实现如下。

```
void Widget::btnOkPressedSlot()
{
    qDebug() << "OK";
}
void Widget::btnCommonPressedSlot()
{
    qDebug() << "取消";
}
```

通过验证可以发现，单击“OK”按钮时，发出accepted()信号，槽函数btnOkPressedSlot()执行；单击“取消”按钮，发出rejected()信号，槽函数btnCommonPressedSlot()执行。再次强调，一定要注意按钮角色与发射信号的对应关系。

8.2 标签类控件

Qt中提供了标签类控件，该类控件属于只读类控件，其主要用来展示信息。

比较常用的标签类控件有QLabel、QLCDNumber。

8.2.1　QLabel

QLabel主要用于显示文本或图像，不提供用户交互功能。标签的视觉外观可以以各种方式配置，并且可以用于为另一个小部件指定焦点助记键。

QLabel作为十分常用的展示信息的控件，可以用来展示表8-11所示内容。

表8-11　QLabel可展示的内容及设置方式

可展示内容	设置方式
纯文本	使用setText()设置一个纯文本内容的字符串
富文本	使用setText()设置一个富文本内容的字符串
图像	使用setPixmap()设置一个图像
动画	使用setMovie()设置一个动画
数字	使用setNum()设置int或double，并转换为纯文本
Nothing	使用clear()设置空内容

➢　构造函数

QLabel的构造函数存在重载情况。

```
QLabel(QWidget *parent = nullptr, Qt::WindowFlags f = ...);
QLabel(const QString &text, QWidget *parent = nullptr, Qt::WindowFlags f = ...)
```

以比较复杂的第二个构造函数为例，其参数解析见表8-12。

表8-12　QLabel构造函数参数解析

参数名	参数类型	描述
text	const QString	显示的文本内容
parent	QWidget *	父控件
f	Qt::WindowFlags	默认参数，Qt::WindowFlags枚举类型，指定小部件的各种窗口系统属性，不常用。默认值为Qt::Widget

➢　常用函数

QLabel的父类为依次为QFrame、QWidget、QObject，因此，类中包含多个从父类继承而来的函数。除此之外，它自身也定义了一些函数，其中比较常用的如表8-13所示。

表8-13　QLabel常用函数

函数名	作用
void setText(const QString&)	设置文本（纯文本、富文本）
void setPixmap(QPixmap(QString))	设置图像
void setMovie(QMovie*)	设置动画
void setScaledContents(bool)	设置是否按比例填充满整个label框
void setAlignment(Qt::Alignment)	设置label框的对齐格式
void setBuddy(QWidget*)	设置当前标签的好友控件，当用户按下此标签的快捷键时，键盘焦点将自动转移到该标签的好友控件

续表

函数名	作用
void hide()	隐藏label框
void clear()	清空label框内所有内容
void setIndent(int)	设置文本缩进
void setWordWrap(bool on)	设置是否允许换行
void setMargin(int margin)	设置边距

➢ 常用信号

QLabel自身定义了两个信号，具体见表8-14。

表8-14 QLabel类中的信号

信号	描述
void linkActivated(const QString &link)	当用户单击链接时，会发出此信号
void linkHovered(const QString &link)	当用户将鼠标指针悬停在超链接上时，会发出此信号

➢ 使用示例

接下来将结合案例对QLabel展示“纯文本”“富文本”“图像”“动画”“超链接”等多种内容，先展示纯文本。

（1）纯文本。

需求比较简单，在窗口中创建一个标签QLabel，展示的内容为纯文本“Hello World”，实现效果如图8-10所示。

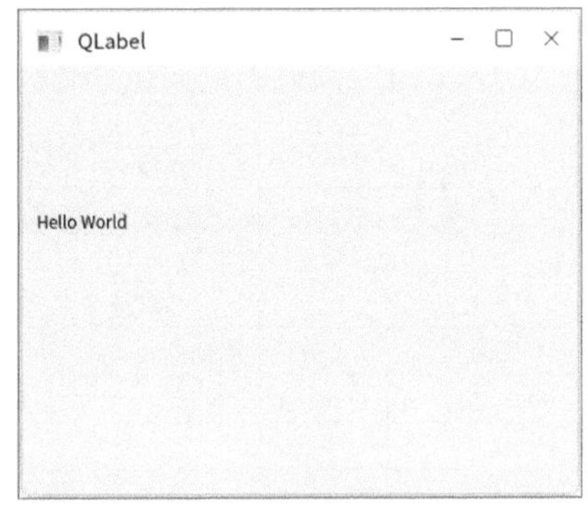

图8-10

实现步骤也比较简单。

通过构造函数创建一个QLabel对象，其中this为其所在的父窗体。通过调用setText()函数可以为标签设置文本，然后将标签移动到指定坐标点即可，代码如下（源码见8-2-QLabel_Demo）。

```
QLabel *pLabel = new QLabel(this);
pLabel->move(10,100);
pLabel->setText("Hello World");
pLabel->setStyleSheet("color: black");
```

如果对文本的对齐方式有要求，则可以通过setAlignment()进行设置，对齐方式包括“左”“右”“上”“下”“居中对齐”等。以“居中对齐”为例，添加如下代码即可。

```
pLabel->setAlignment(Qt::AlignCenter);
```

除了使用setAlignment()进行对齐方式的设置之外，借助样式设置函数也可以完成，以“水平居右、垂直居下”为例，具体实现如下。

```
pLabel->setStyleSheet("qproperty-alignment: 'AlignBottom | AlignRight';");
```

如果文本内容比较长，又想在标签中将所有文本内容展示，则可以考虑使用自动换行来实现，添加如下代码即可。

```
    pLabel->setWordWrap(true);
```

（2）富文本。

QLabel支持显示富文本，以展示HTML内容为例，看一下它的具体使用方法。如果想更详尽地了解QLabel支持哪些具体的HTML标记，可以在帮助文档中查找关于Using HTML Markup in Text Widgets的资料标记。

关于展示富文本的需求也比较简单，创建一个标签，其内容为不同颜色的文本以及图片，具体效果如图8-11所示。

实现方式也比较简单，先定义一个字符串，字符串中包含对应的“HTML”代码，随后将字符串设置为标签内容即可，具体实现如下（源码见8-2-QLabel_Demo）。

```
    QString strHTML = QString("<html> \
                        <head> \
                        <style> \
                        font{color:black;} #f{font-size:18px; color: red;} \
                        </style> \
                        </head> \
                        <body>\
                        <font>%1</font><font id=\"f\">%2</font> \
                        <br/><br/> \
                        <img src=\":/4.5-1.png\" width=\"100\" height=\"100\">\
                        </body> \
                        </html>").arg("I am ").arg("KylinOS");
      pLabel->setText(strHTML);
      pLabel->setAlignment(Qt::AlignCenter);
```

QLabel对富文本的支持，可以让用户以轻量级的方式，实现很复杂的页面效果，前提是用户具备一定的HTML功底。

（3）图像。

对于图像的展示，需求如下，创建一个标签，标签内容为一张图片，图片内容要按比例进行缩放，不能有明显的失真。具体效果如图8-12所示。

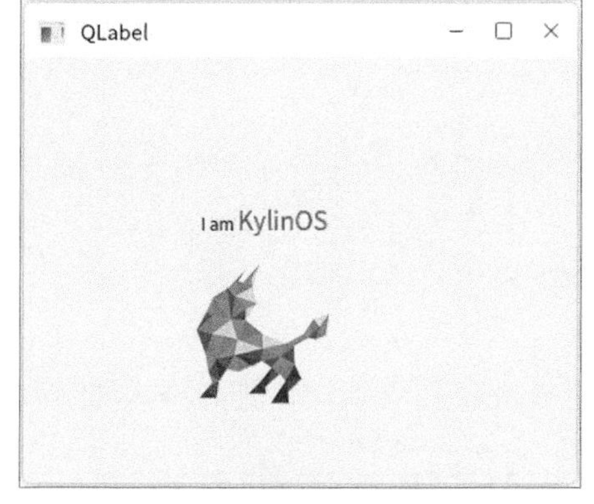

图8-11

图8-12

实现该效果的时，可以构建一个QPixmap对象来作为显示的图片，紧接着设置标签的大小。对于按比例缩放图片以达到理想效果，可以通过调用setScaledContents()函数来实现，具体代码如下（源码见8-2-QLabel_Demo）。

```
QPixmap pixmap(":/4.5-1.png");
pLabel->setPixmap(pixmap);
pLabel->setFixedSize(50, 50);
pLabel->setScaledContents(true);
```

（4）动画。

对于动画的控制，需要使用另外一个类QMovie来实现。它提供的start()函数可以进行播放，提供的stop()函数则可以停止动画，还提供了setSpeed()函数来设置动画的播放速度。对于QMovie，在这里只做基本的说明，如果想更深入地了解，可以自行查阅官方文档。

需求比较简单，在一个标签内显示动画。效果如图8-13所示。

实现源码如下（源码见8-2-QLabel_Demo）。

```
QMovie *pMovie = new QMovie("xxx.gif");
pLabel->setMovie(pMovie);
pLabel->setFixedSize(135, 200);
pLabel->setScaledContents(true);
pMovie->start();
```

（5）超链接。

QLabel中的超链接主要就是使用标签<a></a>来实现的。需求如下，写一段简单的HTML超链接代码，单击链接地址，跳转到对应网址，如图8-14所示。

图8-13

图8-14

以下两种方式都可以实现该功能。

方法一，直接调用setOpenExternalLinks(true)，具体实现如下（源码见8-2-QLabel_Demo）。

```
pLabel->setText(QString("<a href = \"%1\">%2</a>").arg("https://www.ptpress.com.cn/").arg(QStringLiteral("人民邮电出版社")));
pLabel->setOpenExternalLinks(true);
```

方法二，声明一个槽openUrl，将其与linkActivated信号关联。使用该方法时，要注意对应头文件“QDesktopServices”的引入。

```
    pLabel->setText(QString("<a href = \"%1\">%2</a>").arg("https://www.ptpress.com.cn/").arg(QStringLiteral("人民邮电出版社")));
    connect(pLabel, SIGNAL(linkActivated(QString)), this, SLOT(openUrl(QString)));
    // 自定义槽函数
    void Widget::openUrl(const QString &link)
    {
        QDesktopServices::openUrl(QUrl(link));
    }
```

8.2.2　QLCDNumber

QLCDNumber控件用于显示带有类似液晶显示屏效果的数字。它可以显示几乎任何尺寸的数字，同时支持显示十六进制、十进制，八进制或二进制数。

➢　构造函数

构造函数与QLabel类似，存在重载情况。

```
QLCDNumber(QWidget *parent = nullptr);
QLCDNumber(uint numDigits, QWidget *parent = nullptr);
```

以第二个构造函数为例，其参数解析见表8-15。

表8-15　QLCDNumber构造函数参数解析

参数名	参数类型	描述
numDigits	uint	显示框最大可以显示的数字位数
parent	QWidget *	父控件

➢　常用函数

QLCDNumber为QLabel的兄弟类，父类同样为QFrame、QWidget，以及QObject。类中定义的比较常用函数如表8-16所示。

表8-16　QLCDNumber常用函数

方法名	作用
void setDigitCount(int numDigits)	设置显示位数
int intValue() const	显示的当前值最接近的整数，如果显示的值不是数字，则该属性的值为0
void setMode(QLCDNumber::Mode)	设置当前显示模式（数字进制）枚举类Mode包含QLCDNumber::Hex、QLCDNumber::Dec、QLCDNumber::Oct、QLCDNumber::Bin这4种
void setSegmentStyle(QLCDNumber::SegmentStyle)	QLCDNumber的样式，枚举类QLCDNumber::SegmentStyle，包含QLCDNumber::Outline、QLCDNumber::Filled、QLCDNumber::Flat这3种
void setSmallDecimalPoint(bool)	设置小数点样式，如果为真，则小数点在两位之间；否则，它将占据自己的数字位置，即在数字位置绘制。默认值为false

➢ 常用信号

QLCDNumber中，除了从父类继承而来的信号之外，只有一个在当前类中定义的信号，具体见表8-17。

表8-17 QLCDNumber类中的信号

信号	描述
void overflow()	当QLCDNumber显示过大的数字或过长的字符串时，就会发出此信号

➢ 使用示例

接下来通过一个案例验证QLCDNumber的基本使用方法。先看需求，在窗口中创建一个QLCDNumber，设置其最大位数为3位。下方给出一个按钮，单击该按钮，可以实现QLCDNumber上显示数值的递增（每次递增100），如图8-15所示。

当数值超出范围时，弹出提示框，如图8-16所示。

图8-15

图8-16

具体实现如下（源码见8-2-QLCDNumber_Demo）。

```
Widget::Widget(QWidget *parent) :
        QWidget(parent),
        ui(new Ui::Widget)
{
      ui->setupUi(this);
      lcdNumber =new QLCDNumber(3,this);
      lcdNumber->setGeometry(150,50,this->width()-300,30);
      lcdNumber->display(100);
      lcdNumber->setMode(QLCDNumber::Dec);
      connect(lcdNumber,SIGNAL(overflow()),this,SLOT(numberTooLargerSlot()));
}
```

首先，使用new QLCDNumber(3,this)创建一个QLCDNumber对象，直接指定其最大位数为3；使用setGeometry()函数实现其坐标以及大小的设置。

其次，调用lcdNumber->display(100)函数，设置展示值为100；调用lcdNumber->setMode(QLCDNumber::Dec)函数，设置展示的进制格式为十进制。

最后，将overflow()与自定义槽函数numberTooLargerSlot()进行关联。槽函数的功能就是弹出消息框，代码如下。

```
void Widget::numberTooLargerSlot()
{
    QMessageBox::information(this,"Title","Number too larger!");
}
```

除此之外，还通过.ui文件拖曳的方式，创建一个按钮，并关联对应的槽函数，槽函数实现的功能也比较简单——“获取lcdNumber上的数值，将该数值累加后再重新设置为lcdNumber的展示内容”，代码如下。

```
void Widget::on_pushButton_clicked()
{
    int v = lcdNumber->intValue();
    v += 100;
    lcdNumber->display(v);
}
```

通过单击按钮，QLCDNumber内的数值递增，由于其设置展示的为3位数，一旦超出范围，就会发出overflow()信号，进而触发自定义槽函数numberTooLargerSlot()，实现如下。

```
void Widget::numberTooLargerSlot()
{
    QMessageBox::information(this,"Title","Number too larger!");
}
```

8.3 输入框类控件

Qt提供了很多输入框类控件，这类控件有一个很大的特点就是可以为用户提供交互操作，其中比较常用的有QLineEdit、QTextEdit、QComboBox、QSpinBox与QDoubleSpinBox。

8.3.1 QLineEdit

QLineEdit控件是一个单行文本编辑器。它允许用户输入和编辑单行纯文本，其中包含一组有用的编辑功能，包括撤销、重做、剪切、粘贴及拖放。

➢ 构造函数

QLineEdit的构造函数存在重载情况。

```
QLineEdit(QWidget *parent = nullptr);
QLineEdit(const QString &contents, QWidget *parent = nullptr);
```

以第二个构造函数为例，其参数解析如表8-18所示。

表8-18 QLineEdit构造函数参数解析

参数名	参数类型	描述
contents	const QString	文本输入框的内容
parent	QWidget *	父视图

➢ 常用函数

QLineEdit的直接父类为QWidget，除了从父类继承的函数外，其自身定义了很多函数，比较常用的函数及其功能描述如表8-19所示。

表8-19 QLineEdit常用函数

函数名	作用
void setPlaceholderText(const QString &)	设置提示文字
void setEchoMode(QLineEdit::EchoMode)	设置模式
void setAlignment(Qt::Alignment flag)	设置对齐方式
void setClearButtonEnabled(bool enable)	设置是否显示清除按钮
void setMaxLength(int)	设置可输入的最大字符数
void setFrame(bool)	设置是否使用边框绘制自身
void setValidator(const QValidator *v)	对输入进行限制。这种方式的实质是通过正则表达式限制输入的内容
void setInputMask(const QString &inputMask)	设置QLineEdit的验证掩码。验证器可以代替掩码使用，也可以与掩码一起使用

其中函数setEchoMode()函数的参数为枚举类QLineEdit::EchoMode，它的具体定义如表8-20所示。

表8-20 QLineEdit::EchoMode枚举类

枚举常量	枚举值	描述
QLineEdit::Normal	0	输入时显示字符。这是默认值
QLineEdit::NoEcho	1	不要显示任何内容。这可能适用于密码，即使密码的长度也应保密
QLineEdit::Password	2	显示依赖于平台的密码掩码字符（比如小黑点），而不是实际输入的字符
QLineEdit::PasswordEchoOnEdit	3	编辑时显示输入的字符，否则显示密码字符

为了便于用户更直观地了解其形式，可以参考图8-17的效果。

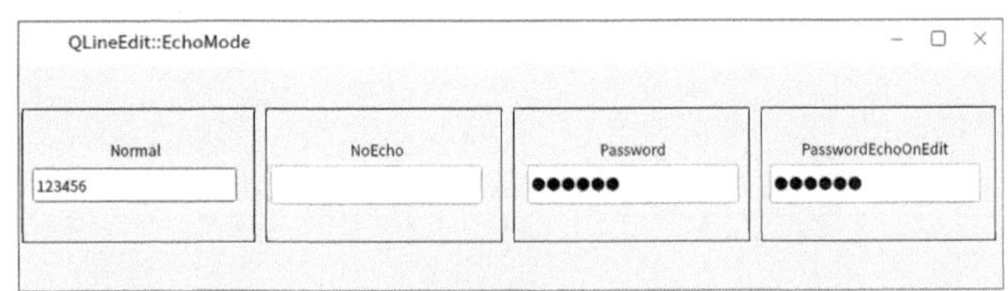

图8-17

对于最后一个函数setInputMask()，其参数输入掩码本质上是一个输入模板字符串。可以包含以下元素，如表8-21所示。

表8-21 元素解析

元素	描述
Mask Characters	定义在此位置被视为有效的输入字符的类别
Meta Characters	各种特殊元字符
Separators	所有其他字符都被视为不可变的分隔符

不同元素中允许使用的具体掩码及元字符见表8-22，显示了可在输入掩码中使用的掩码和元字符。

表8-22 具体字符及描述

字符	描述
A	所需字母类别的字符，例如A～Z、a～z
a	允许但不要求字母类别的字符
N	所需字母或数字类别的字符，例如A～Z、a～z、0～9
n	允许但不要求的字母或数字类别的字符
X	需要任何非空白字符
x	允许但不是必需的任何非空白字符
9	所需数字类别的字符，例如0～9
0	允许但不是必需的数字类别的字符
D	数字类别的字符，必须大于零，如1～9
d	允许但不要求大于零的数字类别字符，如1～9
H	需要十六进制字符。A～F、a～f、0～9
h	允许使用十六进制字符，但不是必需的
B	需要二进制字符，0～1
b	允许使用二进制字符，但不是必需的

为了便于读者理解，以设置IP地址为例，实现如下。

```
lineEdit->setInputMask("000.000.000.000");
```

设置完成之后，在lineEdit中，则只能按照指定格式输入对应数字。

➢ 常用信号

QLineEdit中有7个自身定义的信号，在这里重点介绍其中比较常用的4个，具体如表8-23所示。

表8-23 QLineEdit常用信号

信号	描述
void textEdited(const QString &text)	当按下Enter键或行编辑失去焦点时，会发出此信号
void textChanged(const QString &text)	每当文本改变时，就会发出这个信号； text参数是新文本，与textEdited()不同，当以编程方式更改文本时，也会发出此信号（例如通过调用setText()）
void returnPressed()	按下Enter键时发出此信号
void editingFinished()	每当编辑文本时，就会发出此信号； text参数是新文本，与textChanged()不同，以编程方式更改文本时，不会发出此信号（例如，通过调用setText()）

➢ 使用示例

接下来通过一个案例验证QLineEdit中相关函数及信号的用法。

先看需求，分别创建3个QLineEdit用于用户名、密码、手机号的输入，每个QLineEdit都要求有问题提示。其中用户名输入框要求设置最大长度为10，显示清除按钮；密码输入框要求为密文显示；手机号输入框要求只能输入数字，长度为11位，实现效果如图8-18所示。

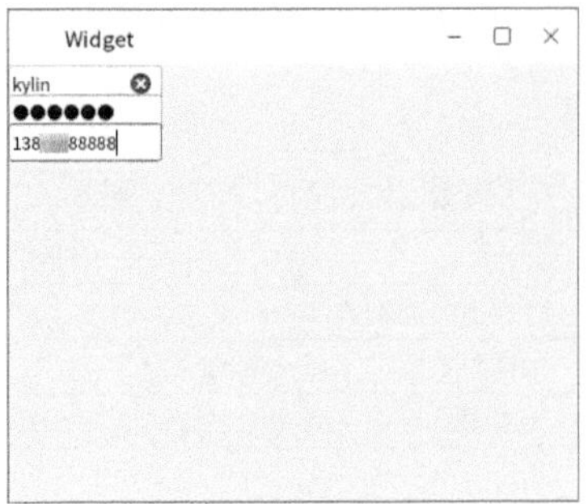

图8-18

代码实现如下（源码见8-3-QLineEdit_Demo）。

```
QLineEdit *userName=new QLineEdit(this);
userName->setPlaceholderText("用户名");      // 设置默认提示
userName->setMaxLength(10);
userName->setVisible(true);                 // 设置为false时控件不被使用即消失
userName->setClearButtonEnabled(true);

QLineEdit *passwd=new QLineEdit(this);
passwd->move(0,20);
passwd->setPlaceholderText("密码");
passwd->setEchoMode(QLineEdit::Password); // 将echoMode属性设置成Password，输
入的字符以密文显示
QLineEdit *tel=new QLineEdit(this);
tel->move(0,40);
// 设置提示文字
tel->setPlaceholderText("只能写整型");
// 创建正则验证器
QRegExpValidator *exCa = new QRegExpValidator(QRegExp("^[0-9]{11}"));
// 设置输入框的验证器
tel->setValidator(exCa);
// 密码框关联信号槽
connect(passwd,&QLineEdit::textChanged,this,[=](){
    qDebug()<<passwd->text();
    qDebug()<<passwd->displayText();
});
```

注意，在最后的匿名函数中，输出密码框内容一个使用的是text()，另外一个使用的是displayText()。如果QLineEdit采用QLineEdit::EchoMode模式，两个函数调用之后的显示结果没有任何区别。如果是QLineEdit::Password模式，则调用text()函数的显示内容为明文，调用displayText()函数的显示内容为密文。

8.3.2 QTextEdit

QTextEdit是一个高级的WYSIWYG（What You See Is What You Get，所见即所得）编辑/查看器，支持使用HTML标签子集的富文本格式。

QTextEdit经过优化，可以处理大型文档并快速响应用户的输入，可以加载纯文本和富文本文件，可以用来显示图像、列表和表格。

QTextEdit的父类是QAbstractScrollArea，可以通过滚动条调整显示界面。由于

QTextEdit与QLineEdit控件有很多类似之处，所以本小节重点针对其差异化的内容进行讲解。

➢ 差异化函数

QTextEdit提供了很多输入文本及字体进行设置的函数，具体见表8-24。

表8-24 QTextEdit文本及字体设置函数

函数	描述
void setFontItalic(bool italic)	设置字体为斜体
void setFontUnderline(bool underline)	设置字体下画线
void setFontFamily(const QString &fontFamily)	设置字体类型
void setFontPointSize(qreal s)	设置字号
void setTextColor(const QColor &c)	设置文本颜色
void setTextBackgroundColor(const QColor &c)	设置文本背景色

在QTextEdit中，以上函数都是以槽函数的形式定义的。除了可以直接调用之外，可以将它们与信号进行关联，进而完成触发。

➢ 差异化信号

相比QLineEdit，QTextEdit有以下几个差异化的信号，具体见表8-25。

表8-25 QTextEdit信号

信号	描述
void copyAvailable(bool yes)	在文本编辑中选中或取消选中文本时，会发出此信号
void redoAvailable(bool available)	每当重做操作变为可用（可用为true）或不可用（可用为false）时，就会发出此信号
void undoAvailable(bool available)	每当撤销操作变为可用（可用为true）或不可用（可用为false）时，就会发出此信号

➢ 使用示例

接下来通过一个案例，对QTextEdit常用函数及信号做一个验证，代码如下（源码见8-3_QTextEdit_Demo）。

```
Widget::Widget(QWidget *parent) :
QWidget(parent),
ui(new Ui::Widget)
{
    ui->setupUi(this);
    QTextEdit *textEdit = new QTextEdit(this);
    textEdit->setGeometry(0,0,this->width(),this->height());
    // 设置是否为斜体
    textEdit->setFontItalic(true);
    // 设置字号
    textEdit->setFontPointSize(20);
    // 设置下画线
    textEdit->setFontUnderline(true);
    // 设置文本颜色
    textEdit->setTextColor(QColor("blue"));
    // 设置文本背景色
    textEdit->setTextBackgroundColor(QColor("light green"));
```

```
        // 选中与取消选中信号槽关联
        connect(textEdit,&QTextEdit::copyAvailable,this,[=](bool hasSelected{
            if(hasSelected){
                qDebug()<<"文本被选中";
            }else {
                qDebug()<<"取消选中";
            }
        });
        // 重做信号槽关联
        connect(textEdit,&QTextEdit::undoAvailable,this,[=](bool available){
            if(available){
                qDebug()<<"重做操作变为可用";
            }else{
                qDebug()<<"重做操作变为不可用";
            }
        });
        // 撤销操作信号槽关联
        connect(textEdit,&QTextEdit::redoAvailable,this,[=](bool available){
            if(available){
                qDebug()<<"撤销操作变为可用";
            }else{
                qDebug()<<"撤销操作变为不可用";
            }
        });
    }
```

上述案例中，首先创建了一个QTextEdit对象，并做了一些基本设置，比如字体样式、字号、字体颜色等；然后分别关联了不同的信号槽，这里使用的信号都是与QLineEdit不同的信号（选中信号、重做信号、撤销信号等），槽函数直接使用的是匿名函数。

8.3.3 QComboBox

QComboBox是下拉列表框组件类，它提供一个下拉列表供用户选择，也可以直接当作一个QLineEdit输入。QComboBox除了显示可见下拉列表外，每个项（Item，或称列表项）还可以关联一个QVariant类型的变量，用于存储一些不可见数据。

➢ 构造函数

QComboBox的构造函数不存在重载情况。

```
QComboBox(QWidget *parent = nullptr)
```

唯一的参数parent表示父控件，该参数为默认参数，在调用时，可以不提供实际参数，默认为nullptr。

➢ 常用函数

QComboBox的常用函数如表8-26所示。

表8-26 QComboBox的常用函数

函数名	作用
void addItem(QString)	添加新项在末尾
void setCurrentIndex(int)	设置指定项索引为默认项
void setEditable(bool)	设置为可编辑状态

续表

函数名	作用
int currentIndex()	获取当前选择项的索引
QString currentText()	返回当前项的文字
QString itemText(int index)	返回指定索引号的文字
void setMaxVisibleItems(int)	设置最大显示下拉项目，超过时用滚动条
void setMaxCount(int);	设置最大下拉项目，超过将不显示
void setInsertPolicy(QComboBox::InsertPolicy)	设置插入模式
int count()	返回项的个数

其中函数setInsertPolicy()的参数——QComboBox::InsertPolicy为一个枚举类，具体定义如表8-27所示。

表8-27 QComboBox::InsertPolicy枚举类

枚举常量	枚举值	描述
QComboBox::NoInsert	0	不插入
QComboBox::InsertAtTop	1	在组合框第一项插入
QComboBox::InsertAtCurrent	2	将当前项替换
QComboBox::InsertAtBottom	3	在组合框最后一项插入
QComboBox::InsertAfterCurrent	4	在当前项之后插入
QComboBox::InsertBeforeCurrent	5	在当前项之前插入
QComboBox::InsertAlphabetically	6	按字母顺序插入

➢ 常用信号

QComboBox的直接父类为QWidget，除了从父类继承来的信号之外，其自身也定义了多个信号，其中比较常用的信号如表8-28所示。

表8-28 QComboBox常用信号

信号	描述
void QComboBox::activated(int index)	当用户在组合框中选择一个项目时发送此信号。传递项的索引。请注意，即使选择未更改，也会发送此信号。如果需要知道选项实际何时更改，请使用signal currentIndexChanged()
void QComboBox::activated(const QString &text)	当用户在组合框中选择一个项目时发送此信号。传递项的文本。请注意，即使选择未更改，也会发送此信号。如果需要知道选项实际何时更改，请使用signal currentIndexChanged()。
void QComboBox::currentIndexChanged(int index)	每当QComboBox中的currentIndex通过用户交互或编程方式更改时，就会发送此信号。如果组合框变为空或currentIndex被重置，则传递项的索引或-1。
void QComboBox::currentIndexChanged(const QString &text)	每当QComboBox中的currentIndex通过用户交互或编程方式更改时，就会发送此信号。传递项的文本
void QComboBox::editTextChanged(const QString &text)	当组合框的行编辑小部件中的文本更改时，就会发出此信号。新文本由文本指定

表8-28中部分信号存在重载现象，可以根据参数需求合理选择。

➢ 使用示例

接下来通过一个案例，验证QComboBox的基本使用方法。需求如下，创建一个QComboBox对象，添加不同的选项，选择不同的选项，可以给出对应提示。实现效果如图8-19所示。

图8-19

实现代码如下（源码见8-3-QComboBox_Demo）。

```
Widget::Widget(QWidget *parent) :
    QWidget(parent),
    ui(new Ui::Widget)
{
    ui->setupUi(this);
    // 创建组合框
    QComboBox *boBox = new QComboBox(this);
    boBox->setGeometry(100,50,this->width()-200,30);
    QStringList cityList;
    cityList << "北京" << "上海" << "天津" << "河北省" << "山东省"      << "山西省";
    // 将列表内的所有条目添加到组合框中
    boBox->addItems(cityList);
    //也可以使用循环，逐条添加
    // boBox->setInsertPolicy(QComboBox::InsertAtBottom);
    // foreach (QString city, cityList) {
    //     boBox->addItem(city);
    // }
    // 使用匿名函数，由于在QComboBox类中存在重载函数activated()，需要先定义函数指针
    void(QComboBox::*act)(const QString&) = &QComboBox::activated;
    // 关联信号槽
    connect(boBox,act,this,[=](const QString &text){
        qDebug()<<"您选中了:"<<text;
    });

    void (QComboBox::*indexChange)(int) = &QComboBox::currentIndexChanged;
    connect(boBox,indexChange,this,[=](int index){
        qDebug()<<"index改变，当前的index为:"<<index;
    });
}
```

案例中对QComboBox的基本属性及信号做了简单的验证。其中有一点需要注意，如果一个类中的信号存在重载的情况，要使用匿名函数直接关联信号槽的话，可以先定义对应的函数指针，然后进行关联。也可以使用SIGNAL与SLOT关键字进行关联，二者都是可行的。

对于更多属性及公共函数、信号函数，这里不赘述，读者可以自行查阅官方文档进行拓展。

8.3.4 QSpinBox与QDoubleSpinBox

QSpinBox可以用于整数的显示和输入，一般显示十进制数，也可以显示二进制数、十六进制数，而且可以在显示框中增加前缀或后缀。

QDoubleSpinBox用于浮点数的显示和输入，可以设置显示小数位数，也可以设置显示的前缀和后缀。

➢ 常用属性

QSpinBox和QDoubleSpinBox都是QAbstractSpinBox的子类，具有大多数相同的属性，具体属性见表8-29。

表8-29 QSpinBox和QDoubleSpinBox常用属性

属性名称	描述
prefix	数字显示的前缀，如“$”
suffix	数字显示的后缀，如“kg”
minimum	数值范围的最小值，如0
maximum	数值范围的最大值，如255
singlestep	单击右侧上下调整按钮时的单步改变值，如设置为1或0.1
value	当前显示的值
displayIntegerBase	QSpinBox的特有属性，显示整数使用的进制，如2就表示二进制
decimals	QDoubleSpinBox的特有属性，显示数值的小数位数，如2就显示两位小数

对于QSpinBox和QDoubleSpinBox，没有提及常用函数，而是介绍了其属性，主要原因为它们的函数都是基于属性设置的，包含一个读取函数和一个设置函数。以QDoubleSpinBox的decimals属性为例，类中提供的用于读取属性值的函数为decimals()，以及用于设置属性值的函数为setDecimals(int prec)。

➢ 常用信号

QSpinBox以及QDoubleSpinBox类中的信号一致，具体见表8-30。

表8-30 常用信号

信号	描述
void valueChanged(double d)	每当数字调整框的值更改时，都会发出此信号。新值在d中传递
void valueChanged(const QString &text)	这是一个重载函数，新值以prefix()和suffix()的文本形式传递

➢ 使用示例

接下来基于QSpinBox以及QDoubleSpinBox的特性，实现一个简单的汇率计算器，具体如图8-20所示，调整人民币数值、汇率数值，对应的美元位置的数值都会产生相应的数值更新。

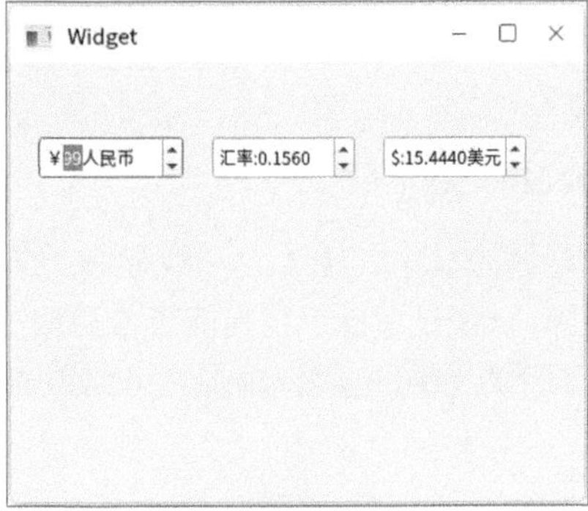

图8-20

实现代码如下（源码见8-3-QSpinBox_QDoubleSpinBox_Demo）。

```
Widget::Widget(QWidget *parent) :
    QWidget(parent),
    ui(new Ui::Widget)
{
    ui->setupUi(this);
    // 创建QSpinBox对象
    QSpinBox *spinBox = new QSpinBox(this);
    spinBox->setGeometry(20,50,100,30);
    // 设置取值范围
    spinBox->setRange(0,1000000);
    // 设置前缀及后缀
    spinBox->setPrefix(" ¥ ");
    spinBox->setSuffix("人民币");

    QDoubleSpinBox *doubleSpinBox = new QDoubleSpinBox(this);
    doubleSpinBox->setGeometry(140,50,100,30);
    doubleSpinBox->setPrefix("汇率:");
    // 设置单步步长，就是每次单击改变的值
    doubleSpinBox->setSingleStep(0.0001);
    // 设置精度（小数点后的位数）
    doubleSpinBox->setDecimals(4);
    doubleSpinBox->setValue(0.1560);

    QDoubleSpinBox *doubleSpinBox2= new QDoubleSpinBox(this);
    doubleSpinBox2->setRange(0,1000000);
    doubleSpinBox2->setGeometry(260,50,100,30);
    doubleSpinBox2->setPrefix("$:");
    doubleSpinBox2->setSuffix("美元");
    doubleSpinBox2->setSingleStep(0.0001);
    doubleSpinBox2->setDecimals(4);
    doubleSpinBox2->setValue(0);

    // 创建函数指针
    void (QSpinBox::*valueChange)(int i) = &QSpinBox::valueChanged;
    connect(spinBox,valueChange,this,[=](int i){
        doubleSpinBox2->setValue(i*doubleSpinBox->value());
    });
    // 关联信号槽
    void (QDoubleSpinBox::*rate_change)(double d) = &QDoubleSpinBox::
valueChanged;
    connect(doubleSpinBox,rate_change,this,[=](double d){
```

```
        // 处理的业务为数值计算
        doubleSpinBox2->setValue(d*spinBox->value());
    });
}
```

对于数值的更改，主要取决于信号槽关联的业务。这里使用的信号槽关联方式依旧采用的是Qt 5中的方式，并且使用了匿名函数。在匿名函数中实现的逻辑就是取出对应输入框中的数值，然后进行计算，将计算结果进行重新赋值。

8.4 项目案例——麒麟计算器

本项目主要是基于一些基础控件、控件样式，以及信号槽的使用方法等技能点组合而成的，对于运算逻辑，没有做过于复杂的处理。接下来从实现要求及效果、实现步骤两个方面对其进行介绍。

一、实现要求及效果

1. 程序运行之后，默认状态如图8-21所示。

2. 单击数字按钮，其对应数值在窗口中显示，以单击按钮“1”为例，显示效果如图8-22所示。

图8-21

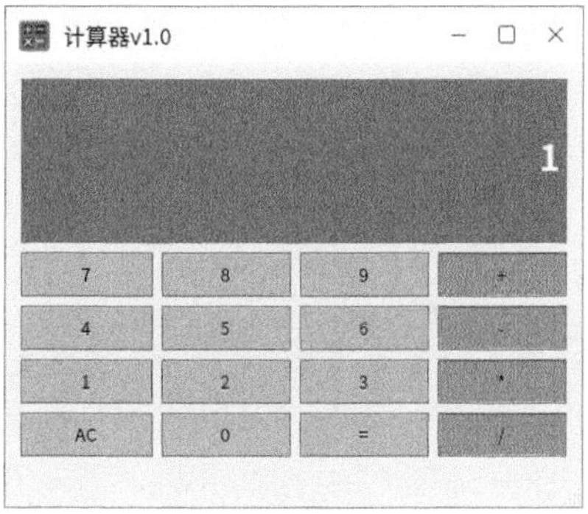

图8-22

3. 单击运算符按钮，其对应运算符在窗口中显示，以单击按钮“+”为例，显示效果如图8-23所示。

4. 再次单击数字按钮，窗口中会显示对应数值，以单击按钮“6”为例，显示效果如图8-24所示。

5. 单击按钮“=”，得出运算结果，效果如图8-25所示。

6. 单击按钮“AC”，实现运算结果的清除，还原到初始状态，效果如图8-21所示。

二、实现步骤

为了更好地理解“计算器”整体的业务流程，可以参考流程图，如图8-26所示。

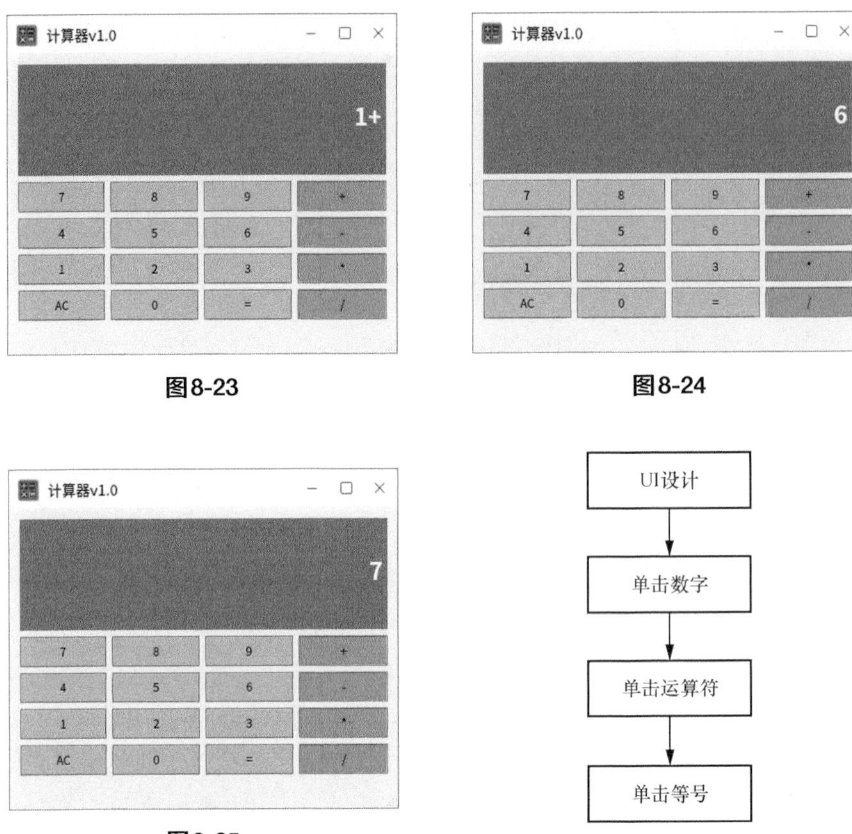

图8-23

图8-24

图8-25

图8-26

为了便于上手操作，降低项目实现的复杂度，项目采用了基于.ui文件的实现方式，基于.ui文件可以提升开发效率。当然，基于.ui文件实现的任何效果，也都可以采用纯代码的方式实现。

实现的具体步骤如下。

1. 基于.ui文件实现程序主窗口。

① 在窗口（窗口宽度为400像素，高度为300像素）中拖曳进来一个QLineEdit，用于展示运算结果，如图8-27所示。

② 选中主窗口，设置其布局为栅格布局（单击箭头指向的按钮），完成之后，窗口中的控件会随着布局进行调整，效果如图8-28所示。

③ 图8-28中的运算框显然不符合项目需求，需要做进一步的调整。在窗口中选中QLineEdit控件，找到其属性栏“sizePolicy”，对它的“水平策略”以及“垂直策略”分别进行修改，如图8-29所示。

调整完成之后，效果会发生变化，具体如图8-30所示。

④ 将对应的按钮分别拖曳到窗口中，如图8-31所示。

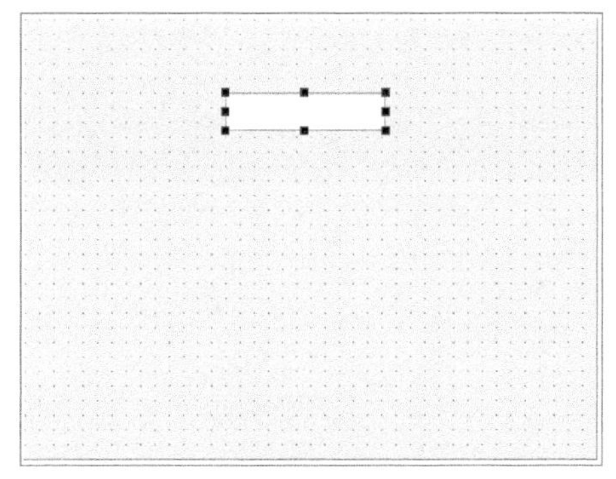

图8-27

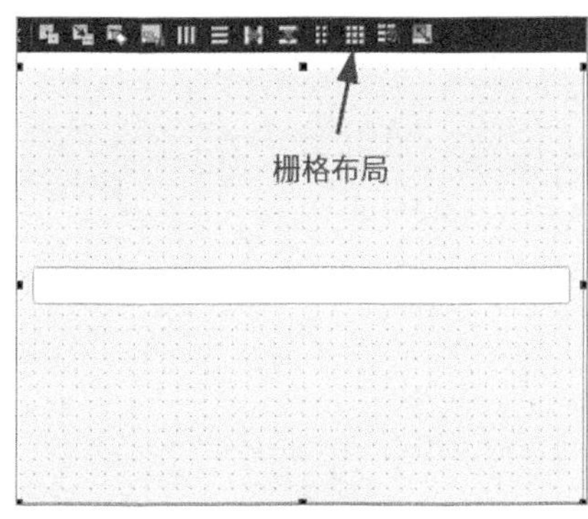

图8-28

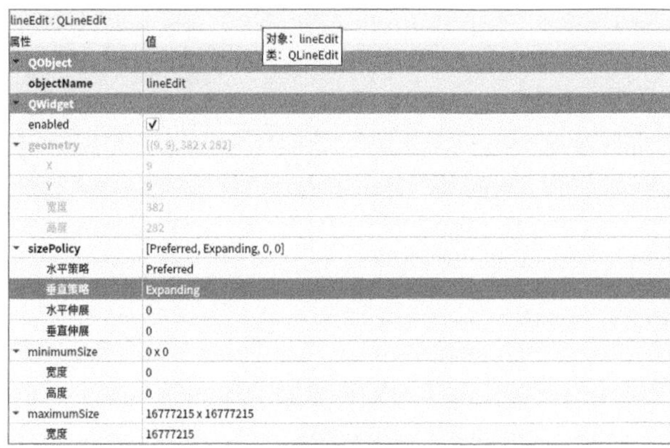

图8-29

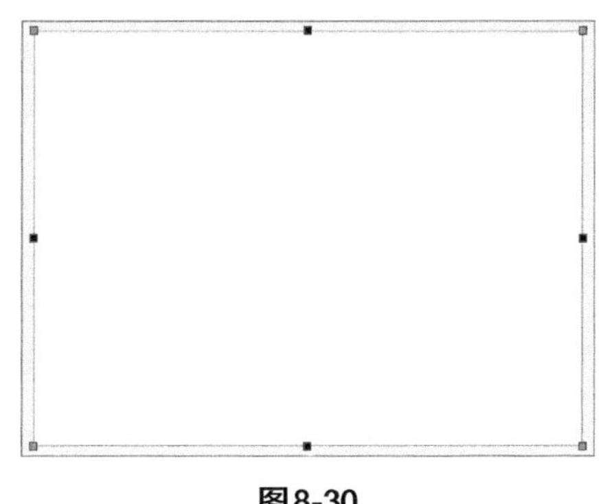

图8-30

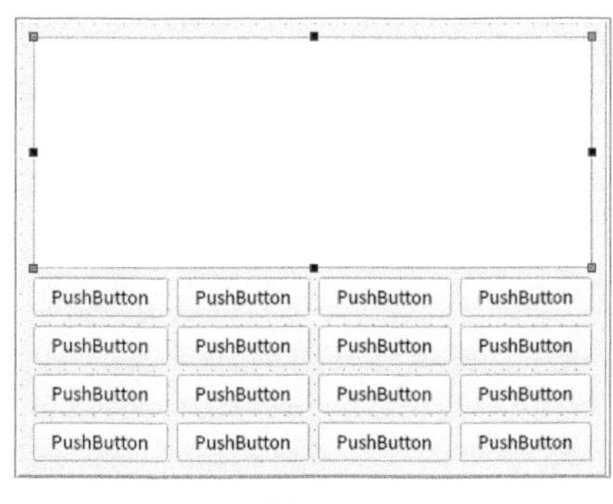

图8-31

在拖曳过程中，由于窗口已经设置了栅格布局，所以按钮会自动呈格栅布局对齐。

⑤ 对按钮标题及对象名称进行修改，这样便于后续操作。

双击目标按钮即可进行标题修改，如图8-32所示。

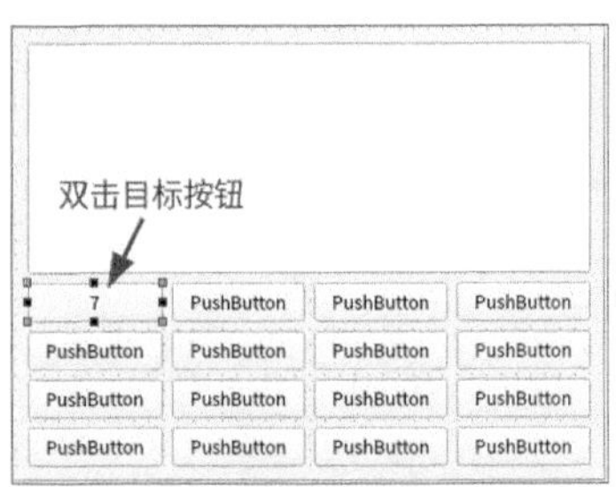

图8-32

修改按钮对应属性栏中“objectName”属性的值，则可实现按钮对象名的修改，如图8-33所示。

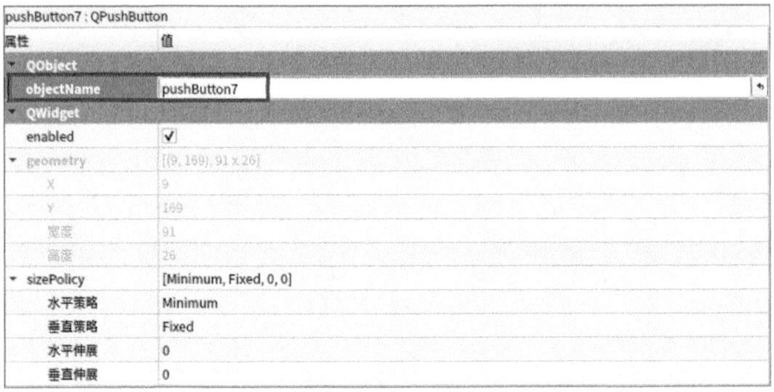

pushButton7 : QPushButton

属性	值
QObject	
objectName	pushButton7
QWidget	
enabled	✓
geometry	[(9, 169), 91 x 26]
X	9
Y	169
宽度	91
高度	26
sizePolicy	[Minimum, Fixed, 0, 0]
水平策略	Minimum
垂直策略	Fixed
水平伸展	0
垂直伸展	0

图8-33

依次类推，所有按钮完成之后，效果如图8-34所示。

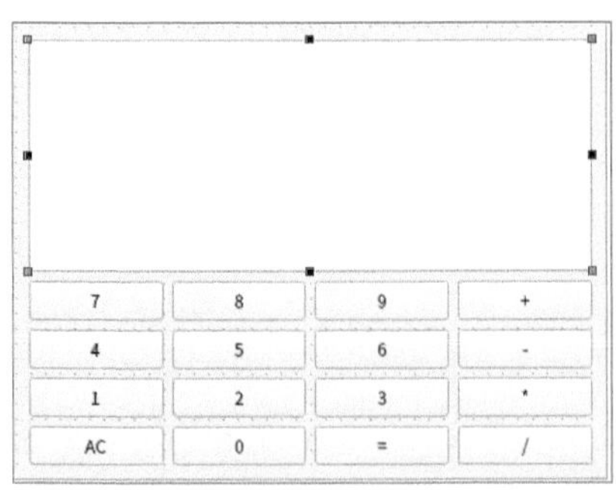

图8-34

⑥ 实现不同控件的样式设置。

文本框的内容设置为“0”，如图8-35所示。

修改文本框中文本的字号，如图8-36所示。

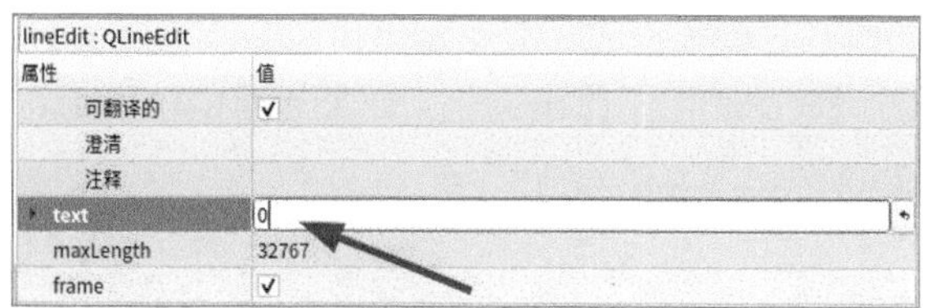

图8-35

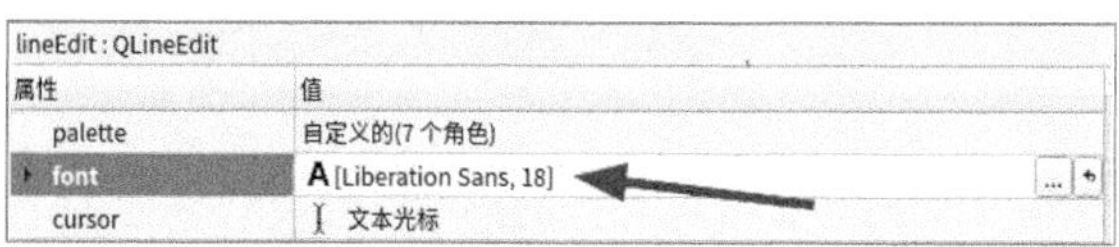

图8-36

修改文本的对齐方式，如图8-37所示。

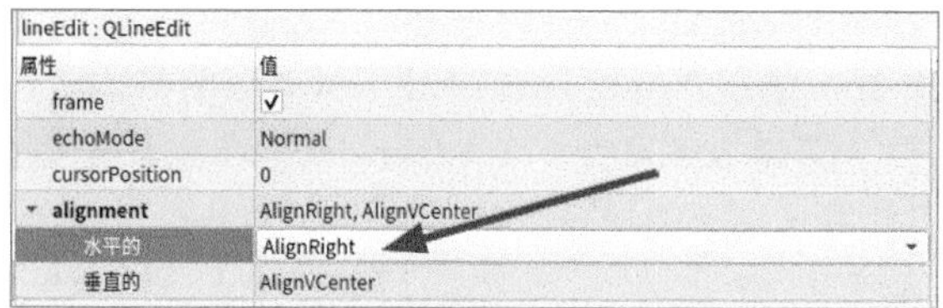

图8-37

设置QLineEdit的文本框样式，如图8-38所示。

使用代码也可以实现该样式的设置，具体实现如下。

```
lineEdit->setStyleSheet("QLineEdit{
        background-color:gray;        // 背景色
        border:1px solid gray;        // 边框
        color:#ffffff;                // 字体
}");
```

对数字按钮进行样式设置，如图8-39所示。

图8-38

图8-39

对运算符按钮也进行样式设置，如图8-40所示。

至此，所有UI设置的相关工作已完成，效果如图8-41所示。

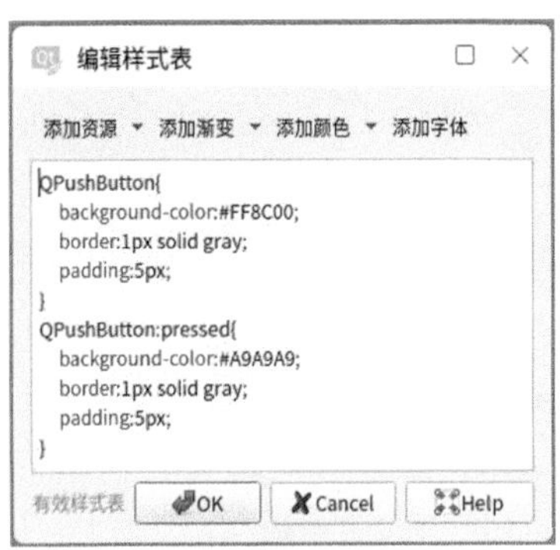

图8-40

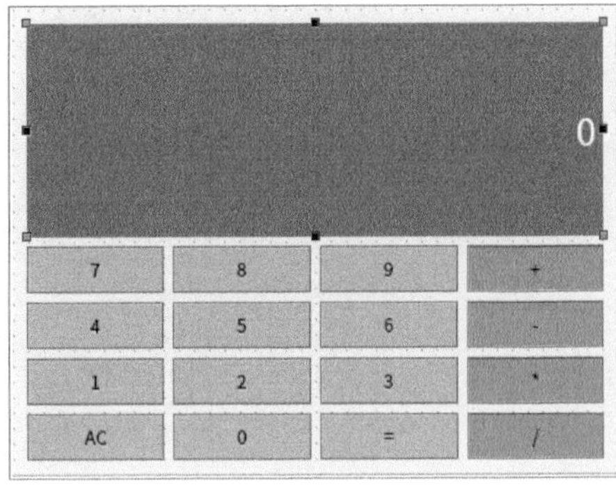

图8-41

2\. 实现数字按钮的功能。

单击任何一个数字按钮，都可以在窗口显示对应的数值，其实现与按钮关联的槽函数息息相关。实现方式如下，在mainwindow.h中，先完成槽函数的声明，并定义一个用于存储展示结果的成员变量。

```
#include <QMainWindow>
...
class MainWindow : public QMainWindow
{
        Q_OBJECT
private:
      double calcVal = 0.0;
      ...
private slots:
      void NumPressed();
};
```

在mainwindow.cpp中完成该槽函数的定义，并在窗口中显示计算初始值。

```
#include "mainwindow.h"
#include "ui_mainwindow.h"
#include <QPushButton>
#include <QDebug>
MainWindow::MainWindow(QWidget *parent) :
     QMainWindow(parent),
     ui(new Ui::MainWindow)
{
     ui->setupUi(this);
      ui->lineEdit->setText(QString::number(calcVal));
      ...
}
// 数字按钮关联的槽函数
void MainWindow::NumPressed(){
      QPushButton *button = (QPushButton*)sender();
      QString butVal = button->text();
      QString displayVal = ui->Display->text();
      if((displayVal.toDouble() == 0) || displayVal.toDouble() == 0.0){
            ui->Display->setText(butVal);
```

```
        }else {
             QString newVal = displayVal + butVal;
             double dblNewVal = newVal.toDouble();
             ui->Display->setText(QString::number(dblNewVal,'g',16));
        }
    }
```

sender()函数可以获取到被单击的按钮，进而获取按钮上的内容。通过对内容进行是否为0的判断，可以避免展示框中出现“0xxx”类似的结果。

接下来就是信号槽的关联，由于存在多个数字按钮，可以采用循环的方式实现关联。具体实现如下。

```
#include "mainwindow.h"
...
MainWindow::MainWindow(QWidget *parent) :
    QMainWindow(parent),
    ui(new Ui::MainWindow)
{
     ...
    for (int i = 0; i < 10; ++i) {
        // 字符串——同UI设计时按钮的对象名一致
        QString buttonName = "pushButton"+QString::number(i);
        // 根据对象名找到对应按钮
        QPushButton *numBtn = MainWindow::findChild<QPushButton *>(buttonName);
        connect(numBtn,SIGNAL(released()),this,SLOT(NumPressed()));
     }
}
```

通过循环，可以分别定义“pushButton0” ~ “pushButton9”的字符串，然后通过findChild()函数就可以基于该字符串找出对应的“子控件”。最后将指定名称按钮的信号与槽函数关联即可。

3. 实现单击运算符按钮的功能。

单击运算符按钮，可以实现该计算的记忆，并在窗口中显示该运算符。

为了实现该功能，在mainwindow.h中定义了4个成员变量，同时完成了对应槽函数的声明，具体如下。

```
#include <QMainWindow>
...
class MainWindow : public QMainWindow
{
       Q_OBJECT
    ...
    bool divTrigger = false;
    bool multTrigger = false;
    bool addTrigger = false;
    bool subTrigger = false;
private slots:
    void MathButtonPressed();
};
```

接下来，在mainwindow.cpp中完成槽函数的定义。

```
// 运算符关联的槽函数
void MainWindow::MathButtonPressed(){
    divTrigger = false;
    multTrigger = false;
```

```
        addTrigger = false;
        subTrigger = false;
        QString displayVal = ui->lineEdit->text();
        calcVal = displayVal.toDouble();
        QPushButton *btnOperator = (QPushButton *)sender();
          QString btnVal = btnOperator->text();
          // 判断运算符
        if(QString::compare(btnVal,"/",Qt::CaseInsensitive) == 0){
            divTrigger = true;
        }else if(QString::compare(btnVal,"*",Qt::CaseInsensitive) == 0){
            multTrigger = true;
        }else if(QString::compare(btnVal,"+",Qt::CaseInsensitive) == 0){
            addTrigger = true;
        }else if(QString::compare(btnVal,"-",Qt::CaseInsensitive) == 0){
            subTrigger = true;
          }
          // 将运算符显示在窗口中
        ui->lineEdit->setText(displayVal+btnVal);
    }
```

同样通过sender()函数获取到被单击的按钮，然后获取按钮的标题，判断其为+、−、*、/中的哪一个运算符，然后通过“xxxTrigger”成员变量进行记录，方便后续单击“=”按钮时计算结果。

最后，在构造函数中完成运算符按钮的信号与槽函数的关联即可。

```
    #include "mainwindow.h"
    ...
    MainWindow::MainWindow(QWidget *parent) :
        QMainWindow(parent),
        ui(new Ui::MainWindow)
    {
        ...
        // 不同运算符按钮的信号与槽函数的关联
        connect(ui->add,SIGNAL(released()),this,SLOT(MathButtonPressed()));
        connect(ui->sub,SIGNAL(released()),this,SLOT(MathButtonPressed()));
        connect(ui->mul,SIGNAL(released()),this,SLOT(MathButtonPressed()));
        connect(ui->div,SIGNAL(released()),this,SLOT(MathButtonPressed()));
    }
```

4. 实现单击“=”按钮的功能。

单击“=”按钮，进行相应的算术运算，并在窗口展示计算结果。该功能的实现需要先在mainwindow.h中声明对应的槽函数。

```
    #include <QMainWindow>
    ...
    class MainWindow : public QMainWindow
    {
           Q_OBJECT
        ...
    private slots:
        ...
        void EqualButtonPressed();
    };
```

然后在mainwindow.cpp中给出具体实现。

```
    void MainWindow::EqualButtonPressed(){
        double solution = calcVal;
        QString displayVal = ui->lineEdit->text();
```

```
        double dbDisplayVal = displayVal.toDouble();
        // 判断运算符
        if(addTrigger || subTrigger || multTrigger || divTrigger){
            // 根据具体的运算符进行计算
            if(addTrigger){
                solution =  calcVal + dbDisplayVal;
            }else if(subTrigger){
                solution = calcVal - dbDisplayVal;
            }else if(multTrigger){
                solution = calcVal * dbDisplayVal;
            }else if(divTrigger){
                solution = calcVal / dbDisplayVal;
            }
        }
        ui->lineEdit->setText(QString::number(solution));
}
```

通过记录的运算符，进行对应的算术运算，然后将计算结果展示在窗口中(具体显示在窗口中用于显示结果的QLineEdit中)。

最后，在构造函数中实现对应按钮的信号与槽函数的关联，具体实现如下。

```
#include "mainwindow.h"
...
MainWindow::MainWindow(QWidget *parent) :
    QMainWindow(parent),
    ui(new Ui::MainWindow)
{
     ...
     // "=" 按钮信号与槽函数进行关联
     connect(ui->equal,SIGNAL(released()),this,SLOT(EqualButtonPressed()));
}
```

5. 实现单击“AC”按钮的功能。

单击“AC”按钮，实现还原，包括窗口中的显示结果还原为“0”，记录运算符的变量还原为初始状态，实现方式同样是先在mainwindow.h中声明槽函数。

```
#include <QMainWindow>
...
class MainWindow : public QMainWindow
{
      Q_OBJECT
    ...
private slots:
      ...
      void AcButtonPressed();
};
```

然后在mainwindow.cpp中实现槽函数的定义。

```
void MainWindow::AcButtonPressed()
{
    divTrigger = false;
    multTrigger = false;
    addTrigger = false;
    subTrigger = false;
    calcVal = 0;
    ui->lineEdit->setText("0");
}
```

通过代码可以看出，函数主要执行还原工作，包括运算符还原、记录运算结果的变量清零、文本展示内容清零。

最后，在构造函数中，将“AC”按钮的信号与对应的槽函数进行关联。

```
#include "mainwindow.h"
...
MainWindow::MainWindow(QWidget *parent) :
    QMainWindow(parent),
    ui(new Ui::MainWindow)
{
    ...
    // “AC”按钮信号与槽函数进行关联
    connect(ui->clear,SIGNAL(released()),this,SLOT(AcButtonPressed()));
}
```

至此，整个项目告一段落。项目中没有涉及复杂的算法，也不涉及复杂的业务逻辑。如果读者有这方面的需求，可在现有项目的基础上自行拓展。

8.5 进度条类控件

进度条类控件中比较常用的有QProgressBar以及QSlider。接下来先介绍QProgressBar。

8.5.1 QProgressBar

QProgressBar提供了一个水平或垂直的进度条，用于向用户展示操作进度。

➢ 构造函数

QProgressBar只有一个构造函数。

```
QProgressBar(QWidget *parent = nullptr)
```

参数parent为默认参数，表示父控件。如果调用该构造参数函数时，没有给实际参数，则parent的值默认为nullptr。

➢ 常用函数

QProgressBar作为进度条类，其常用函数多与进度条的范围、数值以及方向有关，具体如表8-31所示。

表8-31 QProgressBar常用函数

函数名	作用
void setRange(int minimum, int maximum)	设置进度条范围
void setMinimum(int minimum)	设置进度条最小值
void setMaximum(int maximum)	设置进度条最大值
void setValue(int value)	设置进度条的当前值
void setOrientation(Qt::Orientation)	设置进度条的方向

对于最后一个函数setOrientation()，其参数Qt::Orientation为枚举类，具体定义见表8-32。

表8-32 Qt::Orientation枚举类

枚举常量	枚举值	描述
Qt::Horizontal	0x1	水平方向（默认值）
Qt::Vertical	0x2	垂直方向

➢ 常用信号

QProgressBar作为QWidget的直接子类，除继承的信号之外，自身只定义了一个信号。

```
void valueChanged(int value)
```

当进度条的数值发生改变时，发出该信号。

➢ 使用示例

接下来通过一个案例，验证QProgressBar的基本使用方法（常用函数、信号等）。实现需求如下，使用定时器实现一个可以自动随机更新进度的进度条（控制台实时输出其进度值），当进度更新至100%时，任务终止。效果如图8-42所示。

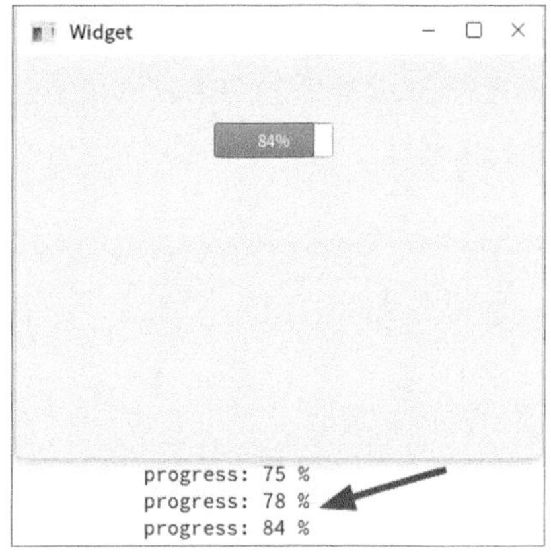

图8-42

具体实现如下（源码见8-5-QProgressBar_Demo）。

```
Widget::Widget(QWidget *parent) :
  QWidget(parent),
   ui(new Ui::Widget)
{
   ui->setupUi(this);
    // 创建进度条
   QProgressBar *progressBar = new QProgressBar(this);
   progressBar->move(this->width()/2-progressBar->width()/2,50);
   // 设置进度条的范围
   progressBar->setRange(0,100);
   progressBar->setValue(0);
   // 设置进度条的方向（水平/垂直）
   progressBar->setOrientation(Qt::Horizontal);
   // 创建定时器
   QTimer *timer = new QTimer(this);
```

```
    timer->setInterval(1000);
    timer->start();
    // 随机数种子
    qsrand(static_cast<uint>( QTime(0, 0, 0).secsTo(QTime::currentTime()) ));
        // 定时器关联任务
    timer->connect(timer,&QTimer::timeout,this,[=](){
            if(progressBar->value() < 100){
                // 进度随机增加
                progressBar->setValue(progressBar->value()+qrand()%6+1);
            }else {
                timer->stop();
            }
    });
        // 关联进度条的信号与槽函数
    connect(progressBar,&QProgressBar::valueChanged,this,[](int v){
        qDebug()<<"progress:"<<v<<"%";
    });
}
```

注意qsrand()函数的使用，它可以保证真正随机值的生成。

8.5.2 QSlider

QSlider部件提供了一个垂直或水平滑动条。滑块是一个用于控制有界值的典型部件。它允许用户沿水平或垂直方向移动滑块，并将滑块所在的位置转换成一个合法范围内的值。

QSlider很少有自己的函数，大部分功能在QAbstractSlider中。

接下来看看在QSlider中比较常用的函数。

➢ 构造函数

QSlider自身定义了两个构造函数。

```
QSlider(QWidget *parent = nullptr)
QSlider(Qt::Orientation orientation, QWidget *parent = nullptr)
```

以第二个构造函数为例，它包含两个参数，分别为orientation、parent。其中orientation为Qt::Orientation枚举类，其定义见表8-32。

➢ 常用函数

QSlider作为QAbstractSlider的直接子类，很少有自己的函数，大部分功能都在QAbstractSlider中，其自身定义的函数见表8-33。

表8-33 QSlider常用函数

函数名	作用
void setTickInterval(int ti)	设置滑块的值间隔，默认为0。如果为0，滑块将在singleStep和pageStep之间进行选择
void setTickPosition(QSlider::TickPosition position)	设置刻度位置

其中函数setTickPosition()的参数为枚举类QSlider::TickPosition，其具体定义见表8-34。

表8-34 QSlider::TickPosition枚举类

枚举常量	枚举值	描述
QSlider::NoTicks	0	不绘制任何刻度线
QSlider::TicksBothSides	3	在滑块的两侧绘制刻度线
QSlider::TicksAbove	1	在（水平）滑块上方绘制刻度线
QSlider::TicksBelow	2	在（水平）滑块下方绘制刻度线
QSlider::TicksLeft	TicksAbove	在（垂直）滑块左侧绘制刻度线
QSlider::TicksRight	TicksBelow	在（垂直）滑块右侧绘制刻度线

该枚举可以指定刻度线相对于滑块和用户操作的位置。

QSlider比较常用的函数中还有一部分是从父类继承来的，具体见表8-35。

表8-35 QSlider常用继承函数

函数名	作用
void setValue(int)	设置滑块的当前值
void setMinimum(int)	设置滑块的最小值
void setMaximum(int)	设置滑块的最大值
void setSingleStep(int)	设置滑块的单步值（单击方向键调制）
void setPageStep(int)	设置滑块的翻页值（PageUp、PageDown）

➢ 常用信号

QSlider本身没有定义信号，常用的信号都是继承而来的，其中比较常用的见表8-36。

表8-36 QSlider继承的常用信号

信号	描述
void valueChanged(int value)	当滑块的值发生了改变，发射此信号。tracking()确定在用户交互时是否发出此信号
void sliderMoved(int value)	当用户拖动滑块，发射此信号
void sliderPressed()	当用户按下滑块，发射此信号
void sliderReleased()	当用户释放滑块，发射此信号

➢ 使用示例

接下来通过一个案例验证QSlider的基本使用方法。需求如下，实现QSPinBox与QSlider的联动效果（拖动QSlider，QSpinBox可以实时显示其进度值；调整QSpinBox的值，QSlider可以随着其值变化实时调整进度）。实现效果如图8-43所示。

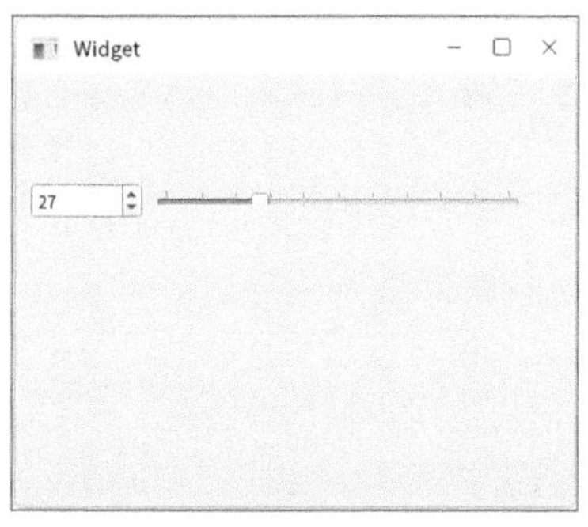

图8-43

实现代码如下。

```
#include <QSlider>
#include <QSpinBox>
Widget::Widget(QWidget *parent) :
    QWidget(parent),
    ui(new Ui::Widget)
{
      ui->setupUi(this);
      int nMin = 0;
      int nMax = 100;
      // 微调框
      QSpinBox *spinBox = new QSpinBox(this);
      spinBox->setGeometry(10,75,80,25);
      spinBox->setMinimum(nMin);       // 最小值
      spinBox->setMaximum(nMax);       // 最大值
      spinBox->setSingleStep(5);       // 步长
      // 滑动框
      QSlider *slider = new QSlider(Qt::Horizontal,this);
      slider->setGeometry(100,80,260,10);
      // 设置最小值、最大值
      slider->setMinimum(nMin);
      slider->setMaximum(nMax);
      // 设置滑块刻度线间距
      slider->setTickInterval(10);
      // 设置滑块刻度线位置
      slider->setTickPosition(QSlider::TicksAbove);
      slider->setSingleStep(5);
      slider->setPageStep(10);
      // 连接信号槽（相互改变）
      connect(spinBox, SIGNAL(valueChanged(int)), slider, SLOT(setValue(int)));
      connect(slider, SIGNAL(valueChanged(int)), spinBox, SLOT(setValue(int)));
}
```

对QSlider进行信号槽关联的时候，直接使用了从父类（QAbstractSlider）继承的信号valueChanged()与从父类（QAbstractSlider）继承的槽函数setValue()进行关联。

8.6 列表视图控件

列表视图属于高级控件，比较常用的有QListView、QListWidget、QTableView，QTableWidget，其设计多是基于模型视图结构来完成的。

8.6.1 模型视图

模型视图（Model View）结构是Qt中界面组件显示与编辑数据的一种结构，其中视图是显示和编辑数据的界面组件，模型是视图与原始数据之间的接口。

GUI应用程序的一个很重要的功能是由用户在界面上编辑和修改数据。典型的如数据库应用程序——用户在界面上执行各种操作，实际上是修改了界面组件所关联的数据库内的数据。

用户通过页面操作直接控制数据库是程序设计中的禁忌，那么如何才能更好地去实现类似的业务呢？经过无数的验证，将界面组件与所编辑的数据分离开来，通过数据源的方式连接起来，是处理界面与数据的一种较好的方式。在Qt中，它就是使用模型视图结构来处理这种关系。为了便于理解模型视图的基本结构，可以

参考下它的工作模式，具体如图8-44所示。

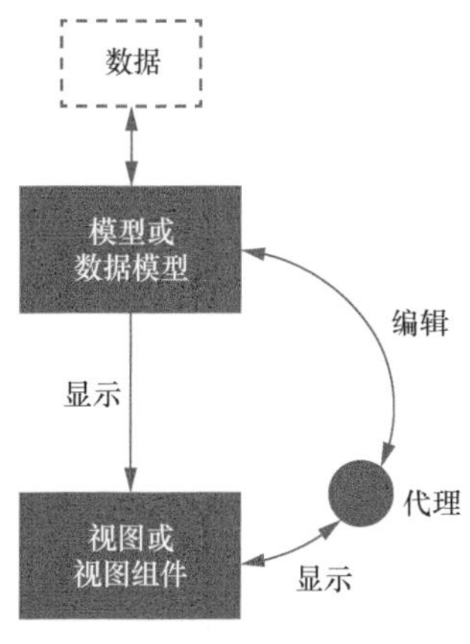

图8-44

其各部分的功能如下。

- 数据是实际的数据，如数据库的一个数据表或SQL查询结果，内存中的一个StringList或磁盘文件结构等。
- 视图或视图组件是屏幕上的界面组件，视图从数据模型获得每个数据项的模型索引（model index）。通过模型索引获取数据，然后为界面组件提供显示数据。Qt提供一些现成的数据视图组件，如QListView、QTreeView和QTableView等。
- 模型或数据模型与实际数据通信，并为视图组件提供数据接口。它从原始数据提取需要的内容，用于视图组件显示和编辑。Qt中有一些预定义的数据模型，如QStringListModel可作为StringList的数据模型，QSqlTableModel可以作为数据库中一个数据表的数据模型。除此之外，也可以根据具体的需求，自定义数据模型。

由于数据源与显示界面通过模型视图结构分离开来，因此可以将一个数据模型在不同的视图中显示，也可以在不修改数据模型的情况下，设计特殊的视图组件。

模型、视图和代理之间使用信号和槽通信。当源数据发生变化时，数据模型发射信号通知视图组件；当用户在界面上操作数据时，视图组件发射信号表示这些操作信息；当编辑数据时，代理发射信号告知数据模型和视图组件编辑器的状态。

接下来介绍在Qt中，数据模型、视图组件、代理所涉及的具体类，先看数据模型。

一、数据模型

所有的基于项数据的数据模型都是基于QAbstractItemModel类的，这个类定义了视图组件和代理存取数据的接口。数据无须存储在数据模型里，数据可以是其他类、文件、数据库或任何数据源。

Qt中与数据模型相关的几个主要的类的层次结构如图8-45所示。

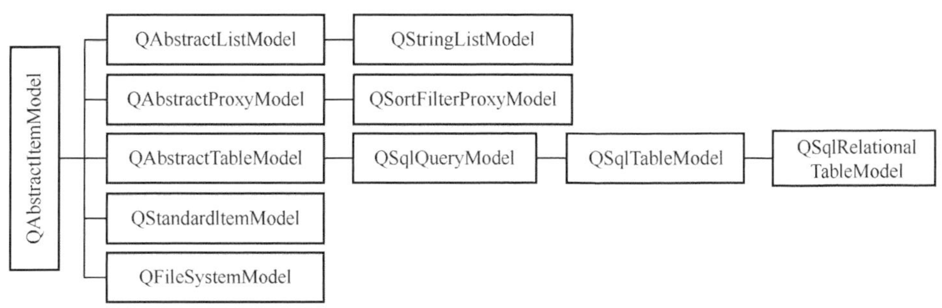

图8-45

注意，图例中的抽象类是不能直接使用的，需要由子类继承，并且实现一些必需的纯虚函数。其中，可以直接用于数据处理并且相对比较常用的模型类见表8-37。

表8-37 Qt常用模型类

模型类	描述
QStringListModel	用于处理字符串列表数据的数据模型类
QStandardItemModel	标准的基于项数据的数据模型类，每个项数据可以是任何数据类型
QFileSystemModel	计算机上文件系统的数据模型类
QSortFilterProxyModel	与其他数据模型结合，提供排序和过滤功能的数据模型类
QSqlQueryModel	用于数据库SQL查询结果的数据模型类
QSqlTableModel	用于数据库的一个数据表的数据模型类
QSqlRelationalTableModel	用于关系数据表的数据模型类

如果表8-37中这些模型类无法满足需求，用户可以以QAbstractItemModel、QAbstractListModel或QAbstractTableModel为父类，生成自己定制的数据模型类。接下来介绍视图组件。

二、视图组件

视图组件就是用于显示数据模型数据的界面组件，Qt提供的视图组件中，常用的有如下几种。

- QListView：用于显示单列的列表数据，适用于一维数据的操作。
- QTableView：用于显示表格状数据，适用于二维表格型数据的操作。
- QTreeView：用于显示树状结构数据，适用于树状结构数据的操作。
- QColumnView：用多个QListView显示树状层次结构，树状结构的一层用一个QListView显示。
- QHeaderView：提供行表头或列表头的视图组件，如QTableView的行表头和列表头。

视图组件在显示数据时，只需调用视图类的setModel()函数，为视图组件设置一个数据模型就可以实现视图组件与数据模型之间的关联。并且，在视图组件上的修改将自动保存到关联的数据模型里，一个数据模型可以同时在多个视图组件里显示数据。

除了以上提及的视图组件，Qt还提供一些便利类，它们与上述视图组件的关系如图8-46所示。

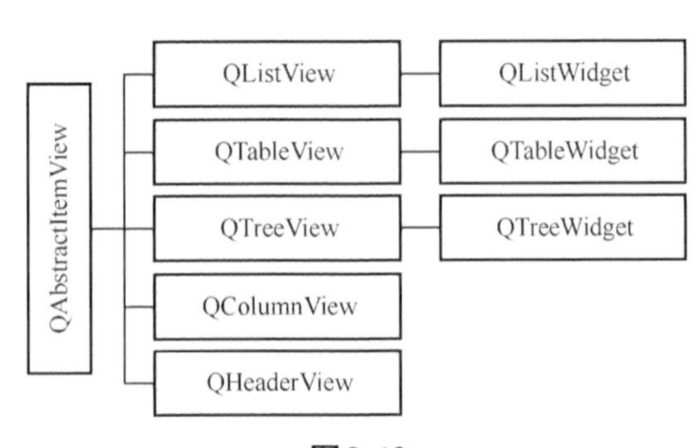

图8-46

用于模型视图结构的几个视图组件直接从QAbstract ItemView继承而来，而便利类则从相应的视图类继承而来。

注意，视图组件的数据采用单独的数据模型，视图组件不存储数

据。便利类则为组件的每个节点或单元格创建一个项，用项存储数据、格式设置等。所以，便利类没有数据模型，它实际上是用项的方式集成了数据模型的功能，这样就将界面与数据绑定了。所以，便利类缺乏对大型数据源进行灵活处理的能力，而对于小型数据的显示和编辑则相对适合。

接下来介绍代理。

三、代理

代理提供的功能可以将保存或映射到模型的数据描绘到视图控件或进行处理，支持Qt 4.4以上的版本，提供QStyledItemDelegate类和QItemDelegate类，父类是QAbstractItemDelegate。通过视图控件绘制数据时，QStyleItemDelegate类可以定义选项列表风格。例如，在特定列表选项中可以使用图标或者Paint绘图。QItemDelegate提供在模型视图上处理数据的功能。

四、模型视图的更多概念

在模型视图结构中，数据模型为视图组件和代理提供存取数据的标准接口。在Qt中，所有的数据模型类都从QAbstractItemModel继承而来，不管底层的数据结构是如何组织数据的，QAbstractItemModel的子类都以表格的层次结构表示数据，视图组件通过这种规则来存取模型中的数据，但是表现给用户的形式不一样。其常见的表示形式有3种：列表、表格，以及树状，如图8-47所示。

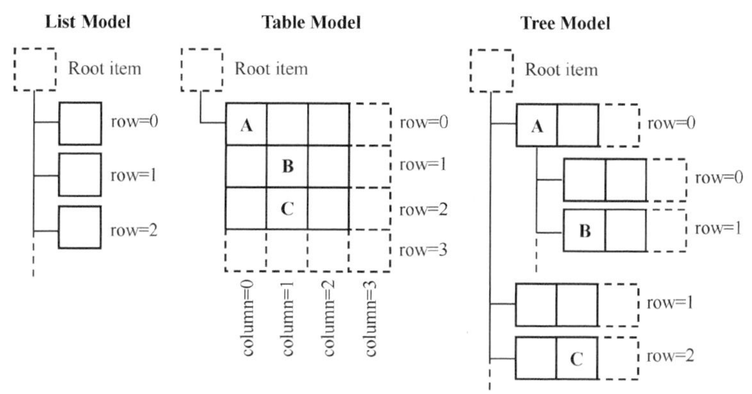

图8-47

不管数据模型的表现形式是什么样的，数据模型中存储数据的基本单元都是项，每个项有一个行号、一个列号，还有一个父项。在列表和表格模式下，所有的项都有一个相同的顶层项；在树状结构中，行号、列号、父项稍微复杂一点，但是由这3个参数完全可以定义一个项的位置，从而存取项的数据。

五、模型索引

为了保证数据的表示与数据存取方式分离，数据模型中引入了模型索引的概念。通过数据模型存取的每个数据都有一个模型索引，视图组件和代理都通过模型索引来获取数据。

QModelIndex表示模型索引的类。模型索引提供数据存取的一个临时指针，用于通过数据模型提取或修改数据。因为模型内部组织数据的结构随时可能改变，所以模型索引是临时的。如果需要使用持久性的模型索引，则要使用QPersistentModelIndex类。

六、行号和列号

数据模型的基本形式是用行和列定义的表格数据，但这并不意味着底层的数据是用二维数组存储的，使用行和列只是为了使组件之间的交互方便。通过模型索引的行号和列号就可以存取数据。

要获得一个模型索引，必须提供3个参数：行号、列号、父项的模型索引。例如，对于图8-47中的表格数据模型中的3个数据项A、B、C，获取其模型索引的代码如下。

```
QModelIndex indexA = model->index(0, 0, QModelIndex());
QModelIndex indexB = model->index(1, 1, QModelIndex());
QModelIndex indexC = model->index(2, 1, QModelIndex());
```

对于列表和表格模式的数据模型，顶层节点总是用QModelIndex()表示。

七、父项

当数据模型是列表或表格时，使用行号、列号存储数据比较直观，所有数据项的父项就是顶层项；当数据模型是树状结构时，情况比较复杂（树状结构中，项一般习惯于称为节点），一个节点可以有父节点，也可以是其他节点的父节点。在构造数据项的模型索引时，必须指定正确的行号、列号和父节点。

对于图8-47中的树状数据模型，节点A和节点C的父节点是顶层节点，获取模型索引的代码如下。

```
QModelIndex indexA = model->index(0, 0, QModelIndex());
QModelIndex indexC = model->index(2, 1, QModelIndex());
```

但是，节点B的父节点是节点A，节点B的模型索引则可以由下面的代码生成。

```
QModelIndex indexB = model->index(1, 0, indexA);
```

八、项的角色

在为数据模型的一个项设置数据时，可以赋予其不同项的角色的数据。例如，数据模型类QStandardItemModel的项数据类是QStandardItem，其设置数据的函数如下。

```
void QStandardItem::setData(const QVariant &value, int role= Qt::UserRole
+ 1)
```

其中，value是需要设置的数据，role是设置数据的角色。一个项可以有不同角色的数据，用于不同的场合。role是Qt::ItemDataRole枚举类型，有多种取值，如Qt::DisplayRole角色是在视图组件中显示的字符串，Qt::ToolTipRole是鼠标指针提

示消息，Qt::UserRole可以自定义数据。项的标准角色是Qt::DisplayRole。在获取一个项的数据时也需要指定角色，以获取不同角色的数据。

```
QVariant QStandardItem::data(int role = Qt::UserRole + 1) const
```

8.6.2 QListView

QListView提供模型上的列表或图标视图，如图8-48所示。

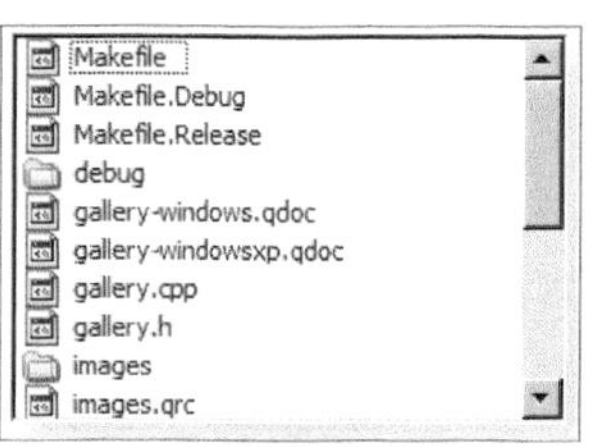

图8-48

QListView可以将存储在模型中的项目显示为简单的非分层列表，也可以显示为图标的集合。该效果也可以使用其他组件实现，但使用Qt的模型视图结构框架来实现会更灵活。该视图不显示水平或垂直标题。要显示带有水平标题的项目列表，可以使用QTableVeiw。

QListView实现由QAbstractItemView类定义的接口，以允许它显示从QAbstractItemModel类派生的模型提供的数据。列表视图中的项目可以使用以下两种视图模式之一显示。在ListModel中，项目以简单列表的形式显示；在IconModel中，列表视图采用图标视图的形式，其中在项目管理器中使用诸如文件之类的图标显示项目。默认情况下，列表视图处于ListModel。如果需要更改视图模式，可以使用setViewModel()函数。

在Qt中使用模型视图结构来管理数据与视图的关系，其中模型负责数据的存取，如果涉及数据的交互，则可以通过代理（delegate）来实现。

Qt提供了一些现成的模型用于处理数据项。一般情况下使用Qt自带的模型类——QStandardItemModel即可。模型中存放的每项数据都有相应的模型索引，由QModelIndex类来表示。每个索引由3个部分构成：行、列和表明所属模型的指针。对于一维的列表模型，列部分永远为0。

接下来通过一个案例验证QListView中基本模型视图的使用方法。核心代码如下（源码见8-6-QListView_Demo1）。

```
Widget::Widget(QWidget *parent) :
    QWidget(parent),
    ui(new Ui::Widget)
{
    ui->setupUi(this);
    // 创建清单视图
    QListView *listView = new QListView(this);
    listView->setGeometry(10,10,this->width()-20,80);
    // 创建模型
    QStringListModel *model = new QStringListModel;
    QStringList list ;
    list.append("A");
    list.append("B");
    list.append("C");
    list.append("D");
    list.append("E");
    list.append("F");
```

```
    list.append("G");
    // 模型与数据源的关联
    model->setStringList(list);
    // 设置视图的数据模型
    listView->setModel(model);
    // 关联信号槽
      connect(listView,SIGNAL(clicked(QModelIndex)),this,
                                 SLOT(indexClickedSlot(QModelIndex)));
}
// 自定义槽函数
void Widget::indexClickedSlot(const QModelIndex &index)
{
    QMessageBox::information(this,"",index.data().toString());
}
```

这里使用的是比较简单的模型QStringListModel，如果清单视图中每个数据条目比较复杂，则可以采用QStandardItemModel，用法类似，在这不赘述。

如果不采用系统模型，而是采用自定义模型以及自定义代理，实现起来会相对复杂一些，具体实现如下（源码见8-6-QListView_Demo2）。

mainwindow.cpp

```
MainWindow::MainWindow(QWidget *parent) :
    QMainWindow(parent),
    ui(new Ui::MainWindow)
{
    ui->setupUi(this);
    // 创建自定义视图对象
    MyListView *listView = new MyListView;
    // 创建自定义代理对象
    MyItemDelegate *delegate = new MyItemDelegate();
    listView->setGeometry(10,20,this->width()-20,this->height()-100);
    listView->setParent(this);
    QStringList *list = new QStringList;;
    *list << "A" <<"B" <<"C" <<"D"<<"E"<<"F"<<"G";
    // 创建自定义模型对象
    MyViewModel *model = new MyViewModel(*list);
    listView->setModel(model);                    // a
    listView->setItemDelegate(delegate);          // b
    // 信号槽的关联
    connect(listView,SIGNAL(clicked(QModelIndex)),this,
                                 SLOT(indexClickedSlot(QModelIndex)));
}
// 自定义槽函数
void MainWindow::indexClickedSlot(const QModelIndex &index)
{
    QMessageBox::information(this,"",index.data().toString());

}
```

上述代码可以看到当前QListView的视图以及代理分别都是自定义的。其中视图为MyViewModel，源码如下。

myviewmodel.cpp

```
MyViewModel::MyViewModel(QStringList &list,QObject *parent)
{
    this->list = list;
}
```

```
int MyViewModel::rowCount(const QModelIndex &parent) const
{
    return list.count();
}

QVariant MyViewModel::data(const QModelIndex &index, int role) const
{
    if(!index.isValid()){
          return QVariant();
    }
    if(index.row() >= list.size()){
          return QVariant();
}
    if(role == Qt::DisplayRole){
          return list.at(index.row());
    }else {
          return QVariant();
    }
}
```

以上为MyViewModel的实现文件，这里采用的是相对比较简单的、非层次性结构、只读的数据模型。模型中还定义了一个QStringList作为内部的数据源，这是因为QAbstractItemModel本身不存储任何数据，它仅仅提供了一些接口来供视图访问数据。除了基本的构造函数外，需要实现父类的两个函数。

```
int rowCount(const QModelIndex &parent = QModelIndex()) const;
```

该函数返回模型的行数。

```
QVariant data(const QModelIndex &index, int role = Qt::DisplayRole) const
```

该函数返回指定模型索引的数据项。

如果定义的模型是层次性的，除了这两个函数之外，还要实现index()以及parent()函数。

如果要让模型具备编辑功能，则需要实现更多的函数，如flags()、setData()。

如果要让模型具备插入和删除功能，同样可以通过实现更多的函数来实现，如insertRows()、removeRows()。

接下来看一下自定义的代理类，源码如下。

myitemdelegate.cpp

```
// 每行的绘制
void MyItemDelegate::paint(QPainter *painter, const QStyleOptionViewItem &
option, const QModelIndex &index) const
{
    if (index.isValid()) {
          painter->save();
          QString content = index.data().toString();
          // 项的矩形区域
          QRectF rect;
          rect.setX(option.rect.x());
          rect.setY(option.rect.y());
          rect.setWidth(option.rect.width()-1);
          rect.setHeight(option.rect.height()-1);
          // 绘制路径
          QPainterPath path;
```

```
            path.moveTo(rect.topRight());
            path.lineTo(rect.topLeft());
            path.quadTo(rect.topLeft(), rect.topLeft());
            path.lineTo(rect.bottomLeft());
            path.quadTo(rect.bottomLeft(), rect.bottomLeft());
            path.lineTo(rect.bottomRight());
            path.quadTo(rect.bottomRight(), rect.bottomRight());
            path.lineTo(rect.topRight());
            path.quadTo(rect.topRight(), rect.topRight());
            // 选中单元格颜色设置
            if (option.state.testFlag(QStyle::State_Selected)) {
                painter->setPen(QPen(QColor("#e3e3e5")));
                painter->setBrush(QColor("#e3e3e5"));
                painter->drawPath(path);
            }
            painter->setPen(QPen(Qt::black));
            painter->setFont(QFont("Microsoft Yahei", 16));
            QRect textRect = QRect(rect.left()+10,rect.top()+10,50,30);
            painter->drawText(textRect,content);
            painter->restore();
        }
    }
    // 行高
    QSize MyItemDelegate::sizeHint(const QStyleOptionViewItem &option, const
QModelIndex &index) const
    {
        return QSize(option.rect.width(),50);
    }
```

如果要实现自定义的代理类，首先要确定继承的父类，在这里选择的是QAbstractItemDelegate。如果继承了这个父类，那么有两个函数是要求必须实现的。

```
    void paint(QPainter *painter, const QStyleOptionViewItem &option, const
QModelIndex &index) const
```

该函数为每行的渲染函数，如果需要自定义的绘制，可以在该函数中进行设置。

```
    QSize sizeHint(const QStyleOptionViewItem &option, const QModelIndex &index)
const
```

该函数返回视图中每行的高度。

除此之外，还为listView关联了信号槽，保证单击每行的时候，弹出对应的消息。

8.6.3 QListWidget

相比QListView，QListWidget是一个更方便的类，它提供了一个类似于QListView的列表视图，除此之外，还有可以用于添加和删除数据的基于项的经典接口。它使用简单，非常适合少量数据的存储和展示。QListWidget使用内部模型来管理列表中的每个QListWidgetItem，它没有将视图和模型进行分离，因此，在灵活性上相对差一些。

接下来通过一个案例验证QListWidget的基本使用方法。需求比较简单，创建QListWidget对象，完成其基本属性设置，效果如图8-49所示。

单击视图中的某行，弹出消息框进行提示，效果如图8-50所示。

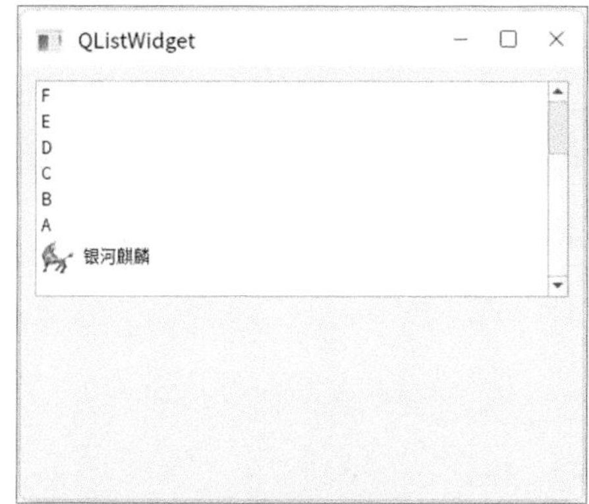

图8-49

图8-50

实现代码如下（源码见8-6-QListWidget_Demo）。

```
Widget::Widget(QWidget *parent) :
    QWidget(parent),
    ui(new Ui::Widget)
{
    ui->setupUi(this);
    this->setWindowTitle("QListWidget");
    QListWidget *listWidget = new QListWidget(this);
    listWidget->setGeometry(10,10,this->width()-20,150);
    // 创建条目
    QListWidgetItem *item = new QListWidgetItem;
    item->setIcon(QIcon(":/4.5-1.png"));
    item->setText("银河麒麟");
    // 设置工具提示
    item->setToolTip("what's up?");
    // 添加单个条目
    listWidget->addItem(item);
    QStringList list;
    list << "A" << "B" << "C" << "D" << "E" << "F" << "G" << "H" << "I";
    // 添加多个条目
    listWidget->addItems(list);
      // 设置排序为倒叙
    listWidget->sortItems(Qt::DescendingOrder);
      // 选中某行的信号槽
    connect(listWidget,&QListWidget::itemClicked,this,[=](QListWidgetItem
*item){
        QMessageBox::information(this,"Mes",item->text());
    });
}
```

单层的条目列表一般使用一个QListWidget和一些QListWidgetItem来显示，一个列表部件可以像一般的窗口部件那样进行创建。可以在创建QListWidgetItem时将它直接添加到已经创建的列表部件中；也可以稍后使用QListWidget类的insertItem()函数以及addItem()函数来添加；还可以使用addItems()函数，一次完成多组数据的添加。列表中的每一个条目都可以显示一个图标一个文本标签，还可以通过setTool()函数为其设置工具提示。默认情况下，列表中的条目会按照添加顺序进行排序，案例中通过sortItems()函数手动修改了排序方式，该函数的参数Qt::SortOrder为枚举类，具体定义见表8-38。

表8-38 Qt::SortOrder枚举类

枚举常量	枚举值	描述
Qt::AscendingOrder	0	项目按升序排序，例如A～Z
Qt::DescendingOrder	1	项目按降序排序，例如Z～A

在QListWidget类中，有很多信号，案例中只对其中的itemClicked()信号进行了验证，在单击某个条目时，发出该信号。读者如果对更多信号感兴趣，可以查阅官方文档。

8.6.4 QTableView

表格视图控件QTableView，需要和QStandardItemModel配套使用，这套框架是基于MVC设计模式设计的。M（model）是QStandardItemModel数据模型，不能单独显示出来。V（view）是指QTableView视图，可显示数据模型，C（controllor）在Qt中被弱化，与View合并到一起。

QStandardItmeModel表格的数据模型，那么这个模型需要填上每一行、每一列的数据，就像Execl表格一样。

接下来通过一个案例验证QTableView的基本使用方法。需求如下，创建一个QTableView，设置其编辑模式、行选择模式等基本属性，设置数据模型（包含3行4列，每列的字段分别为“Id”“Name”“Gender”“Age”），效果如图8-51所示。

单击表格中的某项，弹出消息框显示选中内容，效果如图8-52所示。

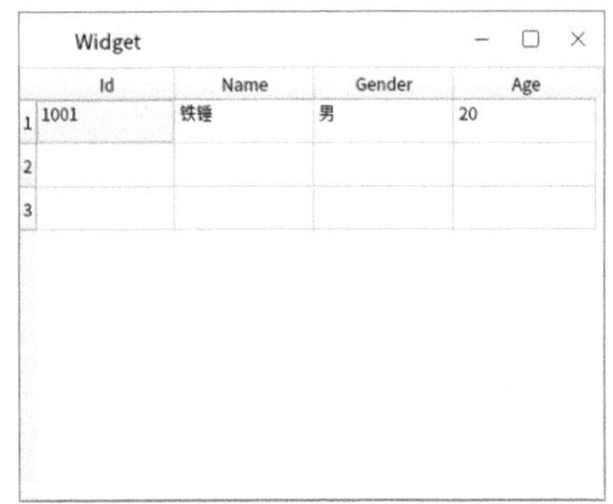

图8-51

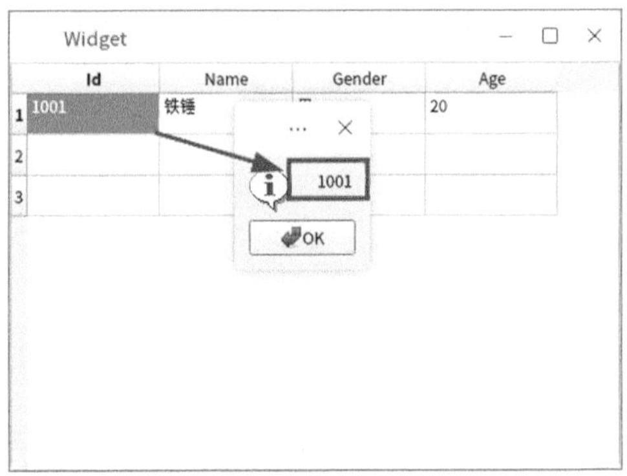

图8-52

实现过程如下（源码见8-6-QTableView_Demo1）。

1. 在widget.h中声明一个QTableView的成员变量，以及单击信号需要关联的槽函数。具体实现如下。

widget.h

```
#include <QTableView>
class Widget : public QWidget
```

```
{
    Q_OBJECT
public:
    explicit Widget(QWidget *parent = nullptr);
    QTableView *tableView;
    ~Widget();
private slots:
    void itemActivedSlot(const QModelIndex &index);
private:
    Ui::Widget *ui;
};
```

2. 在对应的源文件widget.cpp中完成成员变量的初始化、相关属性的设置、槽函数的定义、信号槽的等操作，实现如下。

widget.cpp

```
Widget::Widget(QWidget *parent) :
    QWidget(parent),
    ui(new Ui::Widget)
{
    ui->setupUi(this);
    // 创建表视图
    tableView = new QTableView(this);
    tableView->setGeometry(0,0,this->width(),this->height());
    // 设置表格编辑模式
    tableView->setEditTriggers(QAbstractItemView::NoEditTriggers);
    // 设置行选择模式
    tableView->setSelectionBehavior(QAbstractItemView::SelectRows);
    // 创建数据模型
    QStandardItemModel *model = new QStandardItemModel;
    // 设置行数
    model->setRowCount(3);
    // 设置列数
    model->setColumnCount(4);
    // 设置表头数据
    model->setHeaderData(0,Qt::Horizontal,"Id");
    model->setHeaderData(1,Qt::Horizontal,"Name");
    model->setHeaderData(2,Qt::Horizontal,"Gender");
    model->setHeaderData(3,Qt::Horizontal,"Age");

    QList<QStandardItem*> list;
    // 添加数据项
    list << new QStandardItem("1001") << new QStandardItem("铁锤") << new
QStandardItem("男") << new QStandardItem("20");
    for(int i = 0;i <= 3;++i){
        QStandardItem *item = list[i];
        item->setTextAlignment(Qt::AlignCenter);
        model->setItem(0,i,list[i]);
    }
    // 设置表格的数据模型
    tableView->setModel(model);
    // 关联信号槽
    connect(tableView,SIGNAL(clicked(const QModelIndex&)),this,SLOT(
itemActivedSlot(const QModelIndex&)));
}
// 选中某项关联的槽函数
void Widget::itemActivedSlot(const QModelIndex &index)
{
    if(index.isValid()){
        QVariant var = index.model()->data(index);
        if(var.type() == QVariant::Int){
            qDebug()<<var.toInt();
```

```
            }else if(var.type() == QVariant::String){
                qDebug()<<var.toString();
            }
        }
    }
```

在设置tableView的相关属性时，函数setEditTriggers()可以设置tableView是否允许编辑，其参数QAbstractItemView::EditTriggers为枚举类，它的具体定义形式如表8-39所示。

表8-39 QAbstractItemView::EditTriggers枚举类

枚举常量	枚举值	描述
QAbstractItemView::NoEditTriggers	0	无法编辑
QAbstractItemView::CurrentChanged	1	当前项更改时开始编辑
QAbstractItemView::DoubleClicked	2	双击某个项目时开始编辑
QAbstractItemView::SelectedClicked	4	单击已选项目时开始编辑
QAbstractItemView::EditKeyPressed	8	按下编辑键时开始编辑
QAbstractItemView::AnyKeyPressed	16	按任意键时开始编辑
QAbstractItemView::AllEditTriggers	31	所有上述操作

以上是对QTableView用法的基础验证，如果要实现QTableView的高度定制，则需要自定义数据模型以及代理，其用法同QListView类似。接下来重点介绍在QTableView中，自定义代理的使用方法——它是如何实现对tableView中不同项的定制化设置的（比如，将上述案例中的年龄项设置成基于QSpinBox控件进行取值，效果如图8-53所示）。

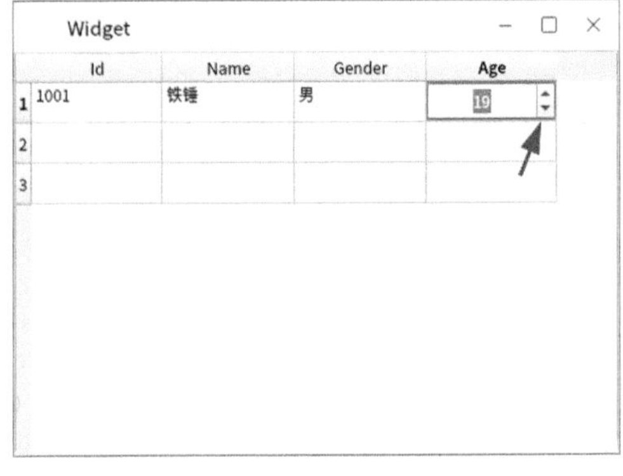

图8-53

它的实现方式与传统使用方式相比，稍微有点复杂，具体如下（源码见8-6-QTableView_Demo2）。

1. 实现自定义的代理类，代理类的头文件spindelegate.h中实现如下。

```
#include <QItemDelegate>
class SpinDelegate : public QItemDelegate
{
public:
    SpinDelegate(QObject *parent = nullptr);
    QWidget *createEditor(QWidget *parent,
                          const QStyleOptionViewItem &option,
                          const QModelIndex &index) const;
    void setEditorData(QWidget *editor, const QModelIndex &index) const;
    void setModelData(QWidget *editor, QAbstractItemModel *model,
        const QModelIndex &index) const;
};
```

自定义的SpinDelegate类继承自QItemDelegate类，并重写了createEditor()、

setEditorData()以及setModelData()函数。其中createEditor()函数的作用是返回项中的控件，也就是希望在每一项中展示的对应控件。setEditorData()函数的作用则是从模型索引指定的数据模型项中设置编辑器要显示和编辑的数据，也就是说在对应项的控件中要展示和编辑的内容。setModelData()函数的作用则是从编辑的小部件中获取数据，并将该数据存储到对应模型中。

2. spindelegate.cpp源文件的相关函数的实现。

```
include "spindelegate.h"
#include <QSpinBox>

SpinDelegate::SpinDelegate(QObject *parent):QItemDelegate (parent)
{
}
// 返回项中的控件
QWidget *SpinDelegate::createEditor(QWidget *parent, const
QStyleOptionViewItem &option, const QModelIndex &index) const
{
    QSpinBox *spinBox = new QSpinBox(parent);
    spinBox->setAlignment(Qt::AlignCenter);
    spinBox->setMinimum(0);
    spinBox->setMaximum(99);
    return spinBox;
}
// 从模型索引指定的数据模型项中设置编辑器要显示和编辑的数据
void SpinDelegate::setEditorData(QWidget *editor, const  QModelIndex
&index) const
{
    int  value = index.model()->data(index, Qt::EditRole).toInt();
    QSpinBox *spinBox =  static_cast <QSpinBox*>(editor);
    spinBox->setValue(value);
}
// 从编辑器小部件获取数据，并将其存储在项索引处的指定模型中
void SpinDelegate::setModelData(QWidget *editor, QAbstractItemModel *model,
const QModelIndex &index) const
{
    QSpinBox *spinBox =  static_cast <QSpinBox*>(editor);
    spinBox->interpretText();
    int  value = spinBox->value();
    model->setData(index, value, Qt::EditRole);
}
```

该文件是自定义代理的关键所在，读者可以根据自己的需求完成QTableView的定制。

3. 在widget.cpp中，使用自定义的代理类完成tableView代理设置即可，实现如下。

```
    Widget::Widget(QWidget *parent) :
    QWidget(parent),
    ui(new Ui::Widget)
{
    ui->setupUi(this);
    // 创建表视图
    tableView = new QTableView(this);
    ...
    SpinDelegate *delegate = new SpinDelegate();
    tableView->setItemDelegateForColumn(3,delegate);
}
```

上述代码中，相比之前，创建了一个自定义的代理对象，然后使用

setItemDelegateForColumn()函数，设置tableView的代理。注意，它只对指定的列生效，如果想设置整个tableView的代理，可以使用函数setItemDelegate()来实现。如果要对行进行设置，则可以使用setItemDelegateForRow()来实现。因此，对于一个tableView，是可以为不同行、不同列指定不同代理对象的。如果有这样的需求，则需要定义多个代理类，一一为指定行、列设置对应代理对象即可。具体操作在这里不做演示，感兴趣的读者可以自行尝试。

8.6.5 QTableWidget

QTableWidget是Qt程序中常用的显示数据表格的控件，它是QTableView的子类，二者之间的主要区别是QTableView可以使用自定义的数据模型来显示内容（也就是先要通过setModel来绑定数据源），而QTableWidget则只能使用标准的数据模型，并且其单元格数据是QTableWidgetItem的对象来实现的（不需要设置数据源，将单元格内的信息逐个填好即可）。这主要体现在QTableView类中有setModel()成员函数，而到了QTableWidget类中，该成员函数变成了私有的。使用QTableWidget就离不开QTableWidgetItem。QTableWidgetItem用来表示表格中的一个单元格，整个表格都需要用逐个单元格构建起来。

接下来通过一个案例来综合验证QTableWidget的基本使用方法（源码见8-6-QTableWidget_Demo）。

案例中集成了多项功能，如设置QTableWidget的表头、设置行数、设置初始化表格数据；表格操作相关的插入行、添加行、删除行；表格基本属性相关的是否显示表头、是否间隔行色、表格是否可编辑等，实现效果如图8-54所示。

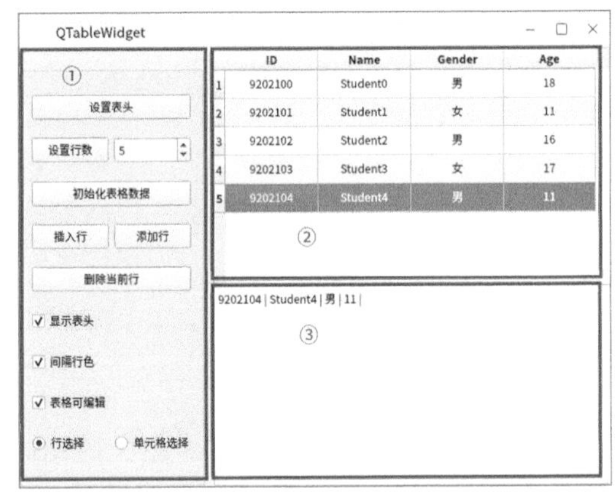

图8-54

为了快速实现效果，整体页面采用的是基于.ui文件进行实现的。其中左侧栏（矩形①内）中包含6个QPushButton（如“设置表头”“设置行数”“初始化表格数据”“插入行”“添加行”“删除当前行”），1个QSpinBox用来调整数值，3个QCheckBox（“显示表头”“间隔行色”“表格可编辑”），2个QRadioButton（“行选择”“单元格选择”）；基于信号槽的机制，每个控件都对应指定的功能。右侧上半部分（矩形②内）包含1个QTableWidget控件，下半部分（矩形③内）包含1个QTextEdit控件。

接下来介绍各个功能的实现。

1. 设置表头。

该功能封装在槽函数on_btnSetTitle_clicked()中，单击“设置表头”按钮，函数执行，代码实现如下。

```
void Widget::on_btnSetTitle_clicked()
{
    QTableWidgetItem *headerItem;
    QStringList headText;
    headText << "ID" << "Name" << "Gender"<<"Age";
    ui->tableWidget->setColumnCount(headText.count());
    for(int i = 0; i < ui->tableWidget->columnCount();++i){
        headerItem = new QTableWidgetItem(headText.at(i));
        QFont font = headerItem->font();
        font.setBold(true);
        font.setPointSize(14);
        ui->tableWidget->setHorizontalHeaderItem(i,headerItem);
    }
}
```

行表头各列的文字标题由一个QStringList对象——headerText初始化存储，如果只设置行表头中各列的标题，使用下面一行代码即可。

```
ui->tableWidget->setHorizontalHeaderLabels(headerText);
```

如果需要进行更加具体的格式设置，需要为行表头的每个单元格创建一个QTableWidgetItem类型的变量，并进行相应的设置。

在一个表格中，不管是表头还是工作区，每个单元格都是一个QTableWidgetItem对象。QTableWidgetItem对象存储了单元格的所有内容，包括标题、格式设置，以及与之关联的数据。程序中的for循环遍历headerText的每一行，用每一行的文字创建一个QTableWidgetItem对象——headerItem，然后设置headerItem的字体为14号、粗体，然后将headerItem赋给表头的某一列。

```
ui->tableWidget->setHorizontalHeaderItem(i,headerItem);
```

2. 设置行数。

该功能封装在槽函数on_btnSetLineCount_clicked()中，单击“设置行数”按钮，函数执行，代码实现如下。

```
void Widget::on_btnSetLineCount_clicked()
{
      int count = ui->spinBox->value();
      ui->tableWidget->setRowCount(count);
}
```

实现过程中，首先通过spinBox->value()获取对应值，然后通过setRowCount(count)函数设置tableWidget的行数。

3. 初始化表格数据。

该功能封装在槽函数on_btnInitTable_clicked()中，单击“初始化表格数据”按钮，函数执行，代码实现如下。

```
void Widget::on_btnInitTable_clicked()
{
    qsrand(static_cast<uint>(QTime(0, 0, 0).secsTo(QTime::currentTime()) ));
    ui->tableWidget->clearContents();
    int rows = ui->tableWidget->rowCount();
```

```
    for(int i = 0;i < rows;++i){
        QString name =QString("Student%1").arg(i);
        uint age = qrand()%10+10;
        QString gender;
        if ((i % 2)==0) // 分奇数、偶数行设置性别及其图标
            gender="男";
        else
            gender="女";
        QString id_str = "920210"+QString::number(i);
        creatLine(i,id_str,name,gender,age);
    }
}
```

按钮根据表格的行数，生成数据填充表格。生成数据填充表格调用了自定义的函数creatLine()，该函数的实现如下。

```
void Widget::creatLine(int rowNo,QString id, QString name, QString gender,
uint age)
{
    QTableWidgetItem *item;
    // 记录ID的项
    item = new QTableWidgetItem(id);
    item->setTextAlignment(Qt::AlignCenter);
    ui->tableWidget->setItem(rowNo,STUDENT_INFO::ID,item);

    item = new QTableWidgetItem(name);
    item->setTextAlignment(Qt::AlignCenter);
    ui->tableWidget->setItem(rowNo,STUDENT_INFO::NAME,item);

    item = new QTableWidgetItem(gender);
    item->setTextAlignment(Qt::AlignCenter);
    ui->tableWidget->setItem(rowNo,STUDENT_INFO::GENDER,item);

    QString age_str = QString::number(age);
    item = new QTableWidgetItem(age_str);
    item->setTextAlignment(Qt::AlignCenter);

    ui->tableWidget->setItem(rowNo,STUDENT_INFO::AGE,item);
}
```

因为表格每一行有4列，所以需要创建不同的表格项——QTableWidgetItem，创建QTableWidgetItem使用的构造函数的原型如下。

```
QTableWidgetItem::QTableWidgetItem (const QString &text, int type = Type)
```

其参数解析见表8-40。

表8-40 QTableWidgetItem构造函数参数解析

参数	类型	描述
text	QString	单元格要显示的文字
type	int	表示节点的类型，默认参数，使用时可以不给实参

creatLine()函数中多次用到了该函数。

```
item = new QTableWidgetItem(name);
item->setTextAlignment(Qt::AlignCenter);
ui->tableWidget->setItem(rowNo,STUDENT_INFO::NAME,item);
```

注意，通过setItem(rowNo,STUDENTI_NFO::NAME,item)函数可以设置列表中对应的项。其中，第一个参数rowNo表示对应行，第二个参数STUDENT_INFO::NAME表示所在列，它是自定义的一个枚举类，具体如下。

```
typedef enum{
    ID = 0,
    NAME,
    GENDER,
    AGE,
} STUDENT_INFO;
```

最后一个参数item，就是需要设置的QTableWidgetItem。依次类推，即可完成整行的设置。

QTableWidgetItem还提供一些函数用于单元格的属性设置，让其操作更具灵活性，具体如表8-41所示。

表8-41 QTableWidgetItem更多属性设置函数

函数	作用
void setTextAlignment (int alignment)	设置文字对齐方式
void setBackground(const QBrush &brush)	设置单元格背景色
void setForeground(const QBrush &brush)	设置单元格前景色
void setIcon(const QIcon &icon)	为单元格设置一个显示图标
void setFont(const QFont &font)	为单元格显示文字设置字体
void setCheckState(Qt::CheckState state)	设置单元格勾选状态，单元格里出现一个QCheckBox组件
void setFlags(Qt::ItemFlags flags)	设置单元格的一些属性标记

4. 插入行。

该功能封装在槽函数on_btnInsertRow_clicked()中，单击“插入行”按钮，函数执行，代码实现如下。

```
void Widget::on_btnInsertRow_clicked()
{
int current_row = ui->tableWidget->currentRow();
     if(current_row >= 0){
     ui->tableWidget->insertRow(current_row);
     creatLine(current_row,"81001","new Student","男",18);
     }else{
     QMessageBox::information(ui->tableWidget,"Warning","请选择您要插入行的位置");
     }
}
```

在函数实现过程中，首先通过currentRow()函数获取到选中行，如果没有选中的话，其返回值为-1。接着，使用insertRow(int row)函数在行号为row的行前插入新行。如果row等于或大于总行数，则默认在表格最后添加新行。insertRow()函数只是插入一个空行，不会为单元格创建QTableWidgetItem对象，可以借助封装好的creatLine()函数来完成这个功能。

5. 添加行。

该功能封装在槽函数on_btnAddRow_clicked()中，单击“添加行”按钮，函数执行，代码实现如下。

```
void Widget::on_btnAddRow_clicked()
{
    int current_row = ui->tableWidget->currentRow();
    if(current_row >= 0){
         ui->tableWidget->insertRow(current_row);
```

```
            creatLine(current_row,"81001","new Student1","女",16);
        }else{
            QMessageBox::information(ui->tableWidget,"Warning","请选择您要添加行的位置");
        }
    }
```

该逻辑与插入行的实现一致，在这里不赘述。

6. 删除行。

该功能封装在槽函数on_btnRemoveRow_clicked()中，单击“删除行”按钮，函数执行，代码实现如下。

```
void Widget::on_btnRemoveRow_clicked()
{
    int current_row = ui->tableWidget->currentRow();
    if(current_row >=0){
        ui->tableWidget->removeRow(current_row);
    }else{
        QMessageBox::information(ui->tableWidget,"Warning","请选择您要删除的行");
    }
}
```

使用removeRow(current_row)函数，可以删除行号为current_row的行。

7. 显示表头。

该功能封装在槽函数on_cbShowTitle_stateChanged()中，注意，它与之前的几个槽函数不同，它是与QCheckBox的stateChanged()信号进行关联的。当QCheckBox状态发生变化时，函数执行，代码实现如下。

```
void Widget::on_cbShowTitle_stateChanged(int arg1)
{
    if(arg1 == Qt::Checked){
        ui->tableWidget->horizontalHeader()->setVisible(true);
    }else if(arg1 == Qt::Unchecked) {
        ui->tableWidget->horizontalHeader()->setVisible(false);
    }
}
```

在函数实现过程中，通过ui->tableWidget->horizontalHeader()获取到水平表头，然后使用setVisible(true)即可设置其可视；除了水平表头之外，如果要对垂直表头进行设置，也是采用同样的方式，先使用verticalHeader()函数获取到垂直表头，然后设置其可视性。

8. 间隔行色。

该功能封装在槽函数on_cbDifferentColor_stateChanged()中，同样，它是与QCheckBox的stateChanged()信号进行关联的。当QCheckBox状态发生变化时，函数执行，代码实现如下。

```
void Widget::on_cbDifferentColor_stateChanged(int arg1)
{
    if(arg1 == Qt::Checked){
        ui->tableWidget->setAlternatingRowColors(true);
    }else {
        ui->tableWidget->setAlternatingRowColors(false);
    }
}
```

setAlternatingRowColors() 函数可以设置表格的行是否用交替底色显示，若用交替底色显示，则间隔的一行会用灰色作为底色。如果要设置具体的底色，则可以使用styleSheet()函数。

9. 表格可编辑。

该功能封装在槽函数on_cbEditable_stateChanged()中，它也是与QCheckBox的stateChanged()信号进行关联的。当QCheckBox状态发生变化时，函数执行，代码实现如下。

```
void Widget::on_cbEditable_stateChanged(int arg1)
{
    if(arg1 == Qt::Checked){
        ui->tableWidget->setEditTriggers(QAbstractItemView::AllEditTriggers);
    }else if(arg1 == Qt::Unchecked) {
        ui->tableWidget->setEditTriggers(QAbstractItemView::NoEditTriggers);
    }
}
```

使用setEditTriggers()函数可以实现是否可编辑的设置，用法同QTableView的一致，具体见QTableView的基本使用方法（案例8-6-QTableView_Demo1）。

10. 行选择与单元格选择。

该功能由两个QRadioButton分别与槽函数on_rbSelectLine_clicked()以及槽函数on_rbSelectItem_clicked()对应。

```
void Widget::on_rbSelectLine_clicked()
{
    ui->tableWidget->setSelectionBehavior(QAbstractItemView::SelectRows);
}
void Widget::on_rbSelectItem_clicked()
{
    ui->tableWidget->setSelectionBehavior(QAbstractItemView::SelectItems);
}
```

两个槽函数的实现中都采用了setSelectionBehavior() 函数，它可以设置选择方式为单元格选择还是行选择。参数为枚举类，具体定义见表8-42。

表8-42 QAbstractItemView::SelectionBehavior枚举类

枚举常量	枚举值	描述
QAbstractItemView::SelectItems	0	单元格选择
QAbstractItemView::SelectRows	1	行选择
QAbstractItemView::SelectColumns	2	列选择

11. 选中行的信息展示。

该功能封装在槽函数showSelectItemContentSlot()中，与表格视图——ui->tableWidget的itemClicked()信号进行关联，用于选中的单元格（或者选中行）中内容的展示，具体实现如下。

```
void Widget::showSelectItemContentSlot(QTableWidgetItem *item)
{
    QString stu_info;
    int currentRow = item->row();
    for(int i = 0;i < ui->tableWidget->columnCount();++i){
```

```
        QTableWidgetItem *tempItem = ui->tableWidget->item(currentRow,i);
        stu_info += tempItem->text()+" | ";
    }
    ui->textEdit->setText(stu_info);
}
```

在函数的实现中，首先通过item->row()获取到选中行，由于每行中有多个QTableWidgetItem，循环通过ui->tableWidget->item(currentRow,i)拿到每一个QTableWidgetItem，然后取值展示在ui->textEdit中。

注意，tableWidget的itemClicked信号与槽函数showSelectItemContentSlot()是基于connect()函数进行显式关联的。因此，需要在默认的构造函数中关联之后，才可以完成该函数的调用。

```
Widget::Widget(QWidget *parent) :
    QWidget(parent),
    ui(new Ui::Widget)
{
    ui->setupUi(this);
    setWindowTitle("QTableWidget");
    connect(ui->tableWidget, SIGNAL(itemClicked(QTableWidgetItem*)),
        this,SLOT(showSelectItemContentSlot(QTableWidgetItem*)));
}
```

对于QTableWidget的使用方法，除了介绍的各个功能之外，还有其他函数，比如如果要对行高、列宽进行自适应调整，则可以使用以下函数，如表8-43所示。

表8-43 QTableWidget调整行高、列宽函数

函数	作用
void resizeColumnsToContents()	自动调整所有列的宽度，以适应其内容
void resizeColumnsToContents(int column)	自动调整列号为column的列的宽度
void resizeRowsToContents()	自动调整所有行的高度，以适应其内容
void resizeRowToContents(int row)	自动调整行号为raw的行的高度

这些函数定义于QTableView，QTableWidget作为其子类，可以直接使用。如果想让列表中的分隔线隐藏，可以使用函数setGridStyle(Qt::NoPen)来实现，参数是枚举类，具体见表8-44。

表8-44 Qt::PenStyle枚举类

枚举常量	枚举值	描述
Qt::NoPen	0	完全没有线
Qt::SolidLine	1	简单的线条
Qt::DashLine	2	由几个像素分隔的破折号
Qt::DotLine	3	被几个像素隔开的点
Qt::DashDotLine	4	交替的破折号和点
Qt::DashDotDotLine	5	一个破折号，两个点
Qt::CustomDashLine	6	自定义模式

8.7 树形视图控件

树形视图属于高级控件，比较常用的有QTreeView、QTreeWidget，其设计亦是基于模型视图结构来完成的。

8.7.1 QTreeView

QTreeView类是模型视图类之一，是Qt的模型视图框架的一部分。如果要实现单层列表视图，用QListView就可以实现。如果要实现有嵌套层级的多层视图，无疑QTreeView是最合适的选择（如，文件的层级目录）。由于QTreeView也是模型视图类之一，所以，如果要实现数据以及GUI效果的定制化，可以通过自定义数据模型以及代理的方式来实现；如果要实现UI效果的定制化，则可以自定义代理。不论是模型还是UI定制，用法皆与QListView用法一致。

接下来通过一个案例介绍QTreeView在实现层级视图上的基本使用方法。整体实现效果如图8-55所示。

其中有嵌套的层级是可以动态展开的，以行“1”为例，单击三角号标识（箭头指向位置处），嵌套层级展开后效果如图8-56所示。

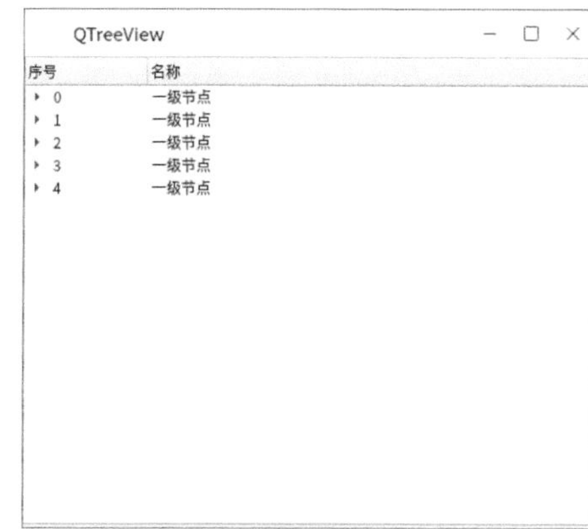

图8-55

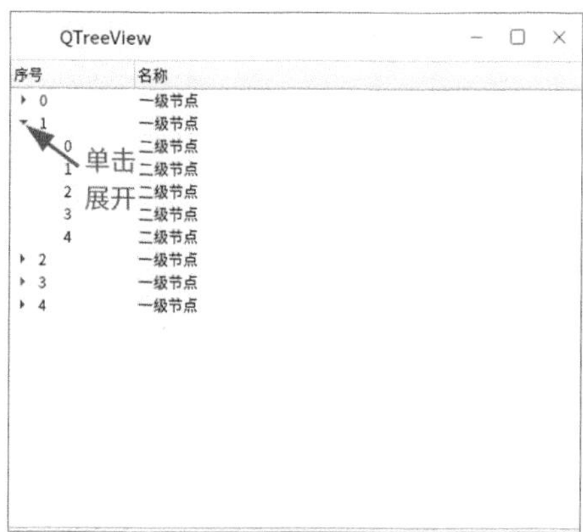

图8-56

实现过程如下（源码见8-7-QTreeView_Demo）。

1. 基于.ui文件完成QTreeView对象的快速创建，如图8-57所示。
2. 在默认的构造函数中，创建模型对象，并设置表头。

```
#include "widget.h"
#include "ui_widget.h"
#include <QTreeView>
#include <QStandardItemModel>
#include <QDebug>
#include <QMessageBox>

Widget::Widget(QWidget *parent) :
    QWidget(parent),
```

```
    ui(new Ui::Widget)
{
    ui->setupUi(this);
    this->setWindowTitle("QTreeView");

    QStandardItemModel* model = new QStandardItemModel();
    model->setHorizontalHeaderItem(0,new QStandardItem("序号"));
    model->setHorizontalHeaderItem(1,new QStandardItem("名称"));
}
```

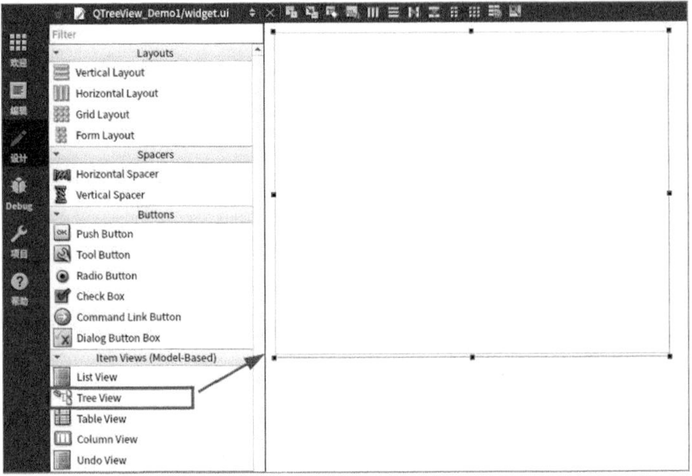

图8-57

QStandardItemModel管理复杂的树形结构数据项，每项都可以包含任意数据。如果该模型依旧不能满足需求，则可以自定数据模型，具体用法见QListView。设置表头还可以使用另外一种方式。

```
model->setHorizontalHeaderLabels(QStringList()<<QStringLiteral("序 号
") << QStringLiteral("名称"))
```

3. 设置模型中的具体数据。

```
#include "widget.h"
...
Widget::Widget(QWidget *parent) :
    QWidget(parent),
    ui(new Ui::Widget)
{
    ui->setupUi(this);
    ...
    for(int i=0;i<5;i++)
    {
        // 一级节点，加入模型
        QList<QStandardItem*> item_list;
        QStandardItem* item1 = new QStandardItem(QString::number(i));
        QStandardItem* item2 = new QStandardItem(QStringLiteral("一级节点"));
        item_list.append(item1);
        item_list.append(item2);
        model->appendRow(item_list);
    }
}
```

model->appendRow(item_list)可以实现单行数据的添加，每行中数据项的个数取决于列表中的元素(这种操作是可递归的，适用于多层嵌套)，也可以通过void setItem(int row, QStandardItem *item)函数循环添加，添加方式是灵活多样的。

由于需要实现的是层级视图，每一行下都有嵌套的元素，例如item1下有子元素，可以为item1通过item1->appendRow(item_list_child1)来实现；为某个项添加子元素的方式同样不是唯一的，通过void setChild(int row, int column, QStandardItem *item)函数同样可以实现。

4. 将数据模型与视图关联。

```
#include "widget.h"
...
Widget::Widget(QWidget *parent) :
    QWidget(parent),
    ui(new Ui::Widget)
{
    ui->setupUi(this);
      ...
      for(int i=0;i<5;i++)
      {
          ...
      }
      ui->treeView->setModel(model);
}
```

5. 完成单击父节点实现嵌套层级动态功能。

这里要将QTreeView的expanded()信号与槽函数关联，为了使用更直观，可以采用匿名函数的方式来实现，具体如下。

```
    connect(ui->treeView,&QTreeView::expanded,this,[=](const  QModelIndex
&index){
            QStandardItem *item = model->item(index.row(),index.column());
            int rowCount = item->rowCount();
            int columnCount = item->columnCount();
            for(int i = 0;i < rowCount;++i){
                for(int j = 0;j < columnCount;++j){
                    QStandardItem * childItem = item->child(i,j);
                    qDebug()<<childItem->text();
                }
            }
        });
```

实现的业务比较简单，主要对嵌套层级内节点的内容进行了遍历。QTreeView中定义有两个信号，具体见表8-45。

表8-45 QTreeView定义的信号

信号	描述
void collapsed(const QModelIndex &index)	层级视图折叠时，该信号会发出
void expanded(const QModelIndex &index)	层级视图展开时，该信号会发出

以上对QTreeView展示层级视图做了基本介绍，当然在QTreeView、QStandardItemModel、QStandardItem中还包含大量案例中未覆盖的函数，读者如果感兴趣可以自行查阅官方文档进行拓展。

8.7.2 QTreeWidget

QTreeWidget继承自QTreeView类，QTreeView中使用了MVC框架实现对界面、操作和数据的协作。对于大量数据的可视化，该框架可以有效提速和减少内存消耗，当然该机制的学习门槛也比较高。相对QTreeView来讲，QTreeWidget则更简单易懂，它是适用于数据量较少的应用场景而重新实现的类，其内部机制还是MVC框架，但使用者不需要深入理解MVC框架就可以轻松使用。

QTreeWidget是一个常用且重要的控件，可以用它进行数据的层级关系的可视化、数据管理、数据操作等工作。用好它可以让自己的软件看起来更舒服、更简洁直观，而且不用受困于一大堆的数据和按键。用好这个控件的关键在于如何将界面和程序内部的数据进行同步，做到对界面进行操作的同时也能完成对相应数据的处理。

对于QTreeWidget控件，其中较为常用的操作包含如下几点。

- 层级视图的实现。
- 单击弹出菜单。
- 添加项。
- 添加子项。
- 删除项。
- 删除子项。

实现上述功能之前先通过案例的相关图例了解各个功能实现之后的效果，其中层级视图的实现效果如图8-58所示。

单击父节点中的三角标，可以展示其层级子视图，如图8-59所示。

图8-58

图8-59

单击父节点（非三角标处）可以弹出操作菜单，效果如图8-60所示。

单击子节点也可以弹出操作菜单，菜单中的选项与单击父节点时稍有区别，效果如图8-61所示。

接下来逐步完成案例中各功能的实现（源码见8-7-QTreeWidget_Demo）。

图8-60

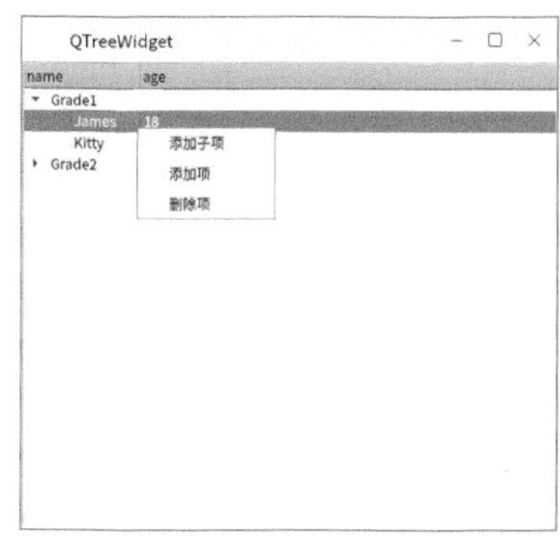

图8-61

具体实现步骤如下。

1. 基于.ui文件，拖曳一个QTreeWidget控件到窗口中，并将大小调整得与窗口大小一致，如图8-62所示。

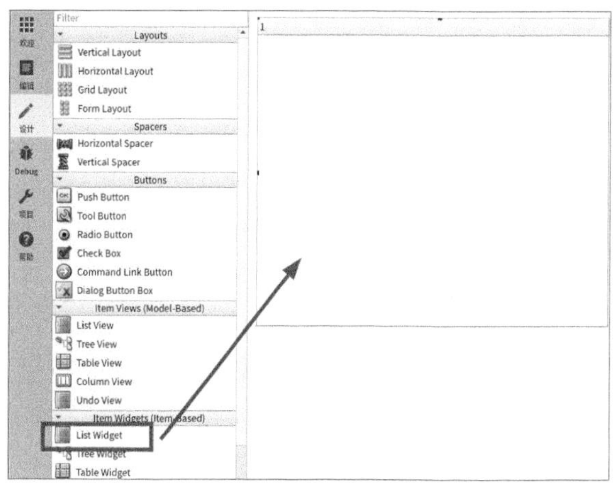

图8-62

2. QTreeWidget进行可视化的数据设置。

双击.ui文件中的QTreeWidget控件，弹出“编辑树窗口部件—Qt Creator”，默认情况下会选中“项目”选项卡，如图8-63所示，可以在该控件中进行QTreeWidget的数据设置。

图8-63中，单击箭头①位置处的按钮，可以添加项；单击箭头②位置处的按钮，可以添加子项；单击箭头③位置处的按钮，可以删除项；单击箭头④位置处的按钮，可以设置选中项的具体属性，如文本、字体、图片等；矩形⑤中有两个按钮，分别表示父子节点之间相互转换；矩形⑥中两个有按钮，分别表示节点的上下位置的调整。

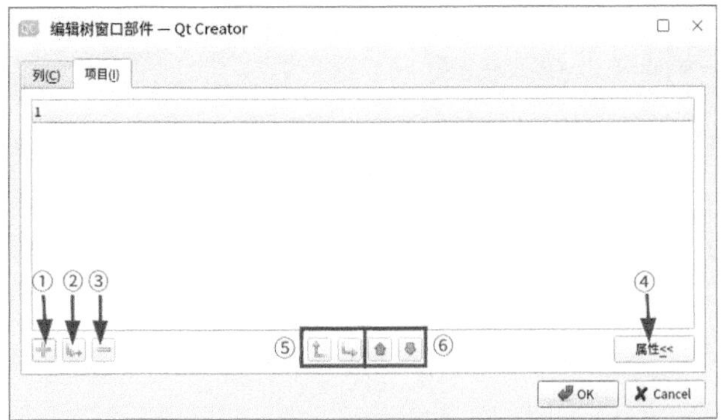

图8-63

除了对“项目”选项卡进行编辑外，对“列”选项卡也可以编辑，如图8-64所示。

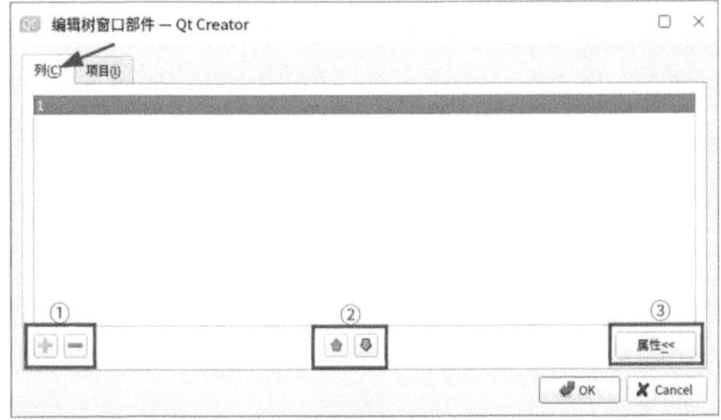

图8-64

其中矩形①中的两个按钮分别对应添加列以及删除列；矩形②中的两个按钮则是对应列位置的调整；矩形③中的按钮用于打开选中列的属性设置，包含文本、字体、背景色、前景色等。

QTreeWidget的数据设置，除了基于.ui文件进行设置之外，还可以通过编码的方式实现，具体见功能——层级视图的实现。

3. 层级视图的实现。

该功能主要采用编码的方式，实现QTreeWidget的层级视图。先看头文件。

widget.h

```
#include <QWidget>
#include <QTreeWidgetItem>
...
class Widget : public QWidget
{
    Q_OBJECT
```

```
    ...
private:
    void initTreeWidget();
private:
    Ui::Widget *ui;
};
```

在这主要声明了一个私有函数——initTreeWidget()，主要用于完成QTreeWidget对象的初始化工作，看看其在widget.cpp中的实现。

widget.cpp

```
#include "widget.h"
#include "ui_widget.h"
typedef enum{
    ItemGrade,
    ItemStudent
}TreeItemType;
Widget::Widget(QWidget *parent) :
    QWidget(parent),
    ui(new Ui::Widget)
{
    ui->setupUi(this);
    this->setWindowTitle("QTreeWidget");
    this->initTreeWidget();
}
void Widget::initTreeWidget()
{
    //  设置表头
    ui->treeWidget->setHeaderLabels(QStringList()<<"name"<<"age");
    ui->treeWidget->setStyleSheet("QHeaderView::section
{background:rgb(85, 181, 200);}");
    //  创建父节点项1
    QTreeWidgetItem *item_grade1 = new QTreeWidgetItem(TreeItemType::
ItemGrade);
    item_grade1->setText(0,"Grade1");
    //  创建子节点项
    QTreeWidgetItem *student1 = new QTreeWidgetItem(item_grade1,TreeItemType
::ItemStudent);
    student1->setText(0,"James");
    student1->setText(1,"18");
    //  创建子节点项
    QTreeWidgetItem *student2 = new QTreeWidgetItem(TreeItemType::ItemStudent);
    student2->setText(0,"Kitty");
    student2->setText(1,"20");
    item_grade1->addChild(student2);
    //  创建父节点项2
    QTreeWidgetItem *item_grade2 = new QTreeWidgetItem(TreeItemType::ItemGrade);
    item_grade2->setText(0,"Grade2");
    //  创建子节点项
    QTreeWidgetItem *student3 = new QTreeWidgetItem(item_grade2,TreeItemType
::ItemStudent);
    student3->setText(0,"Hallen");
    student3->setText(1,"17");
    //  创建子节点项
    QTreeWidgetItem *student4 = new QTreeWidgetItem(TreeItemType::ItemStudent);
    student4->setText(0,"Sandy");
    student4->setText(1,"19");
    item_grade2->addChild(student4);    ui->treeWidget->addTopLevelItems
(QList<QTreeWidgetItem*>()<<item_grade1<<item_grade2);
}
```

QTreeWidget的每个节点都是一个QTreeWidgetItem对象，添加一个节点前须先创建它，并做好相关设置，如下代码所示。

```
TreeWidgetItem *item_grade1 = new QTreeWidgetItem(TreeItemType::ItemGrade);
```

创建item_grade1对象时，传递了一个枚举常量TreeItemType::ItemGrade作为构造函数的参数，它用于表示节点的类型。在构造函数里传递一个类型值之后，就可以用QTreeWidgetItem::type()返回这个节点的类型值。该枚举类定义如下。

```
typedef enum{
    ItemGrade=1001,
    ItemStudent
}TreeItemType;
```

为了避免与系统枚举类的冲突，自定义的节点类型值建议大于1000。QTreeWidgetItem的setText()可以实现为某一列赋值，函数原型如下。

```
void QTreeWidgetItem::setText(int column, const QString &text)
```

其中column表示要为哪一列赋值，text则表示要赋的具体值。如果要添加图标，则可以通过setIcon()函数来实现，具体用法同setText()的类似。

4. 单击弹出菜单。

由于在QTreeWidget某行中单击右键需要执行弹出菜单操作，因此，需要完成相关信号与槽函数的关联。

（1）在widget.h中声明槽函数showOperationMenuSlot()。

widget.h

```
#include <QWidget>
#include <QTreeWidgetItem>
...
class Widget : public QWidget
{
    Q_OBJECT
    ...
private slots:
    void showOperationMenuSlot(QTreeWidgetItem *item, int column);
private:
    Ui::Widget *ui;
};
```

（2）然后在widget.cpp中完成该槽函数的定义。

```
Widget::Widget(QWidget *parent) :
    QWidget(parent),
    ui(new Ui::Widget)
{
    ...
}
void Widget::showOperationMenuSlot(QTreeWidgetItem *item, int column)
{
    QCursor cursor;
    QPoint pos = cursor.pos();
    QMenu *menu = new QMenu(ui->treeWidget);
    menu->move(pos.x(),pos.y());
    if(!item) return;

    QAction *insertAction = new QAction("添加项");
    menu->addAction(insertAction);
    QAction *addChildAction = new QAction("添加子项");
```

```
        QAction *delAction = new QAction("删除项");
        menu->addAction(delAction);
        if(item->type() == TreeItemType::ItemGrade){
            QAction *delAllAction = new QAction("删除子项");
            menu->addAction(delAllAction);
        }
        menu->exec();
    }
```

槽函数实现的业务比较简单，主要有以下几点。

- 首先我们创建了一个菜单QMenu *menu = new QMenu(ui->treeWidget)，并通过单击位置，进行了菜单弹出位置的调整menu->move(pos.x(),pos.y())。
- 分别创建“添加项”“添加子项”“删除项”“删除子项”（条件性创建，item->type() == TreeItemType::ItemGrade成立时）等选项。
- 通过函数exec()完成菜单的展示。

（3）完成单击操作与菜单弹出槽函数的关联。

在构造函数中，完成对应信号槽的关联，实现如下。

```
    ...
    Widget::Widget(QWidget *parent) :
        QWidget(parent),
        ui(new Ui::Widget)
    {
        ui->setupUi(this);
        ...
        connect(ui->treeWidget,SIGNAL(itemClicked(QTreeWidgetItem *, int)),this,
SLOT(showOperationMenuSlot(QTreeWidgetItem *, int)));
    }
```

QTreeWidget中有很多信号，案例中使用的是itemClicked (QTreeWidgetItem *, int)信号，它在某项被单击时发射。

5. 添加项。

添加项的功能是在弹出菜单的选项中关联的功能，因此要将该选项与对应的槽函数关联才可以，实现分为如下两个步骤。

（1）完成“添加项”槽函数的声明及定义。

在widget.h中声明槽函数addItem()。

```
    #include <QWidget>
    #include <QTreeWidgetItem>
    ...
    class Widget : public QWidget
    {
        Q_OBJECT
        ...
    private slots:
        ...
        void addItem();
    private:
        Ui::Widget *ui;
    };
```

在widget.cpp中完成槽函数的具体定义。

```
    void Widget::addItem()
    {
         // 获取单击的节点项
```

```
        QTreeWidgetItem *currentItem = ui->treeWidget->currentItem();
        // 如果是ItemGrade节点
        if(currentItem->type() == TreeItemType::ItemGrade){
            // 创建新的ItemGrade节点，并指定其父视图为当前的treeWidget
            QTreeWidgetItem *newItem = new QTreeWidgetItem(ui->treeWidget,
TreeItemType::ItemGrade);
            // 基于文本输入框输入内容
            QString gradeName = QInputDialog::getText(ui->treeWidget, "title",
"please input grade name");
            // 设置节点项的内容
            newItem->setText(0,gradeName);
        }else{
            // 创建ItemStudent节点
            QTreeWidgetItem *stuItem = new QTreeWidgetItem(currentItem->parent(),
TreeItemType::ItemStudent);
            // 输入姓名
            QString name = QInputDialog::getText(ui->treeWidget,"title:",
"please input name:");
            // 设置姓名
            stuItem->setText(0,name);
            // 输入年龄
            QString age = QInputDialog::getText(ui->treeWidget,"title:",
"please input age");
            // 设置年龄
            stuItem->setText(1,age);
        }
    }
```

通过QTreeWidgetItem *newItem = new QTreeWidgetItem(ui->treeWidget,TreeItemType::ItemGrade)创建项时，如果参数指定了父视图ui->treeWidget，则会被直接加入treeWidget；当然，对于根视图，也可以通过另外一个函数void addTopLevelItem(QTreeWidgetItem *item)来实现。

（2）完成“添加项”与槽函数addItem()的关联。

由于选项创建于showOperationMenuSlot()中，因此，在该函数中添加对应信号槽的关联即可。

```
void Widget::showOperationMenuSlot(QTreeWidgetItem *item, int column)
{
    ...
    QAction *insertAction = new QAction("添加项");
    menu->addAction(insertAction);
    connect(insertAction,SIGNAL(triggered()),this,SLOT(addItem()));
    ...
    menu->exec();
}
```

6. 添加子项。

要实现添加子项的功能，需要先完成槽函数的声明与定义，然后完成“添加子项”选项与该槽函数的关联。

（1）完成“添加子项”槽函数的声明及定义。

在widget.h中声明槽函数addChildItem()。

```
#include <QWidget>
#include <QTreeWidgetItem>
...
class Widget : public QWidget
{
```

```
        Q_OBJECT
        ...
    private slots:
        ...
        void addChildItem();
    private:
        Ui::Widget *ui;
    };
```

在widget.cpp中完成该槽函数的具体定义。

```
    void Widget::addChildItem()
    {
       QTreeWidgetItem *currentItem = ui->treeWidget->currentItem();
       // 如果是ItemGrade节点
       if(currentItem->type() == TreeItemType::ItemGrade){
            // 创建新节点，注意父视图参数给的为currentItem，这样创建出来的节点就会作为
currentItem子节点呈现
            QTreeWidgetItem *newItem = new QTreeWidgetItem(currentItem,TreeItem
Type::ItemStudent);
            // 输入姓名
            QString name = QInputDialog::getText(ui->treeWidget,"title:","please
input name:");
            newItem->setText(0,name);
            // 输入年龄
            QString age = QInputDialog::getText(ui->treeWidget,"title:","please
input age");
            newItem->setText(1,age);
       }else{
            // 给出提示
            QMessageBox::information(ui->treeWidget,"title","It's not supported");
       }
    }
```

这里要注意的主要还是节点的创建。

```
    QTreeWidgetItem *newItem = new QTreeWidgetItem(currentItem,TreeItemType::It
emStudent);
```

其中指定的父视图直接为currentItem，这样操作等价于如下操作。

```
    QTreeWidgetItem *newItem = new QTreeWidgetItem(TreeItemType::ItemStudent);
    currentItem.addchild(newItem);
```

两种方式都比较好用，读者可以根据自己的喜好自行选择。

（2）完成“添加子项”与槽函数addChildItem()的关联。

```
    void Widget::showOperationMenuSlot(QTreeWidgetItem *item, int column)
    {
       ...
       QAction *addChildAction= new QAction("添加子项");
        menu->addAction(addChildAction);
        connect(addChildAction,SIGNAL(triggered()),this,SLOT(deleteItem()));
        ...
        menu->exec();
    }
```

7. 删除项。

要实现删除项功能，需要先完成槽函数的声明及定义，然后完成“删除项”选项与该槽函数的关联。

（1）完成“删除项”槽函数的声明及定义。

在widget.h中声明槽函数deleteItem()。

```
#include <QWidget>
#include <QTreeWidgetItem>
...
class Widget : public QWidget
{
    Q_OBJECT
    ...
private slots:
    ...
    void deleteItem();
private:
    Ui::Widget *ui;
};
```

在widget.cpp中完成该槽函数的具体定义。

```
void Widget::deleteItem()
{
    QTreeWidgetItem *currentItem = ui->treeWidget->currentItem();
    if(currentItem->type() == TreeItemType::ItemStudent){
        // 基于父节点进行删除
        currentItem->parent()->removeChild(currentItem);
        delete currentItem;
    }else {
        int item_index = ui->treeWidget->indexOfTopLevelItem(currentItem);
        // 通过treeWidget，基于索引进行删除
        ui->treeWidget->takeTopLevelItem(item_index);
    }
}
```

注意，一个节点不能移除自己，所以需要获取其父节点，使用父节点的removeChild() 函数来移除自己。removeChild() 移除一个节点，但是不从内存中删除它，所以还需调用delete。若要删除顶层节点，则使用QTreeWidget::takeTopLevelItem(int index) 函数。

（2）完成“删除项”与槽函数deleteItem()的关联。

同样需要在showOperationMenuSlot()中完成对应的关联。

```
void Widget::showOperationMenuSlot(QTreeWidgetItem *item, int column)
{
    ...
    QAction *delAction= new QAction("删除项");
    menu->addAction(delAction);
    connect(delAction,SIGNAL(triggered()),this,SLOT(deleteItem()));
    ...
    menu->exec();
}
```

8. 删除子项。

要实现删除子项功能，需要先完成槽函数的声明及定义，然后完成“删除子项”选项与该槽函数的关联。

（1）完成“删除子项”槽函数的声明及定义。

在widget.h中声明槽函数deleteAllChildrenItems()。

```
#include <QTreeWidgetItem>
...
class Widget : public QWidget
{
```

```
    Q_OBJECT
    ...
private slots:
    ...
    void deleteAllChildrenItems();
private:
    Ui::Widget *ui;
};
```

在widget.cpp中完成该槽函数的具体定义。

```
void Widget::deleteAllChildrenItems()
{
    QTreeWidgetItem *currentItem = ui->treeWidget->currentItem();
    // 获取所有子节点
    QList<QTreeWidgetItem*>childItemList = currentItem->takeChildren();
    if(currentItem->type() == TreeItemType::ItemGrade && childItemList.
count() > 0){
        foreach (QTreeWidgetItem *item, childItemList) {
            // 删除当前节点的子节点
            currentItem->removeChild(item);
        }
    }else{
        QMessageBox::information(ui->treeWidget,"title","No chile Node");
    }
}
```

这里的关键点在于currentItem->takeChildren()，通过该函数获取到所有的子节点，接下来就可以采用currentItem->removeChild(item)删除节点了。由于可能会包含多个子节点，所以代码中使用了foreach的循环进行操作。

（2）完成“删除子项”与槽函数deleteAllChildrenItems()的关联。

在showOperationMenuSlot()中完成对应关联。

```
void Widget::showOperationMenuSlot(QTreeWidgetItem *item, int column)
{
    ...
  if(item->type() == TreeItemType::ItemGrade){
        QAction *delAllAction = new QAction("删除子项");
        menu->addAction(delAllAction);
        connect(delAllAction,SIGNAL(triggered()),this,
       SLOT(deleteAllChildrenItems()));
   }
   menu->exec();
}
```

至此，所有功能的实现完成。案例中涵盖了QTreeWidget相对比较常用的操作。还有一些其他操作，读者可根据自己的实际业务需求自行探索。

8.8 自定义控件

在Qt的UI设计中经常遇到一些系统自带控件不能满足应用场景（比如虚拟键盘）的需求等问题，其最常用的解决办法就是基于业务需求封装自定义的控件。自定义控件通常用两种方法来实现，一种方法是直接定义继承自QWidget的类，基于其重绘函数实现自定义控件的封装；另一种方法是基于系统控件类派生新的自定义控件类，在父控件的基础上进行相关的处理。

8.8.1 基于重绘的自定义控件

为了更好地体验基于重绘的自定义控件的封装及使用方法，接下来通过一个案例对其进行验证。案例实现了一个自定义的“开关”控件，它可以在“开启”与“关闭”状态之间进行切换。为了避免切换动作过于生硬，切换过程中还增加了动画效果。封装完成之后的效果如图8-65所示。

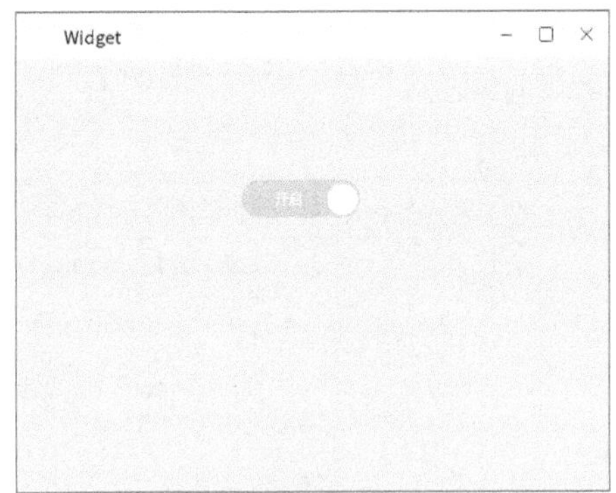

图8-65

为了便于读者理解，可以将“开关”进行拆解。拆解后分为3个部分，第一部分为背景（圆角矩形），第二部分为滑块（白色圆形），第三部分就是需求中提及的动画效果。这3个部分也是自定义“开关”控件实现的思路。

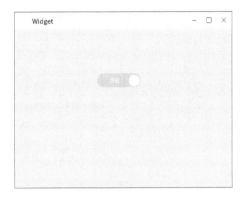

接下来介绍各个部分的具体实现（源码见8-8-CustomWidget_Demo）。

一、背景

新建了一个类SwitchWidget继承自QWidget，在重写的paintEvent()函数中，完成该效果的绘制，实现如下。

在switchwidget.h中完成相关函数的声明及成员变量的定义。

```
#include <QWidget>
#include <QTimer>
...
class SwitchWidget : public QWidget
{
    Q_OBJECT
    ...
private:
    int m_space;                    // 滑块距离边界的距离
    int m_radius;                   // 圆角角度

    bool m_checked;                 // 是否选中
    bool m_showText;                // 是否显示文字
    bool m_showCircle;              // 是否显示圆圈
    bool m_animation;               // 是否使用动画

    QColor m_bgColorOn;             // 打开时候的背景色
    QColor m_bgColorOff;            // 关闭时候的背景色
    QColor m_sliderColorOn;         // 打开时候的滑块颜色
    QColor m_sliderColorOff;        // 关闭时候的滑块颜色
    QColor m_textColor;             // 文字颜色

    QString m_textOn;               // 打开时候的文字
    QString m_textOff;              // 关闭时候的文字

    QTimer  *m_timer;               // 动画定时器
    int     m_step;                 // 动画步长
    int     m_startX;               // 滑块开始的横坐标
```

```
    int      m_endX;              // 滑块结束的横坐标
signals:
    // 状态发生改变的信号
    void statusChanged(bool checked);
public:
    bool isChecked();
private slots:
    // 位置更新
    void updateValue();
private:
    // 绘制背景
    void drawBackGround(QPainter *painter);
    // 绘制滑块
    void drawSlider(QPainter *painter);
protected:
    void paintEvent(QPaintEvent *ev);
    void mousePressEvent(QMouseEvent *ev);
};
```

接下来在switchwidget.cpp的默认构造函数中完成相关的初始化工作。

```
#include "switchwidget.h"
#include "ui_switchwidget.h"
#include <QPainter>

SwitchWidget::SwitchWidget(QWidget *parent) :
    QWidget(parent),
    ui(new Ui::SwitchWidget)
{
    ui->setupUi(this);
    m_space = 2;
    m_radius = 5;

    m_checked = false;
    m_showText = true;
    m_animation = true;

    m_bgColorOn = QColor(21, 156, 119);
    m_bgColorOff = QColor(111, 122, 126);

    m_sliderColorOn = QColor(255, 255, 255);
    m_sliderColorOff = QColor(255, 255, 255);
    m_textColor = QColor(255, 255, 255);

    m_textOn = "开启";
    m_textOff = "关闭";
}
```

由于要实现的控件，主要是基于绘制事件来完成的，因此接下来的paintEvent()函数是整个程序中的重中之重，实现如下。

```
void SwitchWidget::paintEvent(QPaintEvent *ev)
{
    QPainter painter(this);
    drawBackGround(&painter);
}
```

在函数中，调用了绘制背景函数——drawBackGround()，其实现如下。

```
void SwitchWidget::drawBackGround(QPainter *painter)
{
    painter->save();
    painter->setPen(Qt::NoPen);
    // 根据是否选中设置不同的颜色
    QColor bgColor = m_checked ? m_bgColorOn : m_bgColorOff;
```

```
        if(isEnabled()){
            // 设置透明度
            bgColor.setAlpha(60);
        }
        // 设置笔刷的填充颜色
        painter->setBrush(bgColor);
        QRect rect(0,0,width(),height());
        int side = qMin(width(),height());
        // 左侧半圆
        QPainterPath path_left;
        path_left.addEllipse(rect.x(),rect.y(),side,side);
        // 右侧半圆
        QPainterPath path_right;
        path_right.addEllipse(width()-side,rect.y(),side,side);
        // 中间矩形
        QPainterPath path_square;
        path_square.addRect(rect.x()+side / 2,rect.y(),rect.width()-side,height());
        // 完成路径绘制
        QPainterPath path = path_left+path_right+path_square;
        painter->drawPath(path);
        // 滑块半径
        int sliderWidth = qMin(height(), width()) - m_space * 2 - 5;
        if (m_checked){
            // 文字区域
            QRect textRect(0, 0, width() - sliderWidth, height());
            // 设置颜色
            painter->setPen(QPen(m_textColor));
            // 绘制文字
            painter->drawText(textRect, Qt::AlignCenter, m_textOn);
        } else {
            // 文字区域
            QRect textRect(sliderWidth, 0, width() - sliderWidth, height());
            // 设置颜色
            painter->setPen(QPen(m_textColor));
            // 绘制文字
            painter->drawText(textRect, Qt::AlignCenter, m_textOff);
        }
        painter->restore();
    }
```

对于整个滑块的背景，拆分为左侧半圆、中间矩形、右侧半圆来完成绘制，并根据不同的状态，在不同的位置绘制相应的文字。

背景绘制完成之后，紧接着就是滑块的绘制。

二、滑块

滑块的绘制需要首先完成drawSlider()函数的定义，滑块的绘制比较单一，就是在指定的区域内绘制出一个圆形。

```
    void SwitchWidget::drawSlider(QPainter *painter)
    {
        painter->save();
        painter->setPen(Qt::NoPen);
        // 颜色选择
        QColor color = m_checked ? m_sliderColorOn : m_sliderColorOff;
        // 设置笔刷填充颜色
        painter->setBrush(QBrush(color));
        // 计算滑块宽度
        int sliderWidth = qMin(width(), height()) - m_space * 2;
        // 滑块区域
        QRect rect(m_space + m_startX, m_space, sliderWidth, sliderWidth);
```

```
    // 绘制圆形
    painter->drawEllipse(rect);
    painter->restore();
}
```

然后在paintEvent()函数中完成该函数的调用即可。

```
void SwitchWidget::paintEvent(QPaintEvent *ev)
{
    QPainter painter(this);
    ...
    drawSlider(&painter);
}
```

接下来介绍动画的实现。

三、动画

这里的动画是采用的是基于定时器修改坐标位置来实现的，因此需要在构造函数中先完成定时器的初始化。设置完其基本属性后，完成对应信号与槽函数的关联。

```
...
SwitchWidget::SwitchWidget(QWidget *parent) :
    QWidget(parent),
    ui(new Ui::SwitchWidget)
{
    ui->setupUi(this);
    ...
    m_textOff = "关闭";
     m_timer = new QTimer(this);
     m_timer->setInterval(30);
   connect(m_timer, SIGNAL(timeout()), this, SLOT(updateValue()));
}
```

其关联的槽函数实现如下。

```
void SwitchWidget::updateValue()
{
    if (m_checked) {
        if (m_startX < m_endX) {
            // 基于步长，修改坐标
            m_startX += m_step;
        } else {
            // 到达目标
            m_startX = m_endX;
            // 定时器任务结束
            m_timer->stop();
        }
    } else {
        if (m_startX > m_endX) {
            // 基于步长，修改坐标
            m_startX -= m_step;
        } else {
            // 到达目标
            m_startX = m_endX;
            // 定时器任务结束
            m_timer->stop();
        }
    }
    // 刷新
    update();
}
```

函数中的主要工作就是基于步长不断变更坐标，进而实现动画效果。函数最后都是使用了update()函数，它的作用是刷新界面——也就是调用一次paintEvent()函数。

定时器的开启，是在鼠标事件函数——mousePressEvent()中进行的，实现如下。

```
void SwitchWidget::mousePressEvent(QMouseEvent *ev)
{
    // 切换开启/关闭状态
    m_checked = !m_checked;
    // 发出状态变更信号，供外部接口使用
    emit statusChanged(m_checked);
    // 计算移动的步长
    m_step = width() / 10;
    // 计算滑块横轴终点坐标
    if (m_checked) {
        m_endX = width() - height();
    } else {
        m_endX = 0;
    }
    // 判断是否使用动画
   if (m_animation) {
        // 开启定时器任务
        m_timer->start();
    } else{
        m_startX = m_endX;
        update();
    }
}
```

单击事件中的业务非常清晰，主要做了3件事，首先就是切换滑块状态，其次计算移动的步长，最后开启定时器任务。

为了便于外界使用，程序中还预留了对外接口。

```
public:
    bool isChecked();
signals:
    void statusChanged(bool checked);
```

isChecked()函数的实现如下。

```
bool SwitchWidget::isChecked()
{
    return this->m_checked;
}
```

使用方式也很简单，基于信号及状态值完成对应操作即可，使用示例如下。

在widget.cpp中完成验证。

```
#include "widget.h"
#include "ui_widget.h"
#include "switchwidget.h"
#include <QDebug>
Widget::Widget(QWidget *parent) :
    QWidget(parent),
    ui(new Ui::Widget)
{
    ui->setupUi(this);
    SwitchWidget *sw = new SwitchWidget(this);
    sw->setGeometry(190,100,100,30);
    void (SwitchWidget::* swSingal)(bool checked) = &SwitchWidget::statusChanged;
    connect(sw,swSingal,this,[=](bool isCheckd){
        if(isCheckd){
            qDebug()<<"开启";
```

```
            }else {
                qDebug()<<"关闭";
            }
        });
    }
```

以上信号槽的关联，使用了Qt 5中的方式。使用SIGNAL、SLOT也可以，因为在SwitchWidget类中，不存在信号函数重载的现象。

对于上述自定义控件，除了支持纯代码的引用方式之外，也支持基于.ui文件进行使用。使用的方式如下。

如果自定义的控件继承自QWidget，则拖曳一个Widget对象到.ui文件中（如果继承自QLineEdit，则拖曳Line Edit对象），如图8-66所示。

接下来，单击右键以弹出拖进去的Widget控件的快捷菜单，如图8-67所示。

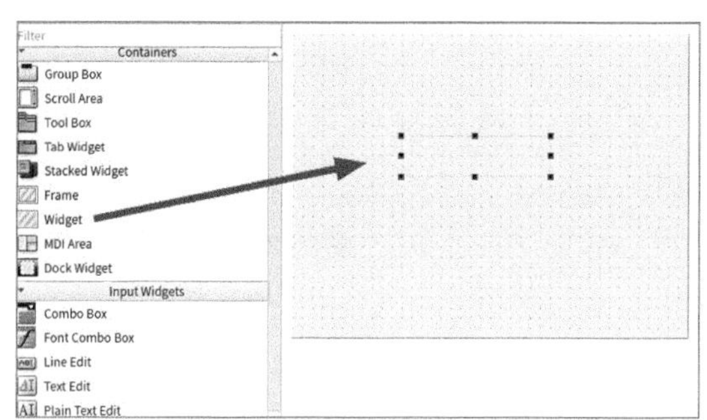

图8-66

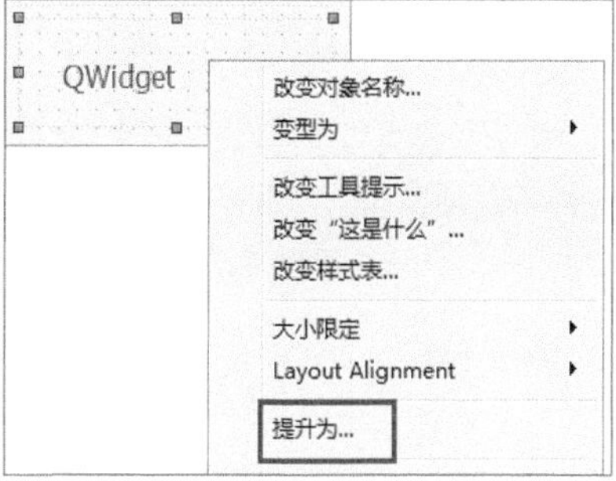

图8-67

单击"提升为"，弹出的对话框如图8-68所示，输入相关信息。

输入相关信息之后（自定义的类名最好是从自定义的类中复制过来的，避免出错误，"全局包含"复选框，注意勾选），单击"添加"按钮。

添加完成之后，效果如图8-69所示。

图8-68

图8-69

如果添加有误，可以单击“-”按钮进行删除，再单击“提升”按钮即可。

通过窗口查看控件的属性，可以发现其类型已经完成提升，如图8-70所示。

至此，基于重绘的自定义控件的封装及使用方法说明告一段落。运行程序，可以看到不论是使用代码的方式还是基于.ui文件拖曳的方式，该控件都没有任何问题，效果如图8-71所示。

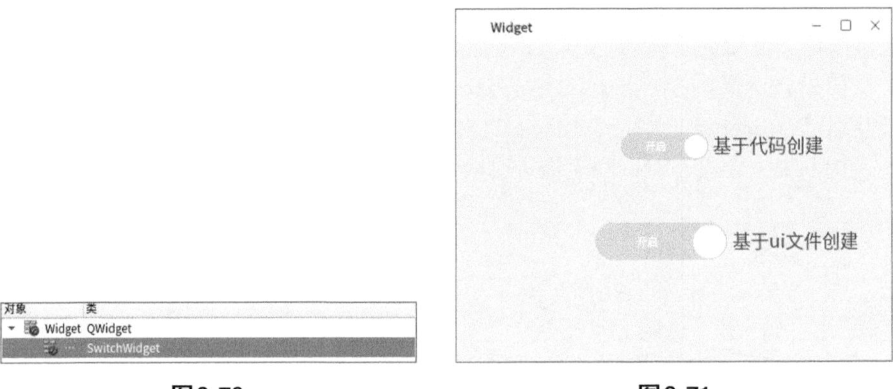

图8-70　　图8-71

8.8.2　基于继承的自定义控件

另外一种实现自定义控件的方法就是在继承一个父控件的基础上，做一些拓展。以实现一个搜索框为例，如图8-72所示，就可以自定义一个类在继承QLineEdit的基础上进行扩充。

在单击“搜索”之后，左侧出现搜索图标，输入框实现聚焦，同时“搜索”二字消失，效果如图8-73所示。

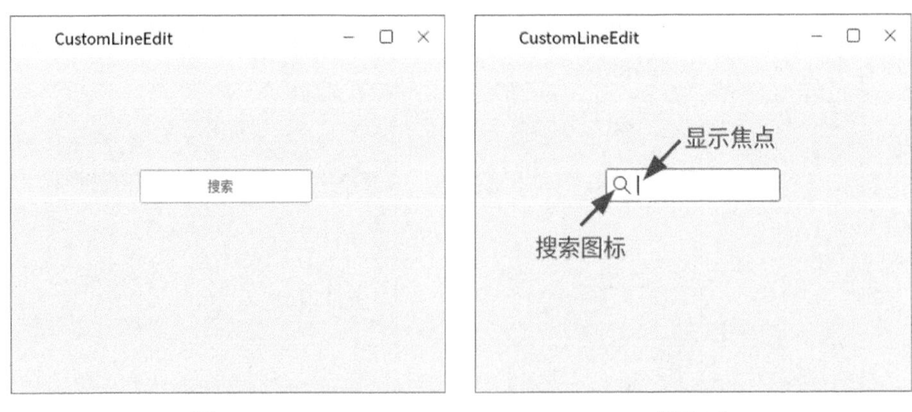

图8-72　　图8-73

对于这样的需求，实现步骤如下（源码见8-8-CustomLineEdit_Demo）。

1. 新建项目，在默认完成的前提下，创建C++类，如图8-74所示。为新创建的C++类指定自定义类名及其父类，如图8-75所示。

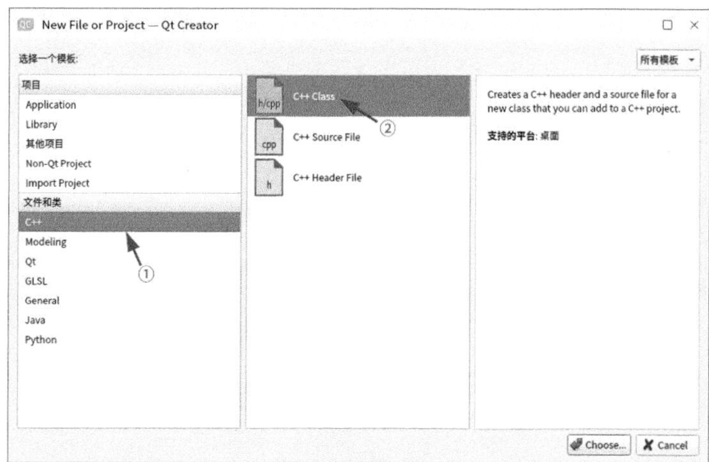

图8-74

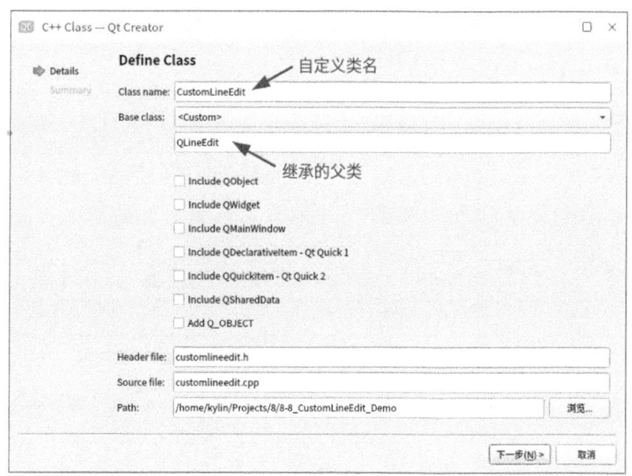

图8-75

2. 完成之后，在customlineedit.h中做相关成员变量以及函数的声明，实现如下。

```
#include <QWidget>
#include <QLineEdit>
#include <QAction>

class CustomLineEdit : public QLineEdit
{
public:
    CustomLineEdit(QObject *parent=nullptr);
    QString placeText;
    int startX;
```

```
    int step;
    int stopX;
private:
    init();
protected:
    void mousePressEvent(QMouseEvent *event);
private:
    QAction *searchAction;
};
```

在customlineedit.cpp完成相关成员变量及函数的定义，实现如下。

```
#include "customlineedit.h"
#include <QPixmap>
#include <QHBoxLayout>
#include <QAction>
#include <QPainter>
#include <QDebug>

CustomLineEdit::CustomLineEdit(QObject *parent)
{
    init();
}
void CustomLineEdit::init()
{
    placeText = "搜索";
    searchAction = new QAction(this);
    startX = 60;
    step = 2;
    stopX = 0;
    searchAction->setIcon(QIcon(":/8.7-2.png"));
    setTextMargins(startX,0,0,0);
    setPlaceholderText(placeText);
    setFocusPolicy(Qt::NoFocus);
}
```

在初始化函数——init()中，采用setFocusPolicy(Qt::NoFocus)函数设置了自定义控件的聚焦方式，其参数为枚举类，具体定义见表8-46。

表8-46 Qt::FocusPolicy枚举类

枚举常量	枚举值	描述
Qt::TabFocus	0x1	通过Tab键接收焦点
Qt::ClickFocus	0x2	通过单击接收焦点
Qt::StrongFocus	TabFocus | ClickFocus | 0x8	通过Tab键和单击接收焦点
Qt::WheelFocus	StrongFocus | 0x4	使用鼠标滚轮接收焦点
Qt::NoFocus	0	不接收焦点

3. 鼠标事件处理。

对于鼠标事件的处理，可以通过重写父类的mousePressEvent()函数进行，在customlineedit.cpp中实现该函数，具体如下。

```
void CustomLineEdit::mousePressEvent(QMouseEvent *event)
{
    // 添加动作
    addAction(searchAction,QLineEdit::LeadingPosition);
    // 设置焦点
    setFocus();
    setPlaceholderText("");
```

```
        setTextMargins(0,0,0,0);
    }
```

在鼠标事件处理函数中，动态地为CustomLineEdit添加了一个动作，并指定了动作的位置——QLineEdit::LeadingPosition。它是一个枚举类，具体定义见表8-47。

表8-47 QLineEdit::ActionPosition枚举类

枚举常量	枚举值	描述
QLineEdit::LeadingPosition	0	当使用布局方向Qt::LeftToRight时，小部件显示在文本的左侧；使用Qt::RightToLeft时，小部件显示在文本的右侧
QLineEdit::TrailingPosition	1	当使用布局方向Qt：LeftToRight时，小部件显示在文本的右侧；使用Qt::RightToLeft时，小部件显示在文本的左侧

注意，在QLineEdit的子类中，是不排斥paintEvent()函数的使用的。

4. 至此，基本完成了自定义控件的封装，使用起来也比较简单。

在widget.cpp中，引入头文件——customlineedit.h，创建对象，设置区域，设置父视图就可以使用了，与使用系统标准控件的方法无异。

```
#include "widget.h"
#include "ui_widget.h"
#include "customlineedit.h"
Widget::Widget(QWidget *parent) :
    QWidget(parent),
    ui(new Ui::Widget)
{
    ui->setupUi(this);
    // 创建自定义控件
    CustomLineEdit *edit = new CustomLineEdit();
    // 设置区域
    edit->setGeometry(120,100,160,30);
    // 设置父视图
    edit->setParent(this);
}
```

也可以使用前文提及的基于.ui文件进行类型提升的方法来完成，在这里不赘述。

对于该控件的封装，没有暴露更多的接口，如果有需要，可以通过定义更多的信号及槽函数来完成。

第9章 Qt中的布局管理

对一个完善的软件来讲，布局管理是必不可少的关注点。Qt中布局管理系统提供了强大的机制来自动排列窗口中的所有控件，确保它们可以有效地使用空间。本章将为大家介绍系统布局方式概述、基本布局管理器、网格布局管理器、窗体布局管理器、嵌套布局管理器及分离器等。

9.1 系统布局方式概述

本节将从布局的概念以及常见的布局方式两个方面进行介绍。

9.1.1 布局的概念

所谓布局，就是界面上组件的排列方式。使用布局可以使组件有规则地分布，并且随着窗口大小变化自动地调整组件大小和相对位置。

本章之前，程序中多是采用setGeometry()函数进行布局管理，因此需要为其设置一组绝对坐标。虽然可以实现预期效果，但是这种方法的问题在于，用户不能动态改变窗口大小，不能动态改变用绝对坐标完成布局的控件大小。因此，为了在窗口大小发生改变时动态调整窗口中控件的大小，Qt提供了布局管理器。除此之外，它还有一个特性就是布局管理器中的控件会随着布局管理器的隐藏、显示而动态改变。

在前面的部分案例中曾使用过布局管理器（如计算器项目中），但没有对其进行详细介绍。本章将对其进行深入讲解，接下来先了解一下在Qt编程中比较常见的布局方式。

9.1.2 常见的布局方式

Qt中提供了多种布局管理器，可以满足开发过程中的绝大部分需求。在此基础上，Qt还支持嵌套布局以及自定义布局，可以实现更加个性化的页面布局效果。其中比较常见的布局如表9-1所示。

表9-1　常见布局

布局	描述
QHBoxLayout	按照水平方向从左到右布局
QVBoxLayout	按照垂直方向从上到下布局
QGridLayout	在一个网格中进行布局，类似于HTML的table
QFormLayout	按照表格布局，每一行前面是一段文本，文本后面跟随一个组件（通常是输入框），类似HTML的form
QStackedLayout	层叠的布局，允许将几个组件按照z轴方向堆叠，可以形成向导那种一页一页的效果

其中前3种是十分重要的布局管理器，其用法也很简单，使用addWidget()将需要“摆放”的窗口部件添加到Layout。Layout本身也可以通过addLayout()作为一个整体添加到上层Layout。addStretch()方法可以添加一个伸缩器用于占满空白空间。

为了便于后续更好地使用以上布局管理类，可以了解各类之间的继承关系，如图9-1所示。

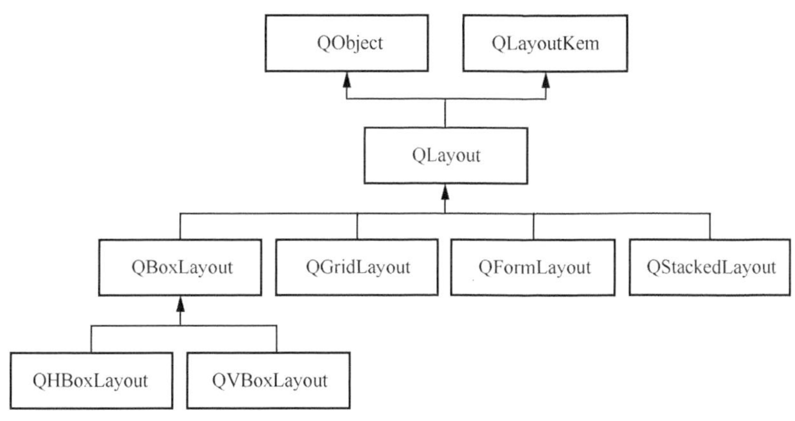

图9-1

QLayout类是布局管理器的基类，它继承自QObject和QLayoutItem类，QLayoutItem类提供了一个供QLayout操作的抽象项目。QLayoutItem在设计自己的布局管理器时才使用，而一般布局只需要使用QLayout的几个子类即可。

9.2　基本布局管理器——QBoxLayout

QBoxLayout有两个子类：QHBoxLayout（水平）和QVBoxLayout（垂直）。

9.2.1　QHBoxLayout的使用

QHBoxLayout——该类用于构造水平布局对象，如图9-2所示。

接下来通过一个案例来验证QHBoxLayout的使用方法。需求比较简单，在窗口中创建5个按钮，呈水平分布，实现效果如图9-3所示。

图9-2

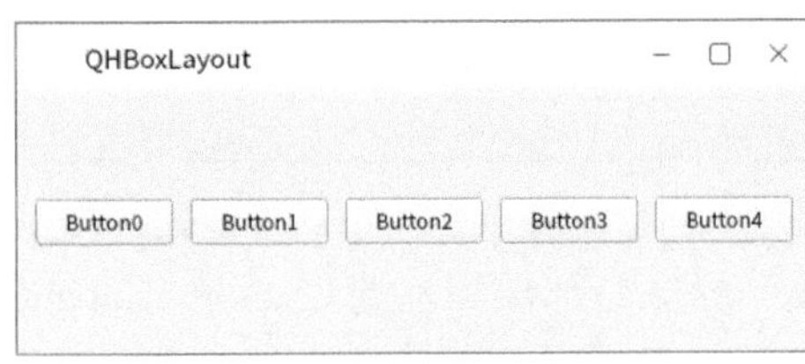

图9-3

实现过程如下（源码见9-1-QHBoxLayout_Demo）。

```
Widget::Widget(QWidget *parent) :
    QWidget(parent),
    ui(new Ui::Widget)
{
    ui->setupUi(this);
     // 创建水平布局对象
    QHBoxLayout *hBoxly = new QHBoxLayout;
    // 设置布局内控件的水平间隙
    hBoxly->setSpacing(10);
    for(int i = 0;i < 5;i++){
        QPushButton *btn = new QPushButton(QString("Button%1").arg(i));
        // 加入布局
        hBoxly->addWidget(btn);
    }
    // 设置当前的布局方式
    setLayout(hBoxly);
}
```

成员函数addWidget()可以向布局管理器中添加控件，该函数原型如下。

```
void QLayout::addWidget(QWidget *w)
```

其中参数w为添加的目标控件，只要是QWidget及其子类的对象，都可以被添加到布局管理器中，添加进来的控件都受该布局管理器约束。

成员函数setSpace()可以用于设置布局管理器中不同控件之间的间隙。QWidget的成员函数setLayout()可以实现窗口上的具体布局，该函数的原型如下。

```
void QWidget::setLayout(QLayout *layout)
```

参数layout为要设置的布局管理器对象，可以是QLayout及其子类的任意一个对象。

9.2.2 QVBoxLayout的使用

QVBoxLayout——该类用于构造垂直布局对象，如图9-4所示。

它的用法同QHBoxLayout的用法类似，接下来通过一个案例验证QVBoxLayout的使用方法。需求为，在窗口中创建5个按钮，呈垂直分布，实现效果如图9-5所示。

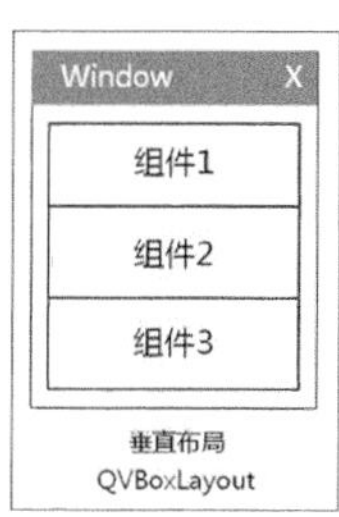

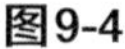

图9-4

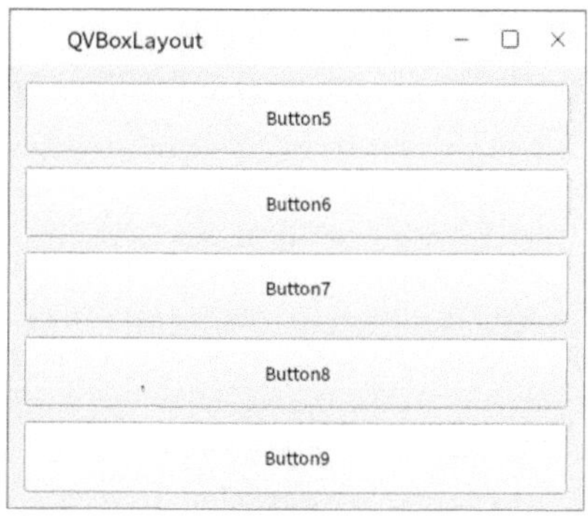

图9-5

实现过程如下（源码见9-2-QVBoxLayout_Demo）。

```
Widget::Widget(QWidget *parent) :
    QWidget(parent),
    ui(new Ui::Widget)
{
    ui->setupUi(this);
    // 创建布局对象
    QVBoxLayout *vBoxly = new QVBoxLayout;
    // 设置布局间隙
    vBoxly->setSpacing(10);
    for(int i = 5;i < 10;i++){
        QPushButton *btn = new QPushButton(QString("Button%1").arg(i));
        // 设置控件缩放的最小尺寸
        btn->setMinimumHeight(30);
        // 设置控件缩放的最大尺寸
        btn->setMaximumHeight(60);
        // 将控件添加到布局管理器中
        vBoxly->addWidget(btn);
    }
    // 设置当前的布局方式
    this->setLayout(vBoxly);
}
```

由于布局管理器中的控件会随着窗体大小变化自动地调整大小和相对位置，所以实现过程中使用两个函数对控件缩放尺寸进行限制，分别为setMinimumHeight()——对最小尺寸进行限制，setMaximumHeight()——对最大尺寸进行限制。

9.3 网格布局管理器——QGridLayout

在页面布局管理中，QGridLayout是非常重要的布局管理器，它可以实现在网格中布局小部件。

9.3.1 QGridLayout的基本使用

QGridLayout类似棋盘，每个小单元可占据一个或者多个单元格，需要手动进行设置（通过单元格的划分或合并特定行来实现）。每个控件都有对应的坐标，如左上角的就是(0,0)，分别表示的是行和列，如图9-6所示。

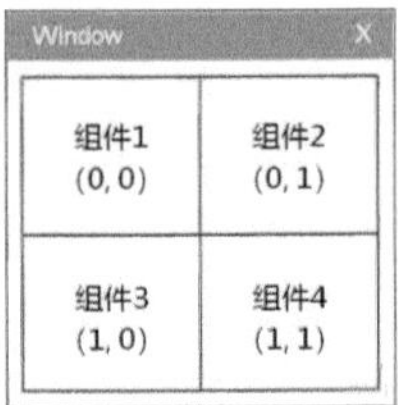

图9-6

在添加布局内的元素时，可以使用addWidget()函数对行、列进行指定，函数原型如下。

```
    void QGridLayout::addWidget(QWidget *widget, int row, int column, Qt::
Alignment alignment = ...)
```

该函数有4个参数，各参数的具体解析见表9-2。

表9-2 addWidget()函数参数解析

参数名	参数类型	描述
widget	QWidget *	添加的子控件
row	int	指定行
column	int	指定列
alignment	Qt::Alignment	指定对齐方式

在添加子控件的时候，如果对某个子控件的占位有特殊要求（合并），可以通过以下函数实现。

```
    void QGridLayout::addWidget(QWidget *widget, int fromRow, int fromColumn,
int rowSpan, int columnSpan, Qt::Alignment alignment = ...)
```

该函数存在重载情况，各参数的具体解析见表9-3。

表9-3 重载addWidget()函数参数解析

参数名	参数类型	描述
widget	QWidget *	添加的子控件
fromRow	int	指定行
fromColumn	int	指定列
rowSpan	int	这个部件占多少行（如果为-1，则会扩展到底部）
columnSpan	int	这个部件占多少列（如果为-1，则会扩展到右边缘）
alignment	Qt::Alignment	指定对齐方式

由于网格布局管理器中的组件会随着窗口缩放而发生变化的。如果对不同组件之间的比例有特殊要求，是可以通过对应函数来实现的。与QBoxLayout不同的是，网格布局管理器需要分别设置行和列的比例系数，其中设置行比例系数的函数如下。

```
void QGridLayout::setRowStretch(int row, int stretch)
```

其参数解析见表9-4。

表9-4 setRowStretch()函数参数解析

参数名	参数类型	描述
row	int	目标行
stretch	int	缩放系数，默认为0，不缩放

用于设置列比例系数的函数如下。

```
void QGridLayout::setColumnStretch(int column, int stretch)
```

其参数解析见表9-5。

表9-5 setColumnStretch()函数参数解析

参数名	参数类型	描述
column	int	目标行
stretch	int	缩放系数，默认为0，不缩放

对于行和列的间隙，在网格布局中也可以进行设置。setHorizontalSpacing()函数可以设置水平方向的间隙，函数原型如下。

```
void setHorizontalSpacing(int spacing)
```

setVerticalSpacing()函数可以设置垂直方向的间隙，函数原型如下。

```
void setVerticalSpacing(int spacing)
```

两个函数的参数一致，都是表示距离的间隙大小，其单位默认为“像素”。

9.3.2 使用示例

本小节通过一个案例，验证QGridLayout相关函数的使用方法，包括行、列间隙的设置，不同行缩放比例的设置，布局中指定控件占用多列的设置等，最终实现效果如图9-7所示。

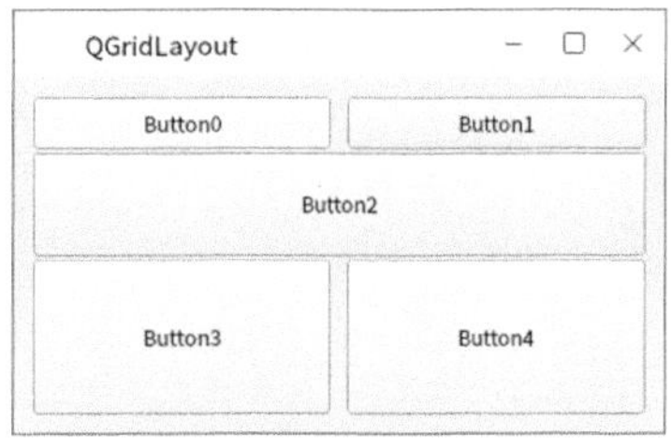

图9-7

实现过程也比较简单（源码见9-3-QGridLayout_Demo）。

1. 在widget.cpp的默认构造函数中，完成布局管理器对象的创建。

```
Widget::Widget(QWidget *parent) :
    QWidget(parent),
    ui(new Ui::Widget)
{
    // 创建网格布局
    QGridLayout *gridlayout = new QGridLayout;
}
```

2. 设置网格布局的相关属性（行、列间隙，不同行的比例系数等）。

```
Widget::Widget(QWidget *parent) :
    QWidget(parent),
    ui(new Ui::Widget)
```

```
{
    ...
    // 设置水平间隙
    gridlayout->setHorizontalSpacing(10);
    // 设置垂直间隙
    gridlayout->setVerticalSpacing(2);
    // 设置不同行的比例系数
    gridlayout->setRowStretch(0,1);
    gridlayout->setRowStretch(1,2);
    gridlayout->setRowStretch(2,3);
}
```

3. 创建不同的按钮，并添加到对应的布局中。

```
Widget::Widget(QWidget *parent) :
    QWidget(parent),
    ui(new Ui::Widget)
{
    ...
    // 循环创建按钮
    for (int i = 0; i < 5; ++i) {
        QPushButton *btn = new QPushButton;
        btn->setMinimumHeight(10);
        btn->setMaximumHeight(150);
        btn->setText(QString("Button%1").arg(i));
        btnList.append(btn);
    }
    // 设置网格布局的第一行按钮
    gridlayout->addWidget(btnList[0],0,0);
    gridlayout->addWidget(btnList[1],0,1);
    // 设置网格布局的第二行按钮（一个按钮占用两列）
    gridlayout->addWidget(btnList[2],1,0,1,2);
    // 设置网格布局的第三行按钮
    gridlayout->addWidget(btnList[3],2,0);
    gridlayout->addWidget(btnList[4],2,1);
}
```

为了便于管理，在创建按钮的时候，将其存储到对应的容器中。

4. 将创建并设置好的布局管理器对象设置为当前视图的布局。

```
Widget::Widget(QWidget *parent) :
    QWidget(parent),
    ui(new Ui::Widget)
{
    ...
    // 设置当前视图的布局
    setLayout(gridlayout);
}
```

案例基本涵盖了9.3.1小节中介绍的所有函数。但这并不是QGridLayout的全部，如果读者对未涉及的函数感兴趣，可以通过官方文档自行拓展。

9.4 窗体布局管理器——QFormLayout

QFormLayout是一个方便的布局类，它以两列形式布局其子级。

9.4.1 QFormLayout的基本使用

通常情况下，两列子级布局如下：左列由标签组成，右列由字段小组件（行编辑器、数字调整框等）组成，如图9-8所示。

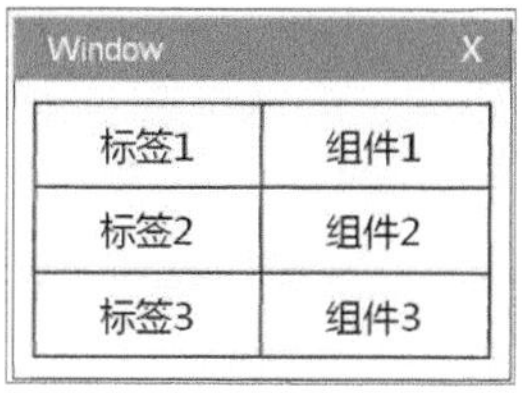

Window X

标签1	组件1
标签2	组件2
标签3	组件3

图9-8

QFormLayout中提供了丰富的函数，可以让用户操作非常方便。其中比较常用的函数见表9-6。

表9-6 QFromLayout常用函数

函数	作用
void QFormLayout::addRow(QWidget *label, QWidget *field)	使用给定的标签和字段在窗体布局的底部添加新行。label一般为QLabel，field一般为QLineEdit
void QFormLayout::addRow(const QString &labelText, QWidget *field)	重载函数，会在后台自动创建一个QLabel，其中labelText是它的文本。field放在组件位置处，一般使用QLineEdit
void QFormLayout::addRow(QWidget *label, QLayout *field)	在此窗体布局的末尾添加指定的布局，布局横跨两列。label一般为QLabel，labelText为文本内容，field为具体的布局对象
void QFormLayout::addRow(const QString &labelText, QLayout *field)	
void QFormLayout::insertRow(int row, const QString &labelText, QWidget *field)	在指定的行插入标签及组件，row表示目标行，labelText表示文本内容，field一般为QLineEdit
void QFormLayout::insertRow(int row, const QString &labelText, QLayout *field)	在指定的行插入标签及布局，row表示目标行，labelText表示文本内容，field为具体的布局对象
void setRowWrapPolicy(QFormLayout::RowWrapPolicy policy)	设置字段的包装策略

对于最后一个函数setRowWrapPolicy()，其参数类型为QFormLayout::RowWrapPolicy，它是一个枚举类，具体定义见表9-7。

表9-7 QFormLayout::RowWrapPolicy枚举类

枚举常量	枚举值	描述
QFormLayout::DontWrapRows	0	字段总是放在标签旁边。这是除Qt扩展样式之外的所有样式的默认策略
QFormLayout::WrapLongRows	1	标签提供足够的水平空间以容纳最宽的标签，其余的空间用于容纳字段。如果字段的最小宽度大于可用空间，则字段将换行。这是Qt扩展样式的默认策略
QFormLayout::WrapAllRows	2	字段总是放在标签下面

9.4.2 使用示例

本小节通过一个案例，验证QFormLayout相关函数的使用方法，包括添加行、设置不同的包装策略、添加布局等。实现效果如图9-9所示。

实现过程如下（源码见9-4-QFormLayout_Demo）。

1. 在widget.cpp中完成表单布局对象的创建，并将其设置为当前视图的布局。

```
Widget::Widget(QWidget *parent) :
    QWidget(parent),
    ui(new Ui::Widget)
{
     // 创建表单布局
    QFormLayout *formLayout = new QFormLayout;
     // 设置为当前视图的布局
     setLayout(formLayout);
}
```

2. 完成行的添加（插入），并设置字段的包装策略。

```
Widget::Widget(QWidget *parent) :
    QWidget(parent),
    ui(new Ui::Widget)
{
     ...
     QLineEdit *edit_name = new QLineEdit(this);
    QLineEdit *edit_address = new QLineEdit(this);
    formLayout->addRow("姓名:",edit_name);
    formLayout->insertRow(1,"地址:",edit_address);
     // 设置包装策略
    formLayout->setRowWrapPolicy(QFormLayout::DontWrapRows);
     ...
}
```

注意，包装策略的设置不同，其呈现的视觉效果也不同。QFormLayout::DontWrapRows为默认设置，如果将其进行如下修改。

```
formLayout->setRowWrapPolicy(QFormLayout::WrapAllRows);
```

呈现的效果如图9-10所示。

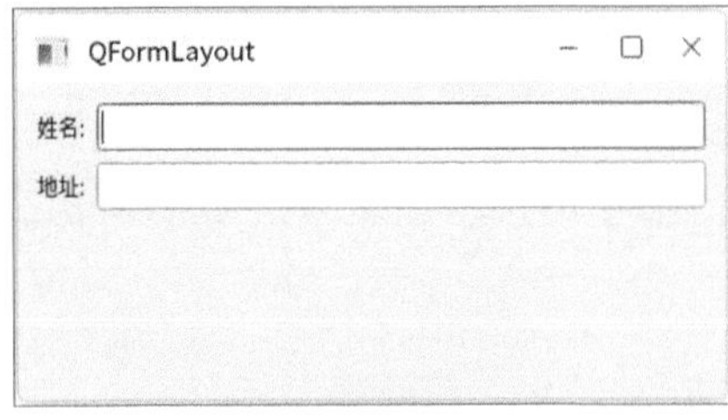

图9-9

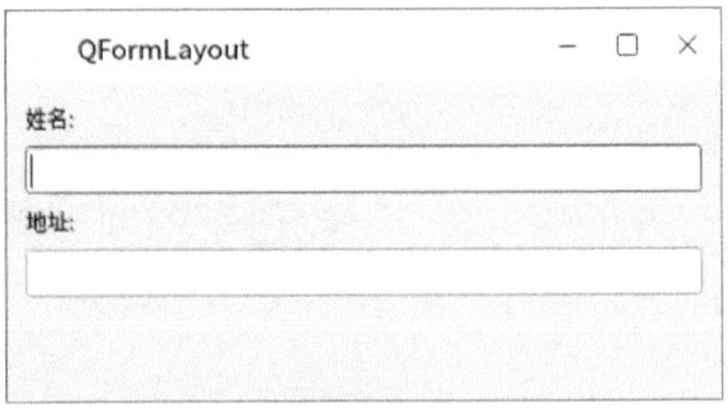

图9-10

两种效果的区别如下，setRowWrapPolicy(QFormLayout::DontWrapRows)——标签跟组件会在同一行；setRowWrapPolicy(QFormLayout::WrapAllRows)——标签跟组件会换行显示。

在9.4.1小节的讲解中提及过，不论是addRow()函数，还是insertRow()函数，都可以实现在布局中添加行操作。接下来以addRow()函数为例，向formLayout中添加一个子布局，实现如下。

```
Widget::Widget(QWidget *parent) :
    QWidget(parent),
    ui(new Ui::Widget)
{
     ...
     // 创建按钮
    QPushButton *btn1 = new QPushButton("确认");
    QPushButton *btn2 = new QPushButton("清除");
    // 创建水平布局
    QHBoxLayout *hBoxLayout = new QHBoxLayout;
    // 将按钮添加到水平布局中
    hBoxLayout->addWidget(btn1);
    hBoxLayout->addWidget(btn2);
    // 将布局和BoxLayout添加到网格布局中
    formLayout->addRow("更多",hBoxLayout);
    ...
}
```

添加完成之后，运行效果如图9-11所示。

最后采用的这种布局方式属于嵌套布局的范畴，关于嵌套布局的描述及更多用法，见9.5节。

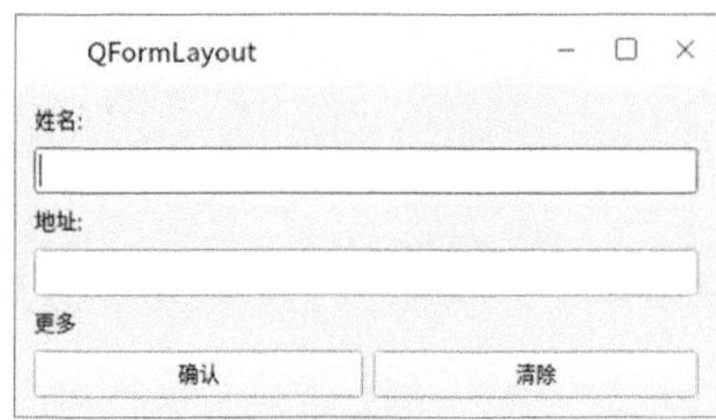

图9-11

9.5 嵌套布局管理器

不同的布局管理器之间的嵌套使用，可以完美地解决复杂页面的布局问题。

9.5.1 嵌套布局的概念

在进行GUI开发的时候，如果想实现一个页面中顶端部分采用水平布局，中间部分采用垂直布局，底端部分采用网格布局。这时候，使用一种布局管理器是不方便实现的。那么如何才能实现呢？可以多个页面布局管理器结合使用（其中一个设置为页面布局，其他几个作为该布局的子布局），这种用法称为嵌套运用。可以像父类和子类一样声明窗口的默认布局管理器，并利用布局管理器的成员函数addLayout()添加嵌套布局。嵌套方式多种多样，比较常用的有“水平布局+垂直布局”的嵌套方式，效果如图9-12所示。

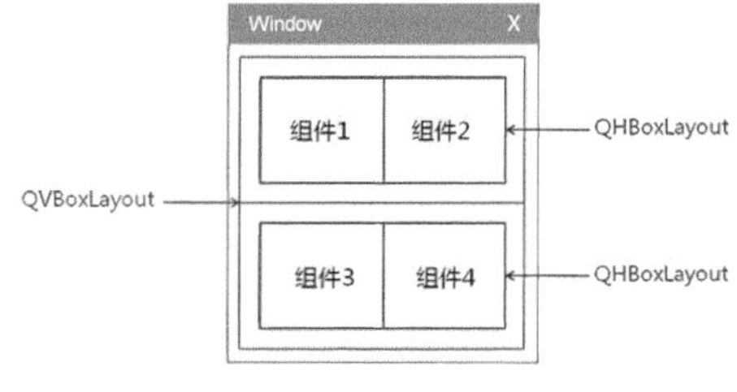

图9-12

还有“网格布局+垂直布局”的嵌套方式，效果如图9-13所示。

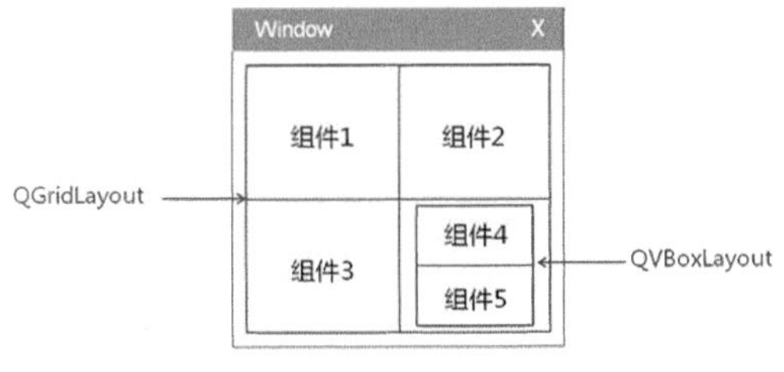

图9-13

9.5.2 使用示例

接下来通过一个案例验证“网格布局+垂直布局”的基本使用方法，案例的实现效果如图9-14所示。

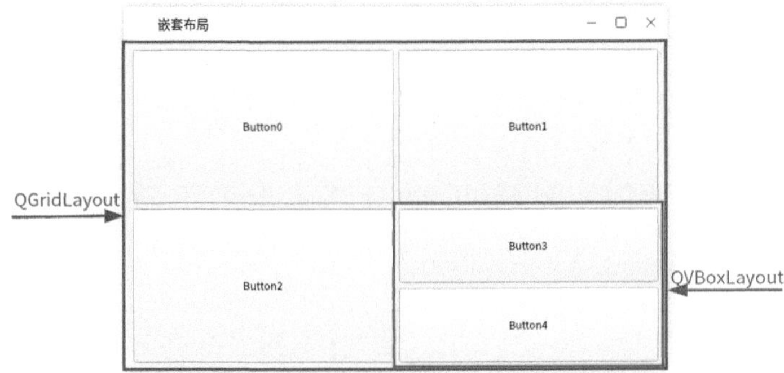

图9-14

其中，红色矩形框区域采用的QGridLayout布局，它是整个视图的布局，蓝色矩形框区域采用QVBoxLayout布局，它以QGridLayout布局的子布局形式存在。二者形成了嵌套布局。实现过程如下（源码见9-5-NestingLayout_Demo）。

1. 创建QGridLayout布局管理对象，添加对应子控件，并完成整个视图布局的设置。

```
Widget::Widget(QWidget *parent) :
    QWidget(parent),
    ui(new Ui::Widget)
{
     // 创建布局对象
     QGridLayout *gridLayout = new QGridLayout;
     QList<QPushButton *>btnList;
    for (int i = 0; i < 5; ++i) {
          QPushButton *btn = new QPushButton;
          btn->setText(QString("Button%1").arg(i));
          // 设置大小策略
```

```
            btn->setSizePolicy(QSizePolicy::Expanding,QSizePolicy::Expanding);
            btnList.append(btn);
        }
         // 网格布局添加控件
        gridLayout->addWidget(btnList[0],0,0);
        gridLayout->addWidget(btnList[1],0,1);
        gridLayout->addWidget(btnList[2],1,0);
        // 设置当前页面的布局
        setLayout(gridLayout);
    }
```

实现效果如图9-15所示。

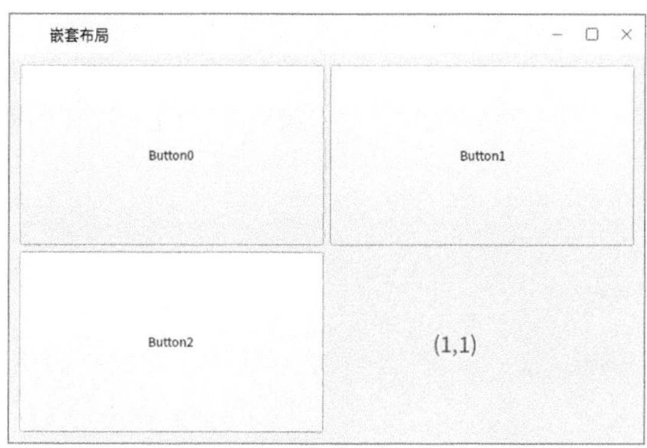

图9-15

2. 创建QVBoxLayout布局管理对象，将对应子控件添加到该布局中，然后将该布局作为子布局，添加到QGridLayout布局管理对象的(1,1)位置处即可。

```
         Widget::Widget(QWidget *parent) :
        QWidget(parent),
        ui(new Ui::Widget)
    {
        ...
        QVBoxLayout *vBoxLayout = new QVBoxLayout;
        // 垂直布局中添加控件
        vBoxLayout->addWidget(btnList[3]);
        vBoxLayout->addWidget(btnList[4]);
         // 添加子布局
        gridLayout->addLayout(vBoxLayout,1,1);
         // 设置当前页面的布局
        setLayout(gridLayout);
    }
```

要组成嵌套的布局管理器，可以调用addLayout()函数来实现。在上述代码中，通过gridLayout->addLayout(vBoxLayout,1,1)将垂直布局作为一个子元素添加到(1,1)位置处。在实际的应用开发中，页面布局可能复杂很多，但处理的方式，一定是围绕addLayout()进行嵌套布局的构建。

9.6 分离器

QSplitter实现了一个分离器小控件。

9.6.1 QSplitter的概述

QSplitter允许用户通过拖动子控件之间的边界来控制它们的大小。任何数量的小控件都可以由单个分离器控制。鉴于其可以灵活分割窗口的布局的特性，因此，在应用程序中经常用到该类。其中，比较典型的用法是创建几个小控件并使用insertWidget()或addWidget()添加它们，操作系统中文件资源管理器的设计就使用该技术。

QSplitter的直接父类为QFrame，保证了它是一个带有边框的可视控件，而且它可以作为容器和窗口使用。QFrame的直接父类是QWidget，因此，从本质上来讲，它属于视图类的范畴。QSplitter的实现原理与QBoxLayout布局的原理类似，把子控件以水平或垂直的方式添加到QSplitter中，子控件之间会有一条分界线，具体如图9-16所示。

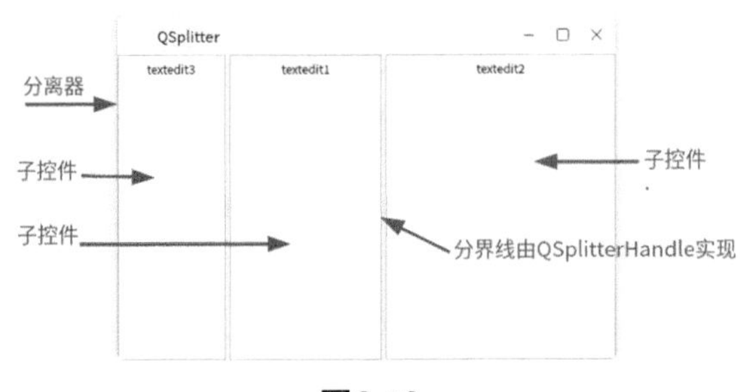

图9-16

这里需要注意的是，分离器中的子控件会随着分离器大小的改变而改变。当分离器大小改变时，分离器会重新分配空间，以使其所有子控件的相对大小保持相同的比例。子控件的大小策略对分离器不起作用，分离器会把子控件填充满整个空间，即使子控件的大小策略设置为Fixed，仍会被拉伸。

QSplitter类本身不实现分界线，分界线是由QSplitterHandle类实现的，因此QSplitterHandle也是一个控件，而QSplitter是另外一个控件。不过，两个控件通过Qt的内部设计让它们关联在一起，产生了一定的联系。

QSplitter提供了非常丰富的函数，可以方便、快捷地完成页面的拆分，其中比较常用的函数见表9-8。

表9-8 QSplitter常用函数

函数	作用
void addWidget(QWidget *widget)	在分离器尾部添加widget。注意，分离器会获得控件的所有权
void insertWidget(int index, QWidget *widget)	在分离器指定索引处插入widget。若widget已在分离器中，则将其移至新位置
void setCollapsible(int index, bool collapse)	设置索引处的子控件是否可折叠
void setStretchFactor(int index, int stretch)	设置索引处的子控件的拉伸因子

续表

函数	作用
void setSizes(const QList<int>& list)	使用列表设置子控件的大小（以像素为单位），若分离器是水平的，则使用列表中的值按从左到右的顺序设置每个子控件的宽度。若分离器是垂直的，则使用列表中的值按从上到下的顺序设置子控件的高度
QWidget *replaceWidget(int index, QWidget *widget)	把索引处的子控件替换为widget，若有效，且widget不是分离器的子控件，则返回被替换掉的子控件
void setOrientation(Qt::Orientation)	设置分离器方向（水平/垂直），参数Qt::Orientation为枚举类
void setOpaqueResize(bool opaque = true)	控件是否动态调整，即分界线是否是不透明的。默认为动态调整（即true）

QSlider还提供了为数不多的信号，原型如下。

```
void  splitterMoved(int pos, int index)
```

当特定索引index处的分离器移动到位置pos时，会发出此信号。

9.6.2 QSplitter的使用示例

本小节将通过案例的形式对9.6.1小节提及的相关函数进行验证。先看第一个案例，创建一个分离器对象，设置其分离方向为横向（水平），调用addWidget()函数，添加相关子控件，实现效果如图9-17所示。

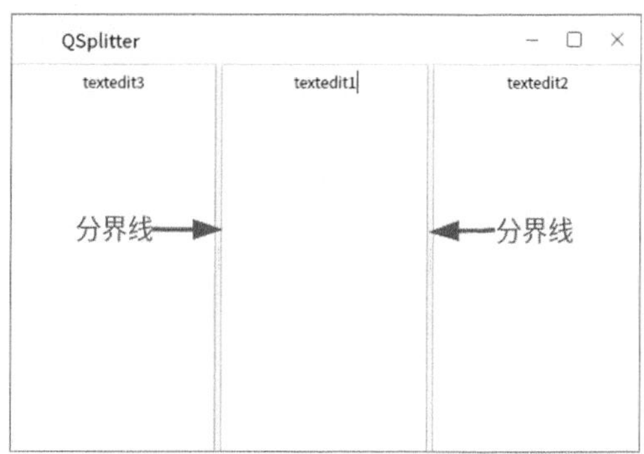

图9-17

窗口中的QTextFiled小控件被分割开来，箭头指向位置处可以自由拖曳，任意调整控件大小。

实现如下（源码见9-6-QSplitter_Demo1）。

封装initUI1()函数，然后在main.cpp中调用即可。

```
void initUI1(){
    // 创建分割类
    QSplitter *mainSplitter = new QSplitter(Qt::Horizontal);
    mainSplitter->setWindowTitle("QSplitter");
    // 设置分割视图的固定大小
    mainSplitter->setFixedSize(500,300);
    QTextEdit *edit1 = new QTextEdit("textedit1");
    edit1->setAlignment(Qt::AlignCenter);
```

```
        QTextEdit *edit2 = new QTextEdit("textedit2");
        edit2->setAlignment(Qt::AlignCenter);
        QTextEdit *edit3 = new QTextEdit("textedit3");
        edit3->setAlignment(Qt::AlignCenter);
         // 将不同的控件加入分割类
        mainSplitter->addWidget(edit1);
        mainSplitter->addWidget(edit2);
        mainSplitter->insertWidget(0,edit3);
        // 展示分割视图
        mainSplitter->show();
    }
```

在创建QSplitter对象——new QSplitter(Qt::Horizontal)时，通过参数Qt::Horizontal指定分离器的分割方向。如果后续需要修改分割方向，可以通过调用函数——setOrientation()实现，以上述代码为例，在创建mainSplitter对象后的任意位置加入代码。

```
    mainSplitter->setOrientation(Qt::Vertical)
```

就可以实现分离器的纵向分离，效果如图9-18所示。

在调用insertWidget()或addWidget()时，如果一个小控件已经在QSplitter中，那么它将移动到新的位置。这种操作可以用于在分离器中重新排序小控件。如果需要访问分离器中的小控件，可以使用indexOf()、widget()和count()等函数来实现。

如果对不同的分割区域有大小要求，可以通过函数setSizes()来设置。如下所示，新增代码。

```
    void initUI1(){
        ...
            QList<int> list;
            list << 50 << 100 << 200; // width为50 100 200
            splitter->setSizes(list);
             // 展示分割视图
             mainSplitter->show();
    }
```

效果发生变化，如图9-19所示。

图9-18

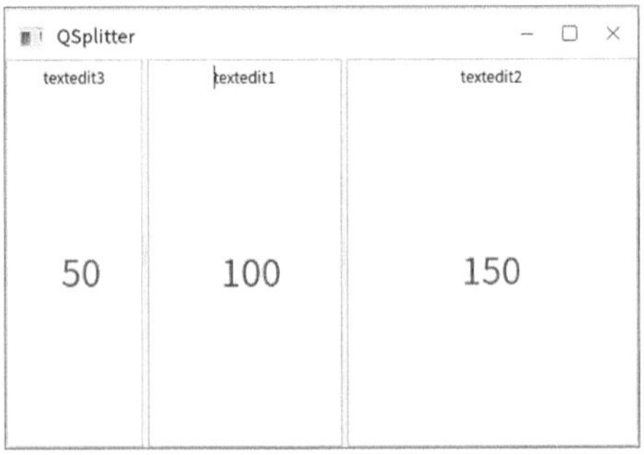

图9-19

以上都是比较简单的分离布局，接下来介绍一个稍微复杂的分离布局——嵌套分离，实现效果如图9-20所示。

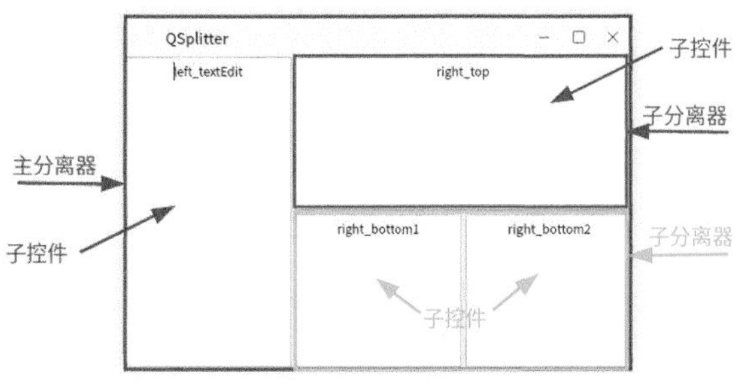

图9-20

具体实现如下（源码见9-6-QSplitter_Demo2）。

1. 定义initUI2函数，完成主分离器对象的创建，设置其大小，创建子控件并添加到分离器中。

```
void initUI2(){
        // 主分离器视图
    QSplitter *mainSplitter = new QSplitter(Qt::Horizontal);
    mainSplitter->setFixedSize(500,300);
    QTextEdit *edit_left = new QTextEdit("left_textEdit");
    edit_left->setAlignment(Qt::AlignCenter);
    mainSplitter->addWidget(edit_left);
    mainSplitter->show();
}
```

2. 创建子分离器对象（创建时，指定其父分离器，对应图9-20中的绿色区域），添加对应子控件。

```
void initUI2(){
        ...
    // 创建子分离器视图1
    QSplitter *right_splitter_top = new QSplitter(Qt::Vertical,mainSplitter);
    QTextEdit *edit_right_top = new QTextEdit ("right_top");
    edit_right_top->setAlignment(Qt::AlignCenter);
    right_splitter_top->addWidget(edit_right_top);
    mainSplitter->show();
}
```

3. 继续创建子分离器对象（创建时，指定其父分离器，对应图9-20中的蓝色区域），添加对应子控件。

```
void initUI2(){
        ...
        // 创建子分离器视图2
    QSplitter *right_splitter_bottom = new QSplitter(Qt::Horizontal,right_
splitter_top);
    QTextEdit *edit_right_bottom1 = new QTextEdit("right_bottom1");
    edit_right_bottom1->setAlignment(Qt::AlignCenter);
    QTextEdit *edit_right_bottom2 = new QTextEdit("right_bottom2");
    edit_right_bottom2->setAlignment(Qt::AlignCenter);
    right_splitter_bottom->addWidget(edit_right_bottom1);
    right_splitter_bottom->addWidget(edit_right_bottom2);
    mainSplitter->show();
}
```

对于嵌套的分割要注意的是，它不支持向QSplitter添加QLayout（通过setLayout()或将QSplitter作为QLayout的父元素），必须通过调用addWidget()函数来实现。

第10章 Qt中的文件管理

作为一个高度集成的框架，Qt在文件处理方面做得非常不错。比如，它提供了QFile类用于文件操作。类中提供了读写文件的接口，可以读写文本文件、二进制文件以及Qt中的资源文件等。对于处理文本文件和二进制文件，可以使用QTextStream类和QDataStream类。处理文件目录，则可以使用QDir类，QDir类提供了访问系统目录结构及其内容与平台无关的方式。除此之外，还提供了QFileInfo类，可用于获取文件的相关信息；如果用户对文件和目录有监控需求，则可以通过QFileSystemWatcher来实现。

10.1 文本文件操作

QFile类提供了用于读取和写入文件的接口。它可以单独使用，或者与QTextStream或QDataStream结合使用。

10.1.1 QFile类读写文本

QFile类相对比较简单，对于其函数，不赘述。接下来通过一个案例，验证其文件的读写操作，案例效果如图10-1所示。

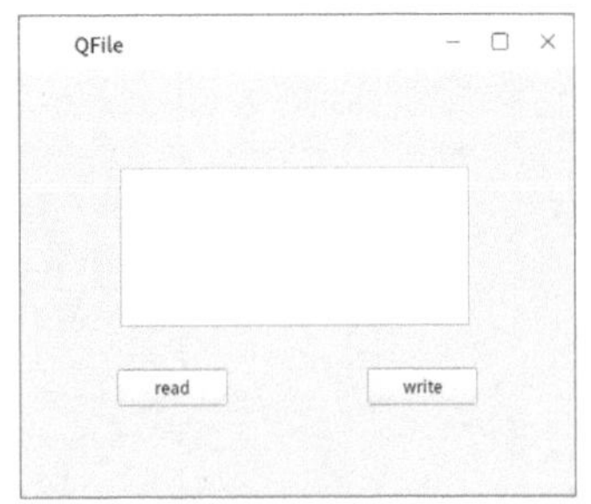

图10-1

需求比较简单，单击“read”按钮，弹出文件对话框，选中目标文件后，即可实现目标文件文本内容的读取，并在文本框中显示。实现过程如下（源码见10-1-QFile_Read_Demo）。

1. 基于.ui文件，完成图10-1所示的界面设计，并将“read”按钮完成与对应信号槽的关联。

2. 在“read”按钮关联的槽函数on_btnRead_clicked()中，完成对应业务的实现。

```
void Widget::on_btnRead_clicked()
{
    QString filePath = "./";
      // 文件对话框
    QString fileName = QFileDialog::getOpenFileName(this,"Open",filePath);
    if(!fileName.isEmpty()){
        QFile file(fileName);
        if(file.exists()){
            // 以指定方式打开文件
            bool opened = file.open(QIODevice::ReadOnly|QIODevice::Text);
            if(opened){
                // 逐行读取
                QByteArray lineArr = file.readLine();
                while(lineArr.count() > 0){
                    // 继续读取
                    lineArr = file.readLine();
                }
                // 关闭文件
                file.close();
            }
        }
    }
}
```

首先，基于QFileDialog::getOpenFileName()函数选择一个文件，file.exists()可以判断该文件的有效性。如果文件有效，则调用open()函数打开该文件，函数要求QIODevice::OpenModeFlag类型的参数，它是一个枚举类，具体描述见表10-1。

表10-1　QIODevice::OpenModeFlag枚举类

枚举常量	枚举值	描述
QIODevice::NotOpen	0x0000	未打开
QIODevice::ReadOnly	0x0001	以只读方式打开文件，用于载入文件
QIODevice::WriteOnly	0x0002	以只写方式打开文件，用于保存文件
QIODevice::ReadWrite	ReadOnly | WriteOnly	以读写方式打开
QIODevice::Append	0x0004	以添加模式打开，新写入文件的数据添加到文件尾部
QIODevice::Truncate	0x0008	以截取方式打开文件，文件原有的内容全部被删除
QIODevice::Text	0x0010	以文本方式打开文件，读取时“\n”被自动翻译为换行符
QIODevice::Unbuffered	0x0020	绕过设备的任何缓冲区
QIODevice::NewOnly	0x0040	如果要打开的文件已存在，则失败。仅在文件不存在时创建并打开该文件
QIODevice::ExistingOnly	0x0080	如果要打开的文件不存在，则失败。此标志必须与ReadOnly、WriteOnly或ReadWrite一起指定

这些取值可以组合，例如QIODevice::ReadOnly | QIODevice::Text表示的是以只读和文本方式打开文件。

在代码中读取文件内容时，采用逐行读取的方式，如果需要一次性读取文件的所有内容，则可以使用如下函数来完成。

```
QByteArray data = file.readAll();
```

注意，出于安全机制的考虑，在文件读取结束之后，建议使用close()函数关闭文件。

接下来介绍文件的写入操作，需求也比较简单，单击“write”按钮，弹出文件对话框，选中文件，单击框中的“Save”即可将文本框中的内容写入目标文件。实现步骤如下。

1. 完成“write”按钮对应信号槽的关联。

2. 在“write”按钮关联的槽函数on_btnWrite_clicked()中，完成对应业务的实现。

```
void Widget::on_btnWrite_clicked()
{
    // 获取文本输入框中的内容
    QString content = ui->textEdit->toPlainText();
    // 打开文件对话框
    QString fileName = QFileDialog::getSaveFileName(this,"./");
    // 创建文件对象
    QFile saveFile(fileName);
    // 打开文件
    saveFile.open(QIODevice::WriteOnly|QIODevice::Text);
    QByteArray byteArr = content.toUtf8();
    // 写入数据
    saveFile.write(byteArr,byteArr.length());
    saveFile.close();
}
```

首先将ui->textEdit的文本导出为一个字符串，接着调用QString类中的toUtf8()函数，将该字符串转换为UTF-8格式的字符数组；然后调用QFile::write() 函数将字节数组内容写入文件。为了便于文件的保存操作，在调用open()函数打开文件时，采用的模式为QIODevice::WriteOnly | QIODevice::Text。使用WriteOnly隐含着Truncate，即删除文件原有内容，如果要将原文件数据保留，可以使用QIODevice::Append模式。

至此，完成了使用QFile类进行文件读写的所有操作，接下来介绍QTextStream的相关使用方法。

10.1.2 QTextStream类读写文本文件

QTextStream可以与输入/输出（Input/Output,I/O）设备类结合，为数据读写提供一些更方便的方法。比较常用的是将QTextStream与QFile结合使用。除此之外，QTextStream还可以与QTemporaryFile、QBuffer、QTcpSocket和QUdpSocket等I/O设备类结合使用。

本小节重点介绍QTextStream与QFile结合使用的方法，同样，以完成文本文件的读写为目标。先看基于QTextStream完成文件的读取的实现，核心代码如下（源码见10-1-QTextStream_Read）。

```
QString fileName = "目标文件路径";
QFile file(fileName);
if (!file.exists()) // 文件不存在
    return;
if (!file.open(QIODevice::ReadOnly | QIODevice::Text))
    return;
  // 用文本流读取文件
QTextStream streamRead(&file);
  // 读取所有文件
QString content = streamRead.readAll();
  file.close();
```

在创建QTextStream对象时传递了一个QFile对象。这样，QTextStream对象就与QFile对象建立了关联，接下来就可以通过QTextStream提供的函数进行文件的读写了。如果文本文件里有汉字，需要设定为自动识别Unicode，即调用streamRead.setAutoDetectUnicode(true) 函数。代码中，使用了QTextStream::readAll() 函数进行文件内容的读取，它可以一次性读取所有内容。除此之外，QTextStream类还提供了一些其他的操作函数。如可以使用readLine()函数实现逐行读取文件内容，使用atEnd()函数判断文件是否读取结束等。

在文件写入方面，也可以采用这种QTextStream与QFile结合使用的方式，具体操作核心代码如下（源码见10-1-QTextStream_Write）。

```
QString fileName = "目标文件路径";
  QFile file(fileName);
    // 打开文件
    if(file.open(QIODevice::WriteOnly) | QIODevice::Text){
    // 使用文本流
    QTextStream streamWrite(&file);
    QString content = "Hello KyLinOS";
    // 写入文本流
    streamWrite<<content;
    // 刷新流
    streamWrite.flush();
    // 关闭文件
    file.close();
}
```

这里重点要介绍的是，在写入文本流的时候，可以直接使用“<<”（重写的输出重定向符）来完成。写入之后，调用flush()函数，它可以将流中待写入的缓冲数据同步到文件。最后调用close()函数关闭文件，除了保证安全之外，还有一个隐藏机制，就是在关闭文件的时候，flush()函数也会被默认调用，这在一定意义上可以避免数据不同步的问题。

10.2 二进制文件读写

除了文本文件之外，其他需要按照一定的格式定义读写的文件都称为二进制文件。每种格式的二进制文件都有自己的格式定义，按照一定的顺序写入，按照相应的顺序读取。Qt中提供的QDtaStream类，与QFile类结合使用，可以很方便地实现二进制文件的读写。

10.2.1 QDataStream类读写二进制文件

Qt使用QDataStream和QFile进行二进制数据文件的读写。其中，QDataStream以数据流的方式读取文件内容或写入文件内容，QFile负责文件的I/O设备接口，即与文件的物理交互。

QDataStream类实现了将QIODevice的二进制数据串行化。一个数据流就是一个二进制编码信息流，它完全独立于主机的操作系统、CPU和字节顺序。数据流也可以读写未编码的二进制数据。如果需要“解析”输入流，请参阅QTextStream相关内容。QDataStream类实现了C++的基本数据类型的序列化，如char、short、int、char*等。通过将数据分解成原始单元来实现更复杂数据的序列化。

接下来介绍QDataStream与QFile结合使用完成标准二进制文件的数据存储，实现如下（源码见10-2-QDataStream_Write）。

```
QFile file("data.dat");
// 打开文件
if(file.open(QIODevice::WriteOnly)){
    // 创建数据流
    QDataStream out(&file);
    // 写入数据
    out<<QString("this score is:");
    out<< qint32(100);
    file.close();
}
```

在这段代码中，首先创建了一个QFile对象file，该对象指向一个名为data.dat的文件，紧接着调用open()函数打开该文件，open()函数会返回一个布尔值，可作为文件是否成功打开的依据。然后，将刚刚创建的file对象的指针传递给一个QDataStream对象out。它类似于std::cout标准输出流，QDataStream也重载了输出重定向“<<”运算符。后面的代码就很简单了，将this score is:和数字100输出到数据流。由于out对象在创建时与file对象进行了关联，因此，对应数据会被写入file对象所表示的文件中。注意，最好使用Qt整型来进行读写，如程序中使用的就是qint32。它可以保证在任意平台、任意编译器中的一致性。Qt是如何存储数据的呢？以char *字符串为例，首先存储该字符串包括“\0”结束符的长度（32位整型），然后是字符串的内容以及结束符“\0”。

在读取时，先以32位整型读出整个长度，然后按照这个长度取出整个字符串的内容即可，具体实现如下（源码见10-2-QDataStream_Read）。

```
QFile file("data.dat");
// 打开文件
if(file.open(QIODevice::ReadOnly)){
    QDataStream in(&file);
    // 定义与写入数据匹配的变量
    QString str;
    qint32 var;
    // 依次读取数据，存储到对应变量中
    in >> str >> var;
    file.close();
}
```

注意，必须按照写入数据的顺序，读取对应数据。也就是说，程序数据写入的顺序必须预先定义好。在写数据时，首先写入字符串，然后写入数字，那么就必须先读取字符串，然后是数字。如果顺序错乱，读取的数据可能有误，严重时可能会导致程序直接崩溃。

10.2.2 数据流读写常见问题

二进制流是纯粹的字节数据，可能会带来如下问题：如果程序不同版本之间

按照不同的方式读取（前面说过，Qt保证读写内容的一致，但是并不能保证不同Qt版本之间的一致），数据就会出现错误。因此，必须提供一种机制来确保不同版本之间的一致性。通常，会采用如下方式来避免该问题的出现。

```
QFile file("xxxx.dat");
file.open(QIODevice::WriteOnly);
QDataStream out(&file);
// 写入魔术数字和版本
out<<qint32(0xA0B0C0D0);
out<<qint32(123);
out.setVersion(QDataStream::Qt_4_0);
// 写入数据
...
```

相比之前的程序，现增加了3行代码，先看第一行。

```
out << qint32(0xA0B0C0D0)
```

其作用是写入魔术数字。所谓魔术数字，是二进制输出中经常使用的一种技术。二进制格式对自然人来讲是不可读的，并且都具有相同的后缀名（比如dat之类），因此没有办法区分二进制文件的合法性。因此，在二进制格式文件中写入一个魔术数字，可以用于标识文件的合法性。具体判断方式如下，在文件最开始写入0xA0B0C0D0，这样进行读取的时候，首先检查读取内容是不是0xA0B0C0D0。如果不是，则不需要继续读取。魔术数字是一个32位的无符号整型，因此可以使用quint32来得到一个平台无关的32位无符号整型。

接下来的一行代码如下。

```
out << qint32(123)
```

本行代码用于标识文件的版本。魔术数字用于标识文件的类型，进而判断文件是不是合法的。但是，文件的不同版本之间也可能存在差异，第一版可能保存整型，第二版可能保存字符串。为了标识不同的版本，建议将版本写入文件。

最后一行依旧是关于版本的。

```
out.setVersion(QDataStream::Qt_4_0)
```

Qt不同版本之间的读取方式并不一样。因此，需要指定Qt按照哪个版本读取。这里表示的是指定以Qt 4.0的格式进行内容读取。

以上述设置将内容写入文件之后，在读取时就需要增加一系列的判断，具体实现如下。

```
QFile file(filePath);
if(file.open(QIODevice::ReadOnly)){
    QDataStream in(&file);
    qint32 magic;
    in >> magic;
    // 判断魔术数字
    if(magic != qint32(0xA0B0C0D0)){
        return;
    }
    qint32 version;
    in >> version;
    // 判断版本
    if(version < 100 || version > 123){
        return;
```

```
    }
    if(version <= 110){
        in.setVersion(QDataStream::Qt_3_0);
    }else{
        in.setVersion(QDataStream::Qt_4_0);
    }
    // 读取数据
    ...

    file.close();
}
```

由于二进制文件的读取顺序要求与写入顺序保持一致，因此，在以只读方式打开文件之后，首先读取魔法数字，如果该魔法数字与写入时不同，直接结束文件读取操作。如果相同，则继续读取文件的版本。注意，如果版本小于100或者大于123，系统都是不支持的，同样结束文件读取操作。如果文件版本处于合理区间，当其版本号小于或者等于110的时候，设置数据流按照Qt 3.0的序列化格式进行读取，否则按照Qt 4.0的序列化格式进行读取。至此，一切校验完成，使用数据流执行后续的数据读取即可。为了更好地保证数据同步、文件完整，在操作完成之后，一定要关闭文件对象。

10.3 目录操作与文件系统

Qt提供了可以进行目录操作的类——QDir。

10.3.1 QDir的基本使用

QDir类用来访问目录结构及内容，可以操作路径名、访问路径和文件相关信息以及操作底层的文件系统，还可以访问Qt的资源系统。

Qt使用“/”作为通用的目录分隔符和URL的目录分隔符，如果使用“/”作为目录分隔符，Qt会自动转换路径来适应底层的操作系统。

对于目录的操作都要基于文件路径。在文件系统中，路径分为两种：一种是绝对路径；另一种是相对路径。先来看绝对路径，使用示例如下。

```
// 绝对路径
QDir("/home/user/Desktop");
```

相对路径使用示例如下。

```
//相对路径
QDir("images/10.3-1.png");
```

QDir中提供了一系列的函数，方便对文件进行相关操作。比如，可以使用isRelative()和isAbsolute()函数来判断QDir是否使用了相对路径或者绝对路径，还可以使用makeAbsolute()来将相对路径转换为绝对路径。可以使用path()函数获取目录的路径，使用setPath()函数设置新的路径，使用absolutePath()函数可以获取其绝对路径。目录名可以使用dirName()获取，注意，它只获取名字，也就是一个完整路径中的最后一个元素。使用mkdir()函数可以创建目录，使用rename()实现名字的修改，如果要进行目录的切换，可以通过cd()和cdUp()函数实现。判断一个目录是否存在，可以使用exists()函数。这个在前文的案例中已经使用过。如果要获取一个目录下所有子文件的数量，可以使用count()函数。如果要获取所有子文件的路径，则使用entryList()函数，它返回目录下所有条目组成的字符串列表。如果获取时，有特殊要求比如，只想获取子文件、不列出符号链接，则可以使用过滤器进行过滤，使用方式如下。

```
dir.setFilter(QDir::Files | QDir::NoSymLinks);
```

在进行函数调用时，通过参数设置过滤器也可以实现类似的效果。

```
dir.entryList(QDir::Files | QDir::NoSymLinks);
```

参数为QDir::Filter类型，它是一个枚举类，具体见表10-2。

表10-2 QDir::Filter枚举类

枚举常量	枚举值	描述
QDir::Dirs	0x001	列出目录
QDir::AllDirs	0x400	列出所有目录，不对目录名进行过滤
QDir::Files	0x002	列出文件
QDir::NoSymLinks	0x004	不列出符号链接
QDir::Drives	0x008	列出逻辑驱动器名称，该枚举常量在Linux/UNIX系统中将被忽略
QDir::NoDotAndDotDot	NoDot | NoDotDot	不列出文件系统中的特殊文件"."及".."
QDir::NoDot	0x2000	不列出"."文件，即指向当前目录的软链接
QDir::NoDotDot	0x4000	不列出".."文件
QDir::AllEntries	Dirs | Files | Drives	列出目录、文件、驱动器及软链接等所有文件
QDir::Readable	0x010	列出当前应用有读权限的文件或目录
QDir::Writable	0x020	列出当前应用有写权限的文件或目录
QDir::Executable	0x040	列出当前应用有执行权限的文件或目录
QDir::Modified	0x080	列出已被修改的文件，该枚举常量在Linux/UNIX系统中将被忽略
QDir::Hidden	0x100	列出隐藏文件
QDir::System	0x200	列出系统文件
QDir::CaseSensitive	0x800	设定过滤器为大小写敏感

对于返回entryList()中的条目，如果有排序要求，在函数调用时，给出对应参数即可，实现如下。

```
dir.entryList(QDir::Files,QDir::DirsFirst);
```

参数QDir::DirsFirst是QDir::SortFlag中的一个枚举常量，更多枚举常量见表10-3。

表10-3 QDir::SortFlag枚举类

枚举常量	枚举值	描述
QDir::Name	0x00	按名称排序
QDir::Time	0x01	按时间排序（修改时间）

续表

枚举常量	枚举值	描述
QDir::Size	0x02	按文件大小排序
QDir::Type	0x80	按文件类型（拓展名）
QDir::Unsorted	0x03	不排序
QDir::NoSort	−1	默认情况下不排序
QDir::DirsFirst	0x04	首先是目录，然后是文件
QDir::DirsLast	0x20	首先是文件，然后是目录
QDir::Reversed	0x08	反转排序顺序
QDir::IgnoreCase	0x10	不区分大小写进行排序
QDir::LocaleAware	0x40	使用当前区域设置对项目进行适当排序

如果需要删除文件或者目录，则分别借助remove()和rmdir()这两个函数。

10.3.2 获取文件大小

本小节将通过一个案例，展示文件系统中相关函数的基本使用方法。需求如下，给出一个目录路径，获取该目录下的所有子文件，并统计其大小。

先介绍一下处理思路，对于选中的目录，可以直接使用entryList()获取所有的子文件。在子文件中，可能会存在文件以及目录，如果是目录，则递归调用自身；如果是文件，则统计其大小，并完成累加。实现效果如图10-2所示。

单击“选择目录”按钮，弹出文件对话框，如图10-3所示。

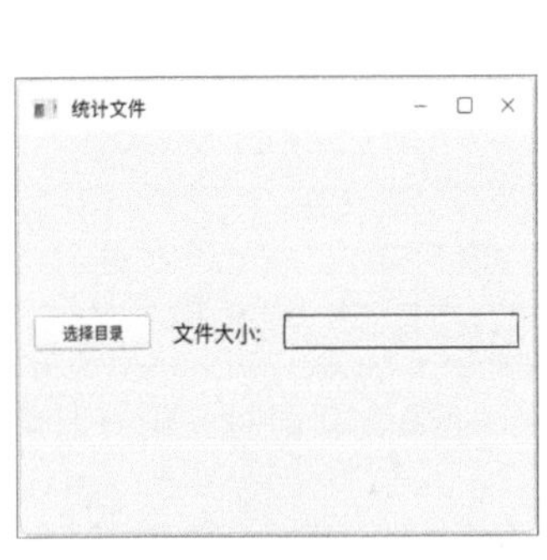

图10-2

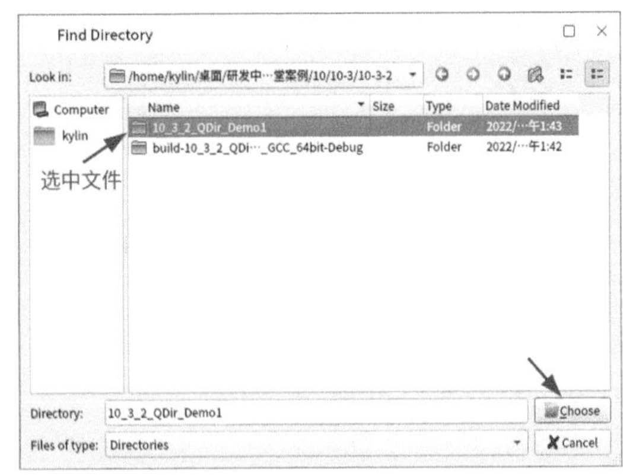

图10-3

选中目标文件，单击“Choose”按钮，可计算出目录中所有文件的大小，并在“文件大小”栏中显示，具体如图10-4所示。

实现步骤如下。

1. 创建项目，基于.ui文件完成页面设计。

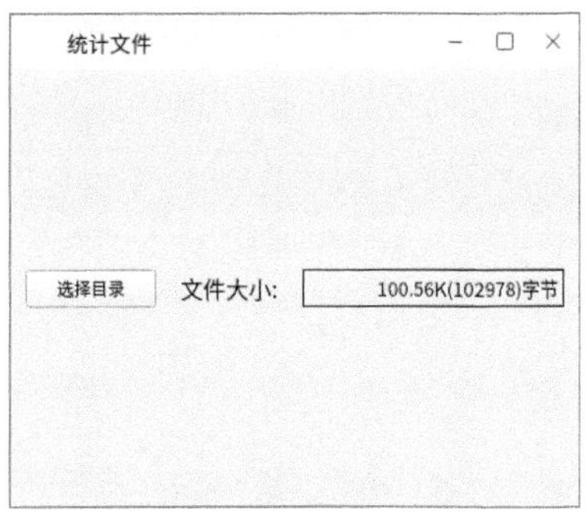

图10-4

2. “选择目录”按钮实现槽函数的关联，槽函数的具体实现如下。

```
void Widget::on_btnSelect_clicked()
{
    // 文件对话框的创建
    QFileDialog *fileDialog = new QFileDialog(this);
    // 设置文件过滤器
    fileDialog->setFilter(QDir::Dirs|QDir::NoDotAndDotDot);
    // 设置文件模式
    fileDialog->setFileMode(QFileDialog::Directory);
    // 设置默认目录
    fileDialog->setDirectory("..");
    if(fileDialog->exec()){
        // 获取选中目录
        QString filePath = fileDialog->selectedFiles().at(0);
        // 调用统计目录的函数
        showAllFiles(filePath);
    }
    QString str_byte = QString("(%1)字节").arg(totSize);
    QString str_size;
    // 根据文件总大小进行格式转换
     if(totSize>= 1024*1024*1024){
       str_size = QString::number(totSize*1.0/1024/1024/1024,'f',2)+"G";
    }else if(totSize >= 1024 * 1024){
       str_size = QString::number(totSize*1.0/1024/1024,'f',2)+"M";
    }else if(totSize >= 1024){
       str_size = QString::number(totSize*1.0/1024,'f',2)+"K";
    }
    // 设置标签文本
    ui->lbShow->setText(str_size+str_byte);
}
```

单击按钮后，首先弹出一个文件对话框，并对其做相关属性的设置。如，通过setFilter(QDir::Dirs|QDir::NoDotAndDotDot)函数，设置只显示目录，不显示具体文件；通过setFileMode(QFileDialog::Directory)函数，设置目录可选；通过setDirectory(“..”)函数，指定文件选择对话框默认打开的目录。完成这一系列的设置之后，通过selectedFiles()获取选中的目录，然后调用自定义函数showAllFiles()完成指定目录下所有文件大小的统计，并存储到全局变量totSize中。最后，根据其具体大小，进行一系列的判断，来决定显示格式，进而做相应设置并进行展示。自定义函数showAllFiles()的实现如下。

```
void Widget::showAllFiles(const QString dirPath)
{
    QDir dir(dirPath);
    // 遍历所有子文件
    foreach (QString filePath, dir.entryList(QDir::Dirs|QDir::Files|QDir::NoDotAndDotDot)) {
        QString realPath = dirPath+QDir::separator()+filePath;
        QFileInfo info(realPath);
        // 如果是目录
        if(info.isDir()){
            // 递归调用自己
            showAllFiles(realPath);
        // 如果是文件
        }else if(info.isFile()){
            // 累加到全局变量中
            totSize += info.size();
        }
    }
}
```

这里使用了QFileInfo类，它是文件信息类，在10.4节会进行详尽的讲解。其中，QFileInfo info(realPath)可以获取指定路径的信息，info.isDir()可以用来判断目标路径是否为目录，如果是，递归调用自身。info.isFile()函数用来判断是否为文件，如果是直接使用size()函数统计其大小，累加到全局变量totSize中，在显示文件大小的时候使用。

10.3.3 文件浏览器

本小节介绍的是基于文件处理的相关知识点来实现一个小案例，类似于KylinOS中的文件浏览器，实现效果如图10-5所示。

图10-5

业务需求具体如下，在地址栏中输入文件路径，按Enter键，下方列表栏中显示该路径下的所有子文件及其相关信息，包括“文件名”“修改日期”“文件类型”“文件大小”4个部分。

具体实现步骤如下（源码见10-3-QFileView_Demo）。

1. 创建项目，在弹出的视图窗口中，选择Qt的设计师界面类，界面模板选择“Dialog without Buttons”，类名为FileView。

2. 在fileview.h中完成相关成员变量及函数的声明。

```
#include <QDialog>
#include <QLineEdit>
#include <QTableWidget>
#include <QDir>
#include <QVBoxLayout>
#include <QTableWidgetItem>
#include <QFileInfoList>
#include <QSplitter>
#include <QDateTime>
#include <QHeaderView>
#include <QIcon>
#include <QFileIconProvider>
...
class FileView : public QDialog
{
    Q_OBJECT

private:
    QLineEdit *fileLineEdit;
    QTableWidget *fileListWidget;
    QVBoxLayout *mainLayout;
public:
    explicit FileView(QWidget *parent = nullptr);
    void initUI();
    QIcon getFileIcon(QString filePath);
    QString getFileType(QString filePath);
    QString getSize(qint64 size);
    ~FileView();
public slots:
    void slotShow();
private:
    Ui::FileView *ui;
};
#endif // FILEVIEW_H
```

注意相关头文件的引入，其中QFileIconProvider类，它的主要作用是为QDirModel和QFileSystemModel类提供文件图标。3个私有成员变量fileLineEdit、fileListWidget、mainLayout分别表示地址栏、表格视图以及页面主布局。声明的函数有如下4个：页面初始化函数initUI()、获取文件图标函数getFileIcon()、获取文件类型函数getFileType()、获取文件大小函数getSize()。输入地址之后按Enter键关联的槽函数slotShow()，它的核心作用就是完成地址栏路径下所有子文件的遍历，并在表格视图中进行展示。

3. 在fileview.cpp中完成相关函数的定义及调用。

4. 在默认的构造函数中完成initUI()函数的调用。

```
FileView::FileView(QWidget *parent) :
    QDialog(parent),
    ui(new Ui::FileView)
{
    ui->setupUi(this);
    setWindowTitle("File View");
    initUI();
}
```

通过setWindowTitle()函数的调用，完成窗口标题的设置，然后调用界面初始化函数initUI()，函数的具体实现如下。

```
void FileView::initUI()
{
    fileLineEdit = new QLineEdit("/home/kylin/桌面");
    fileListWidget = new QTableWidget;
    fileListWidget->setSelectionBehavior(QAbstractItemView::SelectRows);
    fileListWidget->setEditTriggers(QAbstractItemView::NoEditTriggers);
    fileListWidget->setAlternatingRowColors(true);
    fileListWidget->setGridStyle(Qt::NoPen);
    QHeaderView *vHeadView = fileListWidget->verticalHeader();
    vHeadView->setVisible(false);
    mainLayout = new QVBoxLayout(this);
    mainLayout->addWidget(fileLineEdit);
    mainLayout->addWidget(fileListWidget);
    QTableWidgetItem *headerItem;
    QStringList headText;
    headText  <<  "文件名"  <<  "修改日期"  <<  "文件类型" <<  "文件大小";
    fileListWidget->setColumnCount(headText.count());
    for(int i = 0;i < headText.count();i++){
        fileListWidget->setColumnWidth(i,this->fileListWidget->width()/4);
    };
    for(int i = 0; i < fileListWidget->columnCount();++i){
        headerItem = new QTableWidgetItem(headText.at(i));
        headerItem->setTextAlignment(Qt::AlignLeft);
        QFont font = headerItem->font();
        font.setBold(true);
        font.setPointSize(14);
        fileListWidget->setHorizontalHeaderItem(i,headerItem);
    }
    connect(fileLineEdit,SIGNAL(returnPressed()),this,SLOT(slotShow()));
}
```

函数中首先对成员变量fileLineEdit、fileListWidget进行初始化，并进行相关属性的设置。注意fileListWidget变量，它是QTableWidget类的一个实例，在进行设置的时候，采用setColumnCount()函数设置列数，并在循环中使用setHorizontalHeaderItem()完成表头的设置。

在函数的最后位置，通过connect()函数将fileLineEdit的returnPressed()信号与槽函数slotShow()进行了关联。

5. 接下来就是槽函数slotShow()的具体实现，以及槽函数中调用的其他自定义函数，如获取文件图标、获取文件类型、获取文件大小的实现。

```
// 按Enter键关联的槽
void FileView::slotShow()
{
    QString filePath =  fileLineEdit->text();
    QDir dir(filePath);
    // 获取文件列表
    QStringList fileNameList = dir.entryList(QDir::AllDirs|QDir::Files|QDir:
:NoDotAndDotDot);
    // 设置行数
    fileListWidget->setRowCount(fileNameList.count());
      for(int i = 0;i<fileNameList.count();++i) {
        fileListWidget->setRowHeight(i,20);
        QString filePath = fileNameList[i];
        // 获取文件绝对路径
        QString absPath = dir.absolutePath()+QDir::separator()+filePath;
```

```
        QFileInfo info(absPath);
        // 名字
        QString name = info.baseName();
        QDateTime dateTime = info.lastModified();
        // 时间字符串
        QString timeStr = dateTime.toString("yyyy/MM/dd hh:mm:ss");
        // 类型
        QString type =  getFileType(absPath);
        // 图标
        QIcon icon = getFileIcon(absPath);
        // 大小
        QString size = getSize(info.size());
        QTableWidgetItem *item;
        // 名称项
        item = new QTableWidgetItem(name);
        item->setIcon(icon);
        item->setTextAlignment(Qt::AlignLeft);
        fileListWidget->setItem(i,TAB_COLUMN::NAME,item);
        // 时间项
        item = new QTableWidgetItem(timeStr);
        item->setTextAlignment(Qt::AlignLeft);
        fileListWidget->setItem(i,TAB_COLUMN::DATE,item);
        // 类型项
        item = new QTableWidgetItem(type);
        item->setTextAlignment(Qt::AlignLeft);
        fileListWidget->setItem(i,TAB_COLUMN::TYPE,item);
        // 大小项
        item = info.isDir()?new QTableWidgetItem(""):new QTableWidgetItem(size);
        item->setTextAlignment(Qt::AlignLeft);
        fileListWidget->setItem(i,TAB_COLUMN::SIZE,item);
    };
}
```

该函数实现的整体逻辑如下。

- 通过entryList()函数，获取文件目录的所有子文件。
- 使用setRowCount()设置列表视图的总行数。
- 循环设置每一行的内容，在创建表头的时候，确定了每一行中包含4列，也就是需要创建4个QTableWidgetItem。

第一列为文件名，代码中使用了QFileInfo类，QFileInfo info(absPath)可以基于一个文件路径获取文件信息对象，info.baseName()可以直接获取文件名。由于在第一列中还有文件图标，因此封装了一个自定义的函数QIcon FileView::getFileIcon(QString filePath)用于获取指定路径的文件图标。函数的具体实现如下。

```
// 获取文件图标
QIcon FileView::getFileIcon(QString filePath)
{
    QFileIconProvider *provider = new QFileIconProvider;
    QFileInfo info(filePath);
    QIcon icon = provider->icon(info);
    return icon;
}
```

在函数的实现过程中使用了QFileIconProvider类的icon()函数，该函数的返回值为QIcon对象。确定了文件的名字以及图标，剩下的就是创建对应的QTableWidgetItem，并完成相关设置。fileListWidget->setItem(i,TAB_COLUMN::

NAME,item)中的i表示当前行，TAB_COLUMN::NAME为枚举值，具体定义如下。

```
// 枚举类
typedef enum{
    NAME,
    DATE,
    TYPE,
    SIZE
}TAB_COLUMN;
```

第二列为文件信息，使用info.lastModified()函数可以得到目标文件的最后修改时间，然后通过dateTime.toString(“yyyy/MM/dd hh:mm:ss”)函数，将时间对象转换为QString，进而创建QTableWidgetItem，并完成相关设置。

第三列为文件类型，针对文件类型的获取，也封装了一个函数QString FileView::getFileType(QString filePath)，函数的具体实现如下。

```
//  获取文件类型
QString FileView::getFileType(QString filePath)
{

    QFileIconProvider *provider= new QFileIconProvider;
    QString fileType;
    fileType = provider->type(QFileInfo(filePath));
    return fileType;
}
```

在这个函数中，用到的provider->type(QFileInfo(filePath))，type()函数可以以字符串的形式返回目标文件的类型。获取类型之后，创建对应的QTableWidgetItem，完成相关设置。

第四列为文件大小，同样封装了函数QString FileView::getSize(qint64 totSize)，函数的具体实现如下。

```
// 字节转换
QString FileView::getSize(qint64 totSize)
{
    QString str_size;
    if(totSize>= 1024*1024*1024){
        str_size = QString::number(totSize*1.0/1024/1024/1024,'f',2)+"GB";
    }else if(totSize >= 1024 * 1024){
        str_size = QString::number(totSize*1.0/1024/1024,'f',2)+"MB";
    }else if(totSize >= 1024){
        str_size = QString::number(totSize*1.0/1024,'f',2)+"KB";
    }
    return str_size;
}
```

该函数的主要作用是将一个字节大小的数据转换为对应字符串的表示方式。比如，1024字节转换为“1KB”。接着创建对应的QTableWidgetItem完成相关设置即可。

10.4 获取文件信息

获取文件信息主要用到QFileInfo类，它是core模块中的一个类。

10.4.1 QFileInfo的基本使用

QFileInfo类提供了对文件进行操作时获得的相关属性信息，包括文件名、文件大小、创建时间、最后修改时间、最后访问时间及一些文件是否为目录、文件或符号链接和可读写属性等。

QFileInfo类提供了丰富的函数，为了便于介绍，对其进行分类介绍，先看初始化函数，具体见表10-4。

表10-4 QFileInfo初始化函数

函数名	作用
QFileInfo()	构造一个空的QFileInfo对象。注意，空的QFileInfo对象不包含文件引用，后续需要使用setFile()进行设置
QFileInfo(const QString &file)	构造一个新的QFileInfo，它提供关于给定文件的信息。文件还可以包括绝对路径或相对路径
QFileInfo(const QFile &file)	构造一个新的QFileInfo，提供有关文件的信息。如果文件具有相对路径，QFileInfo也将具有相对路径
QFileInfo(const QDir &dir, const QString &file)	构造一个新的QFileInfo，它提供目录中给定文件的信息。如果dir有一个相对路径，那么QFileInfo也将有一个相对路径。如果文件是绝对路径，则将忽略dir指定的目录
QFileInfo(const QFileInfo &fileinfo)	构造一个新的QFileInfo，它是给定fileinfo的副本

初始化的方法无外乎将带路径的文件名传入QFileInfo类的构造函数，或者用setFile()函数指定。这部分很简单，不论是使用绝对路径还是相对路径，皆可以完成QFileInfo对象的构造。以相对路径为例，比如在当前可执行程序下有一个名字为“folder”的文件夹，其中包含一个名字为“test.txt”的文件，以此进行构造的具体实现如下。

```
QFileInfo( “folder/test.txt” )。
```

QFileInfo提供的关于文件名及扩展名的相关函数见表10-5。

表10-5 QFileInfo文件名与扩展名函数

函数名	作用
QString fileName() const	返回文件名称，不包含路径
QString baseName() const	返回不带路径的文件的基名称
QString completeBaseName() const	返回不带路径的文件的完整基名称
QString suffix() const	返回文件的扩展名。
QString completeSuffix() const	返回文件的完整扩展名

关于文件名，为便于读者理解，以绝对路径“/home/project/test.tar.gz”为例，看通过各相关函数获取文件名，具体如下所示。

```
QFileInfo info("/home/project/test.tar.gz");
qDebug() << info.fileName();             // test.tar.gz
qDebug() << info.baseName();             // test
qDebug() << info.completeBaseName();     // test.tar
qDebug() << info.suffix();               // gz
qDebug() << info.completeSuffix();       // tar.gz
```

接下来介绍一下与路径相关的函数，具体见表10-6。

表10-6 QFileInfo路径相关函数

函数名	作用
bool isAbsolute() const	是否为绝对路径
bool isRelative() const	是否为相对路径
bool isRoot() const	是否为根目录
bool isNativePath() const	是否为本地路径
QString absolutePath() const	返回文件的绝对路径，不包括文件名
QString absoluteFilePath() const	返回包含文件名的绝对路径
QDir absoluteDir() const	将文件的绝对路径作为QDir对象返回
bool makeAbsolute()	如果文件的路径不是绝对路径，则将其转换为绝对路径
QString filePath() const	返回文件名，包括路径（可以是绝对路径或相对路径）
QString path() const	返回文件的路径，不包括文件名

以上函数中，有以下几个在使用时需要注意。

➢ isNativePath()

其可以传入Qt资源系统的文件名，以“:image/mouse.png”为例，显然这是Qt独有的文件系统路径，操作系统无法识别，这时候就可以使用isNativePath() 函数进行判断。

➢ absoluteFilePath()

如果传入的地址是“c:/xxxx”这种以小写字母开头的，返回值会自动转换成大写 字母，这样更规范，但是QDir不会做这样的转换。

➢ makeAbsolute()

假如用相对路径构造一个QFileInfo对象，QFileInfo本身保存的是相对路径，经过makeAbsolute() 函数处理后，内部保存的就是绝对路径。

➢ filePath() 和path()

如果传的参数是绝对路径，那么这两个返回的目录和文件名都是绝对路径；但如果是相对路径，那这两个函数是以相对路径的形式返回的。

➢ dir()

即使QFileInfo构建时用的是目录，该函数返回的永远是父目录。比如“～/examples/191697/.”“～ /examples/191697/..”“～ /examples/191697/mail.cpp” 等 目录或者路径，返回的都是父目录“～ /examples/191697”。

QFineInfo中还定义了一些与文件基本属性相关的函数，具体见表10-7。

表10-7 QFileInfo基本属性相关的函数

函数名	作用
qint64 size() const	返回文件大小（以字节为单位）
bool isFile() const	是否为文件
bool isDir() const	是否为目录

续表

函数名	作用
bool isBundle() const	是否为macOS或iOS上的包
bool exists() const	是否存在
bool isHidden() const	是否隐藏
bool isSymLink() const	是否为快捷方式
QString symLinkTarget() const	返回符号链接指向的文件或目录的绝对路径，如果对象不是符号链接，则返回空字符串
QDateTime birthTime() const	返回文件创建时间
QDateTime lastModified() const	返回上次修改文件的日期和本地时间
QDateTime lastRead() const	返回上次读取（访问）文件的日期和本地时间
QDateTime metadataChangeTime()	返回更改文件元数据的日期和时间
bool isReadable() const	是否可读
bool isWritable() const	是否可写
bool isExecutable() const	是否可执行

在使用exist()函数时要注意，它判断的是真实的文件是否存在，跟快捷方式没有关系。除了上述函数之外，还有几个函数可以适当了解。

- swap()

它主要用于交换两个QFileInfo对象，并且该函数从Qt 5.0开始引入，如果低于这个版本是无法使用的。

- setCaching()

该函数默认被设置为true，也就是说第一次调用文件系统信息会加载到缓存中，后续再次调用会提高其工作效率。

- refresh()

该函数的作用是刷新文件信息，有时候可能会遇到已经修改了文件内容，但QFileInfo对象信息没有及时更新，这时候可以尝试手动调用该函数以完成相关内容的刷新。

10.4.2 使用示例

本小节通过一个案例完成QFileInfo中常用函数的验证。程序实现的最终效果如图10-6所示。

先了解一下实现需求。

单击“选择文件”按钮，可以通过文本选择框进行目标文件选择。选中文件之后，单击下方的“获取文件信息”按钮，可以获取目标文件的相关信息，并在对应位置显示出来，效果如图10-7所示。

接下来介绍实现过程（源码见10-4-QFileInfo_Demo）。

1. 创建项目，并创建自定义Qt设计器界面类，模板选择“Dialog without Buttons”，类名为“FileInfoWidget”。在这个类中，定义了一系列的成员变量以及相关的槽函数，实现如下。

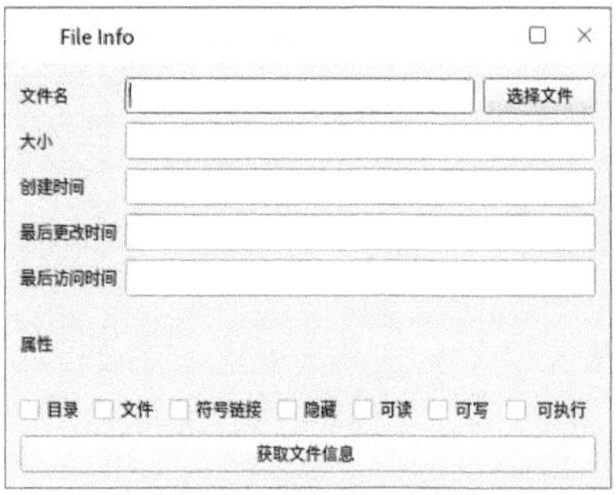

图10-6 　　　　图10-7

fileinfowidget.h

```
#include <QDialog>
#include <QLabel>
#include <QPushButton>
#include <QCheckBox>
#include <QLineEdit>
namespace Ui {
class FileInfoWidget;
}
class FileInfoWidget : public QDialog
{
    Q_OBJECT
public:
    explicit FileInfoWidget(QWidget *parent = nullptr);
    ~FileInfoWidget();

private:
    QLabel *lbFileName;
    QLineEdit *editFileName;
    QPushButton *btnSelectFile;
    QLabel *lbSize;
    QLineEdit *editFileSize;
    QLabel *lbCreatTime;
    QLineEdit *editCreatTime;
    QLabel *lbMotifyTime;
    QLineEdit *editMotifyTime;
    QLabel *lbLastReadTime;
    QLineEdit *editLastReadTime;
    QLabel *lbProperty;
    QCheckBox *boxIsDir;
    QCheckBox *boxIsFile;
    QCheckBox *boxisLink;
    QCheckBox *boxisHidden;
    QCheckBox *boxIsReadable;
    QCheckBox *boxIsWritable;
    QCheckBox *boxIsExecutable;
    QPushButton *btnInfo;
    QString filePath;
public:
    // 界面初始化函数
    void initUI();
private slots:
    // “选择文件”按钮关联的槽函数
```

```
    void btnSelectFileSlot();
    // “获取文件信息”按钮关联的槽函数
void btnGetFileInfoSlot();
private:
    Ui::FileInfoWidget *ui;
};
#endif
```

2. 在fileinfowidget.cpp源文件的默认构造函数中，完成界面初始化函数的调用，以及相关信号槽的关联。

```
#include "fileinfowidget.h"
#include "ui_fileinfowidget.h"
#include <QVBoxLayout>
#include <QGridLayout>
#include <QHBoxLayout>
FileInfoWidget::FileInfoWidget(QWidget *parent) :
    QDialog(parent),
    ui(new Ui::FileInfoWidget)
{
    ui->setupUi(this);
    initUI();
    // 关联信号槽
    connect(btnSelectFile,SIGNAL(clicked()),this,SLOT(btnSelectFileSlot()));
    // 关联信号槽
    connect(btnInfo,SIGNAL(clicked()),this,SLOT(btnGetFileInfoSlot()));
}
```

initUI()函数主要基于代码的方式，完成了主页面的实现，函数的具体实现如下。

```
void FileInfoWidget::initUI()
{
    setWindowTitle("File Info");
    lbFileName = new QLabel("文件名");
    editFileName = new QLineEdit;
    btnSelectFile = new QPushButton("选择文件");

    lbSize = new QLabel("大小");
    editFileSize = new QLineEdit;

    lbCreatTime = new QLabel("创建时间");
    editCreatTime = new QLineEdit;

    lbMotifyTime = new QLabel("最后更改时间");
    editMotifyTime = new QLineEdit;

    lbLastReadTime = new QLabel("最后访问时间");
    editLastReadTime = new QLineEdit;

    lbProperty = new QLabel("属性");
    boxIsDir = new QCheckBox("目录");
    boxIsFile = new QCheckBox("文件");
    boxisLink = new QCheckBox("符号链接");
    boxisHidden = new QCheckBox("隐藏");
    boxIsReadable = new QCheckBox("可读");
    boxIsWritable = new QCheckBox("可写");
    boxIsExecutable = new QCheckBox(" 可执行");

    btnInfo = new QPushButton("获取文件信息");
      // 网格布局
    QGridLayout *gridLayout = new QGridLayout;
    gridLayout->addWidget(lbFileName,0,0);
    gridLayout->addWidget(editFileName,0,1);
    gridLayout->addWidget(btnSelectFile,0,2);

    gridLayout->addWidget(lbSize,1,0);
    gridLayout->addWidget(editFileSize,1,1,1,2);
```

```
    gridLayout->addWidget(lbCreatTime,2,0);
    gridLayout->addWidget(editCreatTime,2,1,1,2);

    gridLayout->addWidget(lbMotifyTime,3,0);
    gridLayout->addWidget(editMotifyTime,3,1,1,2);

    gridLayout->addWidget(lbLastReadTime,4,0);
    gridLayout->addWidget(editLastReadTime,4,1,1,2);
      // 水平布局
    QHBoxLayout *hBoxLayout1 = new QHBoxLayout;
    hBoxLayout1->addWidget(lbProperty);
    hBoxLayout1->addStretch();
      // 水平布局
    QHBoxLayout *hBoxLayout2 = new QHBoxLayout;
    hBoxLayout2->addWidget(boxIsDir);
    hBoxLayout2->addWidget(boxIsFile);
    hBoxLayout2->addWidget(boxisLink);
    hBoxLayout2->addWidget(boxisHidden);
    hBoxLayout2->addWidget(boxIsReadable);
    hBoxLayout2->addWidget(boxIsWritable);
    hBoxLayout2->addWidget(boxIsExecutable);
      // 水平布局
    QHBoxLayout *hBoxLayout3 = new QHBoxLayout;
    hBoxLayout3->addWidget(btnInfo);
      // 垂直布局
    QVBoxLayout *mainLayout = new QVBoxLayout;
    // 分别添加子布局
    mainLayout->addLayout(gridLayout);
    mainLayout->addLayout(hBoxLayout1);
    mainLayout->addLayout(hBoxLayout2);
    mainLayout->addLayout(hBoxLayout3);
      // 设置当前页面的布局
    setLayout(mainLayout);
}
```

在initUI()函数中，先后进行了相关控件的初始化，并把它们放到不同的布局中，然后形成嵌套布局。其中，最上方使用网格布局，紧接着是3个水平布局，然后创建一个垂直布局作为主布局。使用addLayout()函数将4个子布局一一加入，最后将垂直布局设置为当前页面的布局。

在页面设置完成之后，将按钮btnSelectFile与槽函数btnSelectFileSlot()进行关联，槽函数的具体实现如下。

```
void FileInfoWidget::btnSelectFileSlot()
{
    filePath = QFileDialog::getOpenFileName(this,"files","./");
    if(!filePath.isNull()){
        QFileInfo info(filePath);
        editFileName->setText(info.fileName());
    }
}
```

函数主要处理的业务是获取选中文件的路径，存储到成员变量中，然后基于该路径，获取文件信息，并将文件名设置为文本输入框的内容。

接下来实现按钮btnInfo与槽函数btnGetFileInfoSlot()的关联，槽函数的具体实现如下。

```
void FileInfoWidget::btnGetFileInfoSlot()
{
```

```
        if(!editFileName->text().isEmpty()){
            QFileInfo info(filePath);
            editFileSize->setText(QString::number(info.size()));

            QString format = QString("yyyy/MM/dd hh:mm:ss");
            QDateTime time_created = info.metadataChangeTime();
            editCreatTime->setText(time_created.toString(format));

            QDateTime time_lastMotify = info.lastModified();
            editMotifyTime->setText(time_lastMotify.toString(format));

            QDateTime time_lastRead = info.lastRead();
            editLastReadTime->setText(time_lastRead.toString(format));

            bool flag = info.isDir();
            boxIsDir->setCheckState(flag?Qt::Checked:Qt::Unchecked);
            flag = info.isFile();
            boxIsFile->setCheckState(flag?Qt::Checked:Qt::Unchecked);
            flag = info.isSymLink();
            boxisLink->setCheckState(flag?Qt::Checked:Qt::Unchecked);
            flag = info.isHidden();
            boxisHidden->setCheckState(flag?Qt::Checked:Qt::Unchecked);
            flag = info.isReadable();
            boxIsReadable->setCheckState(flag?Qt::Checked:Qt::Unchecked);
            flag = info.isWritable();
            boxIsWritable->setCheckState(flag?Qt::Checked:Qt::Unchecked);
            boxIsExecutable->setCheckState(flag?Qt::Checked:Qt::Unchecked);

        }else{
            QMessageBox::warning(this,"提示","请先选择目标文件");
        }
    }
```

该槽函数主要处理的业务就是根据之前选中的文件，获取对应的文件信息，并完成展示。在实现过程中，用到多个10.4.1小节中介绍的函数，在这不赘述。

10.5 监控文件和目录变化

QFileSystemWatcher提供了用于监控文件和目录变化的接口。通过监控指定路径的列表，进而实现监控文件系统中文件和目录的变化。

10.5.1 QFileSystemWatcher的基本使用

QFileSystemWatcher调用addPath()函数可以监控一个特定的文件或目录。如果需要监控多个路径，可以使用addPaths()函数来完成。通过调用removePath()和removePaths()函数可以移除现有路径。

QFileSystemWatcher检查添加到它的每个路径，已添加到QFileSystemWatcher的文件可以使用files()函数进行访问，目录则使用directories()函数进行访问。当一个文件被修改、重命名或从磁盘上删除时，会发出fileChanged()信号。同样，当一个目录或它的内容被修改或删除时，会发射directoryChanged()信号。注意，对文件来讲，一旦被重命名或者被从硬盘删除，QFileSystemWatcher将停止监控。

QFileSystemWatcher中提供表10-8所示的函数用于文件的监控。

表10-8　QFileSystemWatcher常用函数

函数名	作用
bool addPath(const QString & path)	添加指定路径至文件系统监控，返回布尔值
QStringList addPaths(const QStringList & paths)	添加列表中的每一个路径至文件系统监控
QStringList directories() const	返回一个被监控的目录路径列表
QStringList files() const	返回一个被监控的文件路径列表
bool removePath(const QString & path)	从文件系统监控中删除指定的路径
QStringList removePaths(const QStringList & paths)	从文件系统监控中删除指定列表中的每一个路径

使用addPath()函数时要注意，如果被添加路径存在，则添加至文件系统监控，如果路径不存在或者已经被监控，那么不添加。被成功添加至监控系统的路径，如果该路径是一个目录，内容被修改或删除时，会发射directoryChanged()信号；如果在短时间内有几个变化，其中一些变化可能不会发出此信号。然而，变化序列中的最后一个变化将始终生成该信号。注意，这是一个有private关键字修饰的信号。它可以用于信号连接，但不能由用户发出。如果是文件被修改、重命名或从磁盘上删除时，则会发出fileChanged()信号。

10.5.2　使用示例

本小节将通过一个案例——文件监控系统，完成10.5.1小节中相关函数及信号的验证，案例实现效果如图10-8所示。

单击“选择监控目录”按钮，弹出文件对话框，选择监控目录，效果如图10-9所示。

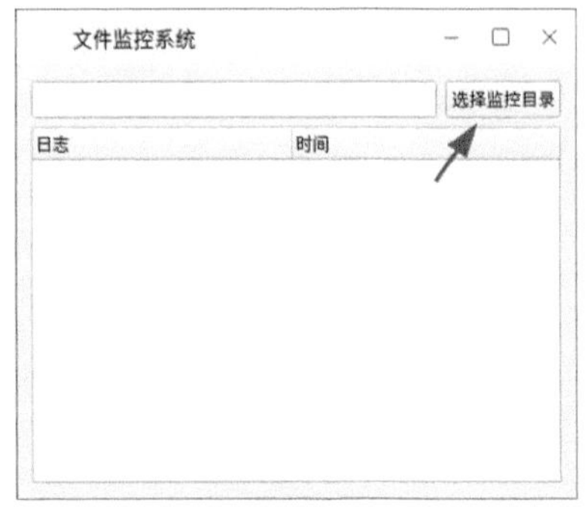

图10-8

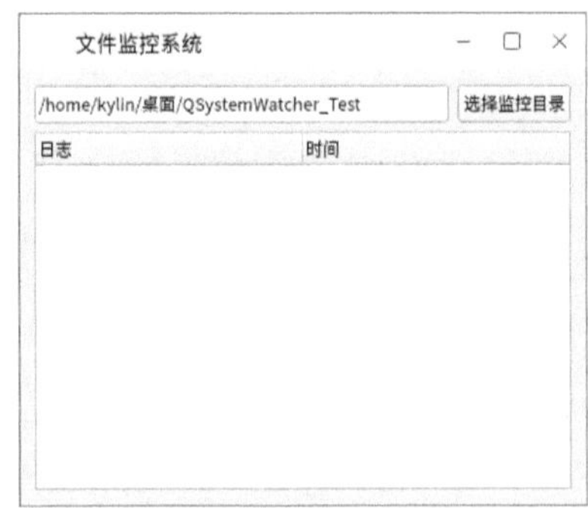

图10-9

在被监控的目录内新建文件夹，如图10-10所示。

对新建的文件夹进行重命名操作，如图10-11所示。

删除文件都会有对应的日志产生，并在系统中显示，效果如图10-12所示。

案例的具体实现过程如下。

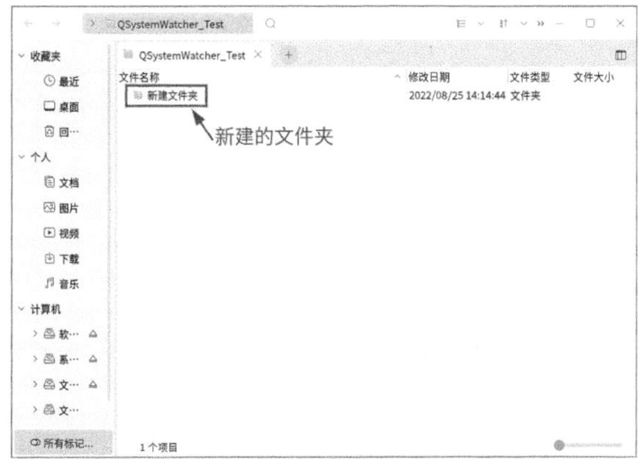

图10-10

1. 在widget.h中完成相关成员变量及函数的声明，具体实现如下。

```
...
#include <QWidget>
#include <QPushButton>
#include <QLineEdit>
#include <QFileDialog>
#include <QFileSystemWatcher>
#include <QMap>
#include <QHBoxLayout>
#include <QVBoxLayout>
#include <QTableWidget>
#include <QTableWidgetItem>
#include <QHeaderView>
#include <QDateTime>
...
class Widget : public QWidget
{
    Q_OBJECT
public:
    explicit Widget(QWidget *parent = nullptr);
    QPushButton *btnSelect;
    QPushButton *btnStart;
    QLineEdit *editDir;
    QTableWidget *logWidget;
    QFileSystemWatcher *watcher;
    QMap<QString,QStringList>contentMap;
    ~Widget();
private:
    void initUI();
private slots:
    void showDirsSlot();
    void dirUpdatedSlot(const QString &path);
private:
    Ui::Widget *ui;
};
...
```

这里声明的initUI()函数，主要负责程序页面的实现。两个槽函数分别与按钮“选择监控目录”以及监视器对象“watcher”进行关联。

2. 在widget.cpp中完成相关函数的定义，并在默认的构造函数中完成调用。

图10-11

图10-12

在默认的构造函数中，各函数的调用如下。

```
    Widget::Widget(QWidget *parent) :
        QWidget(parent),
        ui(new Ui::Widget)
    {
         ui->setupUi(this);
         // 调用初始化函数
         initUI();
         // 关联信号槽
         connect(btnSelect,SIGNAL(clicked()),this,SLOT(showDirsSlot()));
         connect(watcher,SIGNAL(directoryChanged(const QString &)),this,SLOT(
dirUpdatedSlot(const QString &)));
    }
    ...
```

首先调用initUI()函数，该函数的功能就是完成页面的初始化处理，这点在函数声明时已经做过介绍，具体实现如下。

```
    void Widget::initUI()
    {
        setWindowTitle("文件监控系统");
        btnSelect = new QPushButton("选择监控目录");
        btnStart = new QPushButton("开始监控");
        editDir = new QLineEdit;
        // 水平布局，作为lineEdit以及pushButton的容器
        QHBoxLayout *hBoxLayout = new QHBoxLayout;
        hBoxLayout->addWidget(editDir);
        hBoxLayout->addWidget(btnSelect);
          // tableWidget的创建及初始化
        logWidget = new QTableWidget;
        logWidget->setColumnCount(2);
        logWidget->setGridStyle(Qt::NoPen);
        logWidget->setAlternatingRowColors(true);
        // 垂直表头
        QHeaderView *vHeadView = logWidget->verticalHeader();
        // 隐藏
        vHeadView->setVisible(false);
        logWidget->setColumnWidth(0,this->width()/2-12);
        // 水平方向的表头
        QTableWidgetItem *headItem1 = new QTableWidgetItem("日志");
        headItem1->setTextAlignment(Qt::AlignLeft);
        logWidget->setHorizontalHeaderItem(0,headItem1);
        QTableWidgetItem *headItem2 = new QTableWidgetItem("时间");
        headItem2->setTextAlignment(Qt::AlignLeft);
```

```
        logWidget->setHorizontalHeaderItem(1,headItem2);
        logWidget->setColumnWidth(1,this->width()/2-12);
        logWidget->setWordWrap(false);
          // 水平布局，作为TableWiget的容器
        QHBoxLayout *hBoxLayout2 = new QHBoxLayout;
        hBoxLayout2->addWidget(logWidget);
          // 垂直布局
        QVBoxLayout *vBoxLayout = new QVBoxLayout;
          // 存储其他子布局
        vBoxLayout->addLayout(hBoxLayout);
        vBoxLayout->addLayout(hBoxLayout2);
          // 设置当前widget的布局
        setLayout(vBoxLayout);
          // 文件监视器对象的初始化
        watcher = new QFileSystemWatcher;
    }
```

函数主要进行了相关控件的初始化处理，并对其进行了布局管理，这些都是之前介绍过的知识点，不再展开讲解。在最后的位置，完成了监视器对象的初始化。

接下来将按钮“btnSelect”与槽函数“showDirsSlot()”建立关联，槽函数的具体实现如下。

```
    void Widget::showDirsSlot()
    {
        // 文件对话框的创建
        QFileDialog *fileDialog = new QFileDialog(this);
        // 设置文件过滤器
        fileDialog->setFilter(QDir::AllDirs|QDir::NoDotAndDotDot|QDir::Files);
        // 设置文件模式
        fileDialog->setFileMode(QFileDialog::Directory);
        // 设置默认目录
        fileDialog->setDirectory("..");
        if(fileDialog->exec()){
            // 获取选中目录
            QString filePath = fileDialog->selectedFiles().at(0);
            editDir->setText(filePath);
            // 添加控控目录
            watcher->addPath(filePath);
            // 将监控目录数据存储到字典中
            contentMap[filePath] = QDir(filePath).entryList(QDir::AllDirs|QDir::F
iles|QDir::NoDotAndDotDot);
        };
    }
```

单击“选择监控目录”按钮，弹出文件对话框，对于选中的目录，通过watcher->addPath(filePath)进行监视。

```
    contentMap[filePath] = QDir(filePath).entryList(QDir::AllDirs|QDir::Files|
QDir::NoDotAndDotDot)
```

同时，使用上述代码将被监控目录中的所有文件存储到QMap<QString, QStringList>中，便于后期对文件做变动时进行对照，进而更准确地定位用户操作（比如，操作后的文件数目变少，就可以通过新旧数据对比，得出具体删除了哪些文件）。

接下来将监视器对象与槽函数dirUpdatedSlot()建立关联。关联之后，一旦目录中有变动，directoryChanged(const QString &)信号就会发出，其对应的槽函数dirUpdatedSlot(const QString &)就会被调用，函数的具体实现如下。

```
    void Widget::dirUpdatedSlot(const QString &path)
    {
        // 获取文件信息
        QDir info(path);
        // 获取变动之前的文件数据
        QStringList currentEntryList = contentMap[path];
        // 获取变动之后的文件数据
        QStringList newEntryList = info.entryList(QDir::AllDirs|QDir::Files|
QDir::NoDotAndDotDot);
          // 将列表转换为集合，便于进行数学运算
        QSet<QString> currentSet = currentEntryList.toSet();
        QSet<QString> newSet = newEntryList.toSet();
        QSet<QString>difSet;
        // 计算变动前后的数据差
        int var = newEntryList.count() - currentEntryList.count();
        if(var > 0){
            // 计算差集
            difSet = newSet-currentSet;
            QStringList addFiles = difSet.toList();
            // 遍历新增文件，动态创建更新QTableWidget
            foreach (QString fileName, addFiles) {
                QString logStr = "新增:" + fileName;
                // 创建日志条目
                QTableWidgetItem *logItem = new QTableWidgetItem(logStr);
                logItem->setTextAlignment(Qt::AlignLeft|Qt::AlignVCenter);;
                QString timeStr = QDateTime::currentDateTime().toString("yyyy/
MM/dd hh:ss:mm");
                // 创建时间条目
                QTableWidgetItem *timeItem = new QTableWidgetItem(timeStr);
                  // 动态添加行
                logWidget->insertRow(0);
                // 将条目添加到表中
                logWidget->setItem(0,0,logItem);
                logWidget->setItem(0,1,timeItem);
            }

        }else if(var == 0){
            // 重命名之前的旧文件名
            QString fromFileName = (currentSet - (currentSet & newSet)).toList().at(0);
            difSet = newSet - (currentSet & newSet);
            // 重命名之后的新文件名
            QString toFileName = difSet.toList().at(0);
            QString logStr = fromFileName + " 被改名为:" + toFileName;
            // 创建日志条目
            QTableWidgetItem *logItem = new QTableWidgetItem(logStr);
            logItem->setTextAlignment(Qt::AlignLeft|Qt::AlignVCenter);;
            QString timeStr = QDateTime::currentDateTime().toString("yyyy/MM/
dd hh:ss:mm");
            // 创建时间条目
            QTableWidgetItem *timeItem = new QTableWidgetItem(timeStr);
                // 动态添加行
            logWidget->insertRow(0);
            // 添加到表中
            logWidget->setItem(0,0,logItem);
            logWidget->setItem(0,1,timeItem);
        }else{
            // 差集
            difSet = currentSet-newSet;
            // 遍历删除的文件
            foreach (QString fileName, difSet.toList()) {
                QString logStr = "删除:"+fileName;
                QTableWidgetItem *logItem = new QTableWidgetItem(logStr,
QTableWidgetItem::Type);
                logItem->setTextAlignment(Qt::AlignLeft|Qt::AlignVCenter);
```

```
                QString timeStr = QDateTime::currentDateTime().toString("yyyy/
MM/dd hh:ss:mm");
                QTableWidgetItem *timeItem = new QTableWidgetItem(timeStr);
                    // 动态添加行
                logWidget->insertRow(0);
                // 添加到表中
                logWidget->setItem(0,0,logItem);
                logWidget->setItem(0,1,timeItem);
            }
        }
        // 将变动之后的数据设置成原数据，以方便下次变动对比
        contentMap[path] = newEntryList;
    }
```

整体实现思路如下，被监控文件每次变动，该函数都会被调用，变动包含如下操作：创建新文件、删除文件以及现有文件重命名。基于这些特性，可以从目标数据的数量上进行判断。如果更新后的数据比原数据数量多，显然是创建新文件；否则就是删除文件；除此之外，则是重命名操作。

3种不同操作使用的技术点类似，以其中的添加操作也就是var > 0的情况为例。QSet支持数学运算，因此，可以使用如下代码计算出差集。

```
    difSet = newSet-currentSet
```

difSet中存储的是新增文件，可能只有一个文件，也可能包含多个文件。因此，需要遍历操作。

```
    foreach (QString fileName, difSet.toList())
```

循环内的业务比较简单，只需要创建不同的QTableWidgetItem，然后执行如下操作。

```
    // 动态添加行
    logWidget->insertRow(0);
    // 添加到表中
    logWidget->setItem(0,0,logItem);
    logWidget->setItem(0,1,timeItem);
```

为tableWidget动态插入行，设置对应的item。

10.6 项目案例——麒麟记事本（文件存储）

本节新增两个功能，编辑功能（剪切、粘贴、复制）以及文件存储功能，项目案例在5.3节项目案例的基础上进行完善。

先介绍打开文件存储功能。

10.6.1 编辑功能

从实现要求及效果、实现步骤两个方面来阐述编辑功能。

一、实现要求及效果

1. 编辑前，先打开一个目标文件，如图10-13所示。

2. 选择“编辑”菜单中的“剪切”，可以实现对选中内容的剪切操作，如图10-14所示。

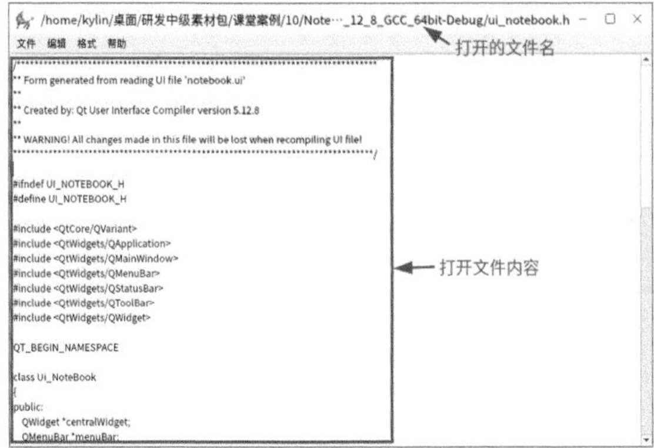

图10-13

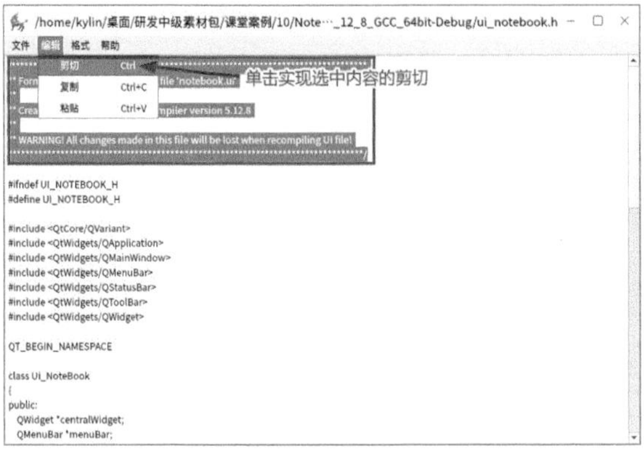

图10-14

3. 选择“编辑”菜单中的“复制”，可以实现对选中内容的复制操作，如图10-15所示。

图10-15

4. 选择“编辑”菜单中的“粘贴”，可以实现对复制或者剪切的内容完成粘贴操作，如图10-16所示。

图10-16

注意，被粘贴内容的起始位置，默认位于当前光标位置处。

二、实现步骤

为了更好地理解编辑功能的业务流程，可以参考流程图，如图10-17所示。

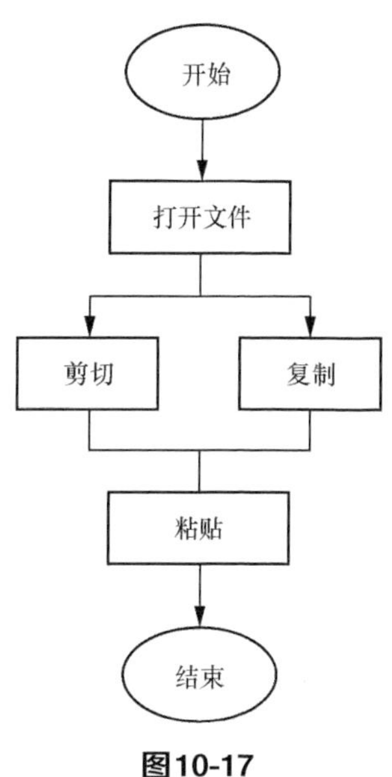

图10-17

具体实现步骤如下。

1. 打开一个文件，关联的槽函数实现如下。

```
void NoteBook::openFile()
{
    // 显示文件对话框，并将选择的文件路径存储在fileName
    QString fileName = QFileDialog::getOpenFileName(this, "打开文件");
    currentFile = fileName;
    if(!fileName.isEmpty()){
        QFile file(fileName);
        // 无法打开的情况处理
        if(!file.open(QIODevice::ReadOnly | QFile::Text)){
            QMessageBox::warning(this, "警告", "无法打开文件：" + file.errorString());
            return;
        }
        // 修改标题
        setWindowTitle(fileName);
        // 文本流
        QTextStream in(&file);
        // 读取所有内容
        QString contentStr = in.readAll();
        // 设置展示文本
        textEdit->setText(contentStr);
        // 关闭文件
        file.close();
    }
}
```

在之前实现的功能的基础上，新增设置标题、基于文本流对象、使用in.readAll()读取所有数据等操作。

2. 基于打开的文件，选中一部分内容进行剪切操作。“剪切”动作关联的槽函数为cut()，该函数为系统定义的槽函数，可以直接使用。实现的关键在于在load_UI()函数中新增“剪切”动作的信号槽的关联，实现如下。

```
void NoteBook::load_UI(){
    ...
    // “编辑”菜单
    editMenu = new QMenu("编辑");
    mainMenu->addMenu(editMenu);
    // “剪切”动作
    cutAction = new QAction("剪切");
    cutAction->setShortcut(tr("Ctrl+X"));
    editMenu->addAction(cutAction);
    connect(cutAction,SIGNAL(triggered()),textEdit,SLOT(cut()));
    ...
}
```

3. “复制”动作的实现与“剪切”类似，将“复制”动作与槽函数copy()关联即可，该槽函数同样为系统定义的槽函数，直接使用即可。在load_UI()中完善该业务，具体实现如下。

```
void NoteBook::load_UI(){
    ...
    // “编辑”菜单
    editMenu = new QMenu("编辑");
    mainMenu->addMenu(editMenu);
    ...
    // “复制”动作
    copyAction = new QAction("复制");
    copyAction->setShortcut(QKeySequence(Qt::CTRL+Qt::Key_C));
    editMenu->addAction(copyAction);
    ...
```

```
    connect(copyAction,SIGNAL(triggered()),textEdit,SLOT(copy()));
    ...
}
```

4. “编辑”菜单中最后一个动作就是“粘贴”，实现方式同样为在load_UI()函数中将“粘贴”动作与槽函数paste()进行关联。

```
void NoteBook::load_UI(){
    ...
    // “编辑”菜单
    editMenu = new QMenu("编辑");
    mainMenu->addMenu(editMenu);
    ...
    // “粘贴”动作
    pasteAction = new QAction("粘贴");
    pasteAction->setShortcut(QKeySequence(Qt::CTRL+Qt::Key_V));
    editMenu->addAction(pasteAction);
    ...
    connect(pasteAction,SIGNAL(triggered()),textEdit,SLOT(paste()));
    ...
}
```

10.6.2 文件存储功能

对于文件存储功能，同样从实现要求及效果、实现步骤两个方面来阐述。

一、实现要求及效果

1. 选择“文件”菜单中的“新建”，窗口标题变成“未命名.txt”，文本框内容为空，效果如图10-18所示。

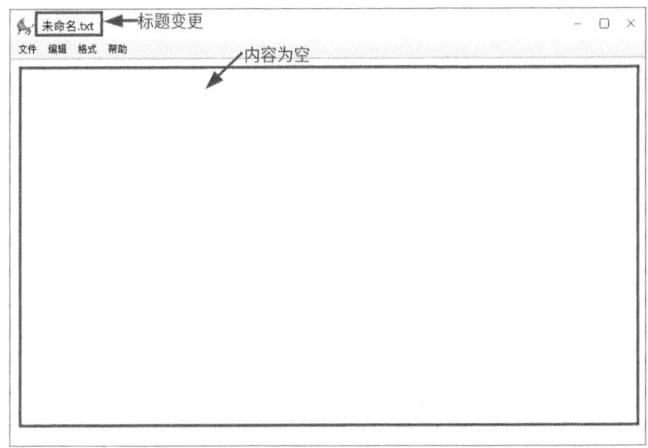

图10-18

2. 在文本编辑框完成文本编辑之后，选择“文件”菜单中的“保存”，弹出保存文件对话框，输入要保存的文件名，单击“Save”按钮即可完成文件保存，如图10-19所示。

图10-19

3. 在文本编辑框中完成文本编辑之后，选择“文件”菜单中的“另存为”，弹出另存为文件对话框，输入要另存的文件名即可完成文件保存，如图10-20所示。

二、实现步骤

为了更好地理解文件存储功能的业务流程，可以参考流程图，如图10-21所示。

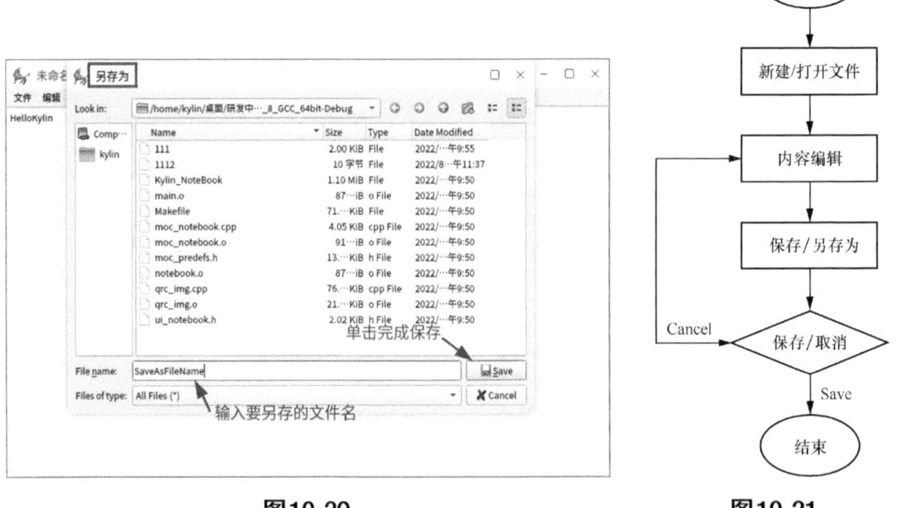

图10-20

图10-21

1. 完成槽函数newFile()的定义，并与“文件”菜单中的“新建”动作进行关联。

① 槽函数newFile()的实现如下。

```
void NoteBook::newFile()
{
    // 清空存储标题的字符串变量
    currentFile.clear();
    // 修改标题
    setWindowTitle("未命名.txt");
```

```
        // 内容清空
        textEdit->setText(QString());
    }
```

在这个业务中，我们要做的就是将记录标题的变量内容清空，设置窗口标题为“未命名.txt”，以及设置QTextField的内容为空字符串。

② 在load_UI()中，完成“新建”动作“newAction”与槽函数newFile()的关联。

```
    void NoteBook::load_UI(){
        ...
        // 创建菜单
        mainMenu = new QMenuBar();
        // “文件”菜单
        fileMenu = new QMenu("文件");
        // “添加”到主菜单中
    mainMenu->addMenu(fileMenu);
        // “新建”动作
        newAction = new QAction("新建");
        newAction->setShortcut(QKeySequence(Qt::CTRL+Qt::Key_N));
          fileMenu->addAction(newAction);
        connect(newAction,SIGNAL(triggered()),this,SLOT(newFile()));
        ...
    }
```

2. 完成槽函数saveFile()的定义，并与“文件”菜单中的“保存”动作进行关联。

① 槽函数saveFile()的实现如下。

```
    void NoteBook::saveFile()
    {
        QString fileName;
        // 如果文件不存在，则创建新的文件
        if(currentFile.isEmpty()){
            fileName = QFileDialog::getSaveFileName(this,"Save");
            currentFile = fileName;
        }else{
            fileName = currentFile;
        }
        QFile file(fileName);
        // 文件是否可打开
        if (!file.open(QIODevice::WriteOnly | QFile::Text)) {
            QMessageBox::warning(this, "警告", "无法打开文件: " + file.errorString());
            return;
        }
        setWindowTitle(fileName);
        // 文本输出流
        QTextStream out(&file);
        QString text = textEdit->toPlainText();
        // 文本内容写入文件
        out << text;
        file.close();
    }
```

实现的主要逻辑如下，先判断文件名是否为空（文件是否存在），如果不存在，则通过QFileDialog::getSaveFileName(this,“Save”)打开一个现有文件，或者新建一个文件。紧接着判断该文件是否能打开，如果无法打开，直接返回。如果可以打开，创建文本输出流对象与文件关联QTextStream out(&file)，然后使用out << text;将对应内容写入文件，最后调用close()函数关闭文件。

② 在load_UI()函数中，完成“保存”动作“saveAction”与槽函数saveFile()的关联，实现如下。

```
    void NoteBook::load_UI(){
        ...
```

```
    // 创建菜单
    mainMenu = new QMenuBar();
    // "文件"菜单
    fileMenu = new QMenu("文件");
    // "添加"到主菜单中
    mainMenu->addMenu(fileMenu);
    ...
    // "保存"动作
    saveAction = new QAction("保存");
    saveAction->setShortcut(tr("Ctrl+S"));
    fileMenu->addAction(saveAction);
    ...
    connect(saveAction,SIGNAL(triggered()),this,SLOT(saveFile()));
...
}
```

3. 完成槽函数saveAsFile()的定义，并与“文件”菜单中的“另存为”动作进行关联。

① 槽函数saveAsFile()的实现如下。

```
void NoteBook::saveAsFile()
{
    // 文件名
    QString fileName = QFileDialog::getSaveFileName(this, "另存为");
    QFile file(fileName);
      // 判断文件是否可以打开
    if (!file.open(QFile::WriteOnly | QFile::Text)) {
        QMessageBox::warning(this, "警告", "无法打开文件: " + file.errorString());
        return;
    }
    // 记录新文件名
    currentFile = fileName;
    // 设置当前窗口标题
    setWindowTitle(fileName);
    // 创建输出流对象并与文件关联
    QTextStream out(&file);
    QString text = textEdit->toPlainText();
    // 写入文件
    out << text;
    file.close();
}
```

在这个业务中，由于是将文件进行另存，所以直接使用getSaveFileName()打开文件对话框新建文件或者选择已经存在的文件就可以，后续逻辑几乎与保存文件一致，这里不赘述。

② 在load_UI()函数中，完成“另存为”动作“saveAsAction”与槽函数saveAsFile()的关联。

```
void NoteBook::load_UI(){
    ...
    // 创建菜单
    mainMenu = new QMenuBar();
    // "文件" 菜单
    fileMenu = new QMenu("文件");
    // "添加" 到主菜单中
    mainMenu->addMenu(fileMenu);
    ...
    // "另存为" 动作
    saveAsAction = new QAction("另存为");
    saveAsAction->setShortcut(tr("Ctrl+Shift+S"));
    fileMenu->addAction(saveAsAction);
    ...
    connect(saveAsAction,SIGNAL(triggered()),this,SLOT(saveAsFile()));
}
```